普通高等教育"十一五"国家级规划教材

面向21世纪课程教材

化学工程与工艺专业实验

第三版

乐清华　主编

徐菊美　副主编

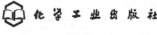化学工业出版社

·北京·

《化学工程与工艺专业实验》（第三版）为普通高等教育"十一五"国家级规划教材和面向 21 世纪课程教材。

《化学工程与工艺专业实验》（第三版）教材既保留了原教材先进的教学理念和模块化的实验项目结构，又充分体现了"学习成果导向"（Outcome-Based Education）的工程教育理念。教材新增"绪论"部分，根据《工程教育认证通用标准》（2015 版）中提出的毕业要求，增加实验课程教学目标的描述，明确课程目标对毕业要求的支撑关系，并提出学习成果的评价依据和方法。教材分为"专业实验基础"与"专业实验实例"两大篇。"专业实验基础"介绍了专业实验的组织与实施、专业实验的技术及设备，本次修订增加了化工实验安全知识，强调开展实验过程风险分析、加强风险防范的必要性及具体方法，以强化学生的健康、安全、环保意识和社会责任。"专业实验实例"分为基础数据测试实验、化工热力学实验、反应工程实验、化工分离技术实验、化工工艺实验和研究开发实验六大模块，30 个实验项目。此次修订增加了研究开发型实验，可供优秀学生选做。

《化学工程与工艺专业实验》（第三版）可作为高等学校化工及相关专业的本科生教材，也可供科研等相关人员参考。

图书在版编目（CIP）数据

化学工程与工艺专业实验/乐清华主编. —3 版.
北京：化学工业出版社，2017.9
普通高等教育"十一五"国家级规划教材
面向 21 世纪课程教材
ISBN 978-7-122-30068-3

Ⅰ.①化… Ⅱ.①乐… Ⅲ.①化学工程-化学实验-高等学校-教材 Ⅳ.①TQ016

中国版本图书馆 CIP 数据核字（2017）第 154145 号

责任编辑：杜进祥　徐雅妮　何　丽　　　　　文字编辑：孙凤英
责任校对：边　涛　　　　　　　　　　　　　装帧设计：关　飞

出版发行：化学工业出版社（北京市东城区青年湖南街 13 号　邮政编码 100011）
印　　刷：北京市振南印刷有限责任公司
装　　订：北京国马印刷厂
787mm×1092mm　1/16　印张 15　字数 381 千字　2018 年 1 月北京第 3 版第 1 次印刷

购书咨询：010-64518888（传真：010-64519686）　　售后服务：010-64518899
网　　址：http://www.cip.com.cn
凡购买本书，如有缺损质量问题，本社销售中心负责调换。

定　　价：39.00 元

第三版修订说明

本教材 2000 年作为面向 21 世纪课程教材首次出版，2008 年第一次修订，并相继被全国众多兄弟院校和科研院所选用。广大读者对本教材提出的"以化工过程研究与开发的方法论为主线，按化学工程学科发展方向重新构建专业实验教学"的总体思路，以及在实验内容选材上既充分考虑了教学内容的先进性、典型性和综合性，又切实考虑了教学实施的可行性的教材特点，一致表示认同，同时，也希望能够按照国际工程教育的标准要求，进一步强化学生解决复杂工程问题的能力，强化学生的安全、健康、环保（SHE）意识和社会责任，强化学生的团队合作和沟通能力，使化工专业实验不仅能反映学科发展和工业技术创新的前沿，为创新教育和实验教学改革提供支撑，而且能够引导学生在实验方案的设计和实施过程中综合考虑社会、健康、安全、环保、经济、法律及文化等因素，强化学生的工程思维和责任意识。根据读者在使用本教材中提出的意见和建议，结合编者们几年来在教学实践中发现的问题，此次对教材进行了进一步的修订与完善，使教材能够紧跟国际工程教育改革的步伐，在培养学生实践创新能力方面发挥更大的作用。

本次修订保留了原教材的指导思想和主体结构，即强调实验的方法论，注重实验选材的典型性、先进性和综合性，充分考虑实验教学的可操作性，以化学工程学科发展方向为主线构建专业实验教学的新框架。在此基础上，根据工程教育的理念和实验教学的特点，重点对教材的"绪论"和"专业实验基础"篇进行了修订，明确提出了本课程的教学目标和评价方法，加强了实验安全技术的介绍，同时，对"专业实验实例"篇进行了内容增删和修订，增加了研究开发性实验的内容。主要修订内容如下。

1. 为体现学习成果导向（OBE）的工程教育理念，本教材在"绪论"部分，根据我国《工程教育认证通用标准》（2015 版）对工科毕业生提出了 12 条毕业要求（Outcomes），提出了本课程的教学目标，明确了课程教学目标对标准提出的相关毕业要求的支撑关系，并将教学目标细化且落实到具体的实验项目中，使教学目标可衡量、可教学、可评价，以落实本课程对学生相关毕业能力达成的贡献度。

2. 为强化学生的安全、健康、环保（SHE）意识和社会责任，在第一篇"专业实验基础"部分增加了"化工实验安全知识"的章节，系统分析了化工实验过程的危害因素，强调开展实验过程风险分析、加强风险防范的必要性及具体方法，以强化学生的健康、安全和环保的风险责任意识。

3. 为帮助学生正确地使用数据处理软件，提高实验数据的准确性和可靠性，在该篇的第 1 章增加了"常用计算机辅助软件"；随着分析技术高速发展，分析仪器越来越普及，学生有足够的渠道获取相关知识，因此，在"实验基础"部分删减"常用分析检测方法及仪器"章节。

4. 对第二篇"专业实验实例"中所有实验项目的"实验目的"都进行了重新表述，以体现实验项目对"课程目标"的支撑，并通过实验内容、教学方法和考核评价标准，将学生相关能力的培养落到实处。

5. 对第二篇"专业实验实例"中的部分实验内容进行了合并、更新和充实。增设了

"化工热力学实验"模块，设置了四种不同类型的热力学实验。在"基础数据测试实验"模块中，增设了"多孔催化剂比表面积及孔径分布的测定"实验项目；在"研究开发实验"模块中增设了"苯-乙醇烷基化制乙苯催化剂的开发研究""氧化钙基高温二氧化碳吸附剂性能研究"等特色实验项目。

6. 加强了教材的统稿工作，对书中的内容细节、文字表述，以及附图、附表等作了全面修订，使文字风格尽量保持一致。

本教材修订后，既保留了原教材先进的教学理念和模块化的实验项目结构，又充分体现了"学习成果导向"（OBE）的工程教育理念，建立了"专业毕业要求-课程教学目标-教学内容和方法-考核评价标准"之间的关系，在实验内容的设计中，更加强调工程知识的运用，强调实验过程的研究性，强调现代工具的使用，强调安全、健康、环保意识，强调团队合作和沟通交流能力的培养，形成了由教学目标、实验方法、装备技术、分析手段、应用实践构成的完整专业实验教学体系。

参加本书修订工作的人员有乐清华（绪论）、魏永明（1.4、实验二十九）、宁雷（实验七）、李秀军（实验二十八）、徐菊美（3.1～3.4、实验三十）、李平（实验三、实验二十七）、钱炜鑫（实验六）、彭阳峰（实验八）、赵红亮（实验十一）、朱贻安（实验十二）、孙志仁（实验十七）、纪利俊（实验十八）、薛为岚（实验二十三）、朱志华（实验二十六）、雷明（实验附图、附表），全书由乐清华统稿整理。

本教材修订过程中，得到了华东理工大学化学工程与工艺专业教师的大力支持，房鼎业教授对教材的修订给予了悉心指导，在此一并表示衷心的感谢。

修订者

于华东理工大学，上海

2017.4

第一版导言

一

化学工程与工艺专业是由原化学工程、无机化工、有机化工、煤化工、石油加工、高分子化工、工业催化、电化学工程等专业归并而成的宽口径专业。工程实践能力的培养是本专业教学计划的重要内容和主要任务之一。作为一门重要的专业实践性课程，本课程的目的是培养学生掌握化学工程与工艺专业的专业实验技术与实验研究方法。具体地说，本课程应达到以下6个方面的教学要求。

（1）使学生掌握专业实验的基本技术和操作技能。

（2）使学生学会专业实验主要仪器和装备的使用。

（3）使学生了解本专业实验研究的基本方法。

（4）培养学生分析问题和解决问题的能力。

（5）培养学生理论联系实际、实事求是的学风。

（6）提高学生的自学能力，独立思考能力与创新能力。

二

本书在编写过程中精选了华东理工大学原化学工程、无机化工、有机化工等专业多年来专业实验的教学实例，也反映了我校化学工程学科部分科研成果。全书分"实验基础"与"实验实例"两篇。"实验基础"介绍了专业实验的组织与实施、专业实验的基本技术与装备。"实验实例"包括基础数据测试实验、反应工程实验、分离技术实验、化工工艺实验和研究开发实验等类型，共34个实例，供各校根据条件和教学要求选用。实验实例中有些实例侧重于验证专业理论，使学生加深对理论的理解；有些实验着眼于模拟生产实际过程，以提高学生对工程和工艺问题的认识。为了将现代化教育手段引入实验教学，还介绍了几个计算机仿真实验。研究开发型实验，需由学生按要求提出方案，进行实验设计并自己搭建或改造实验流程，采集和处理数据，以及对结果进行分析，这类实验可供有科研兴趣的学生选做。

化学工程与工艺专业实验不同于理论教学，也有别于基础课程的实验。它具有更强的化学工程与工艺背景，实验流程较长，规模较大，学生需通过较为系统的实验室工作来培养自己的动手能力、分析问题的能力与创新思维，训练自己参加科学研究的能力。化学工程与工艺专业实验课程安排在基础与技术基础课程学完以后，与其他专业课程同时进行。它要求学生有数理化和化工原理的理论基础，有物理、化学、电工、仪表等基本实验技能，通过本课程加强以化学工程与工艺为背景的综合型实验训练。

三

在选择实验实例时，充分考虑了工程学与工艺学实验的适当平衡，并特别注意实验内容的典型性与先进性。

在工程学方面，分别考虑到反应工程、分离工程、传递过程等化学工程学科的需要，安排了连续反应器中的返混、气固相催化反应宏观速率测定、流化床反应器特性测定；超临界萃取提取、液膜与固膜分离；二元汽液平衡数据、三元液液平衡数据测定；液液传质系数、气液传质系数测定等实验。

在工艺学方面，为使学生通过实验了解有关工艺中的单元过程，本书所安排的合成气中一氧化碳的中、低温变换、有机化工中乙苯脱氢制苯乙烯、精细化工中表面活性剂合成等都有强烈的工艺背景。即使是工程类的实验，也有相当数量以工艺过程为依托，如热钾碱法吸收二氧化碳的吸收速率在无机与煤化工工艺中广泛使用，径向固定床中的流体均布在有机化工与石油化工反应器中都有使用。

所谓"典型性"，即本书所选编的实验反映了不同的工程特征与工艺特性，分离工程领域所包含的精馏、吸收、萃取、膜分离、泡沫分离等内容，在本书中均有代表性实验。反应工程领域中粒内扩散、宏观速率、返混现象、气液相反应过程也都设置有代表性实验，这就可使学生熟悉各类典型单元过程的实验方法。

所谓"先进性"，即实验内容与实验装备要先进。在实验内容上有些实验涉及本专业科研的新进展，如超临界分离技术、径向流动反应器中流体均布等，使学生了解本专业生产与科研发展的前沿。先进性还应体现在装备的先进，实验流程与装备具有较高的水平。

四

本书的使用对象是化学工程与工艺专业的本科生与专科生，建议教学时数 50～60 学时。

本书的第一篇"实验基础"，课内可安排 4～6 个学时，有些内容可让学生自学。第二篇"实验实例"不可能都做，可根据各校的条件与教学计划的学时数决定，选做其中的一部分。对"实验实例"，建议抓好以下教学环节。

(1) 实验预习　学生应根据实验所列预习思考题，了解每个实验的目的、原理、流程、装备与控制，并对实验步骤、实验数据采集与处理方法有所了解。教师应在动手实验前通过多种方式检查学生的预习情况，并记录在案，作为评分依据之一。

(2) 实验过程　在安排实验方案的基础上，精心调节实验条件，细心观察实验现象，正确记录实验数据。教师在指导时，有责任指导学生正确使用实验仪器，并督促学生严格采集实验数据，养成优良的实事求是的学风。要教育学生不得涂改记录，不得伪造数据。实验过程中教师应重视培养学生根据实验现象提出问题、分析问题的能力。

(3) 实验报告　实验完成后，学生应认真独立撰写报告。实验报告应做到层次分明、数据完整、计算正确、结论明确、图表规范、讨论深入。要重视实验讨论环节，实验讨论是对学生创新思维的训练。

一个完整的专业实验过程相当于一个小型的科学研究过程，预习大体上相当于查阅文献和开题论证，实验操作相当于试验数据的测定，实验报告就是一篇小型论文。参加一次实验，要视为参加科学研究的初步训练，学生应认真对待和参与专业实验的全过程。

五

本书由华东理工大学化学工程与工艺实验中心的教师共同编写，房鼎业、乐清华、李福清主编，制定编写大纲和要求。各章节的编写人员如下：

第一篇：1—乐清华；2.1～2.6—李福清；2.7—宁雷。

第二篇：实验 2，24，29，30，31，33—乐清华；6，18，19，32—唐小琪；13，14，16，17—许志美；10，11，12—朱志华；3，4—张秋华；21，23—韩伟；20—孙杏元；15—徐志刚；34—蔡水洪；7—雷坚；8—曹砚君；28—薛为岚；22—许振良；26—陈鸿雁；27—刘殿华；5—张岩；9—孙志仁；1—宋道云；25—蔡建国。

附录：曹砚君。

全书由房鼎业、乐清华统稿，张岩为本书的编著做了大量的资料整理工作。本书主审人

第二版修订说明

本书 2000 年作为面向 21 世纪课程教材首次出版，并相继被全国众多兄弟院校和科研院所选用。广大读者对本书提出的"以化工过程研究与开发的方法论为主线，按化学工程学科发展方向重新构建专业实验教学"的总体思路，以及在实验内容选材上既充分考虑了教学内容的先进性、典型性和综合性，又切实考虑了教学实施的可行性的教材特点，一致认同，同时，也希望能够进一步充实和完善实验的配套技术，介绍实验装备的先进控制方法，使化工专业实验能够反映学科发展和工业技术创新的前沿，为创新教育和实验教学改革提供支撑。根据读者在使用本书中提出的意见和建议，结合编者们几年来在自身教学实践中发现的问题，进行了修订与完善，使本书能够紧跟学科发展和教学改革的步伐，在培养学生实践创新能力方面发挥更大的作用。

本次修订保持了第一版教材的指导思想和主体结构，即强调实验的方法论，注重实验选材的典型性、先进性和综合性，充分考虑实验教学的可操作性，以化学工程学科发展方向为主线构建专业实验教学的新框架。在此基础上，根据专业技术发展的趋势和实验教学的特点，重点对"专业实验基础"篇进行了修订，加强了实验技术的介绍，同时，对"专业实验实例"篇进行了内容增删和修订。主要修订内容如下。

1. 为帮助学生了解和掌握化工专业实验常用的分析检测方法和仪器设备，正确地选用分析仪器，提高实验数据的准确性和可靠性，在第一篇中新增了一个章节，即第 3 章：专业实验常用分析检测方法与仪器。分别介绍了气相色谱法、高效液相色谱法、紫外-可见分光光度法、比表面积与孔径分布测定法，以及旋光分析法的原理与仪器使用方法。

2. 为帮助学生了解和掌握计算机控制技术在化工实验和生产装备上的应用原理和设计思想，在第一篇的第 2 章中增加了"计算机在线（或远程）控制实验技术"的章节，分别介绍了计算机在线控制技术和网络远程控制技术在实验装备和实验教学中的应用原理和实例。

3. 对第一篇第 2 章中的专业实验技术进行了补充。在 2.2 节中，增加了气液吸收相平衡数据的测定技术；在 2.3 节中，增加了气液反应动力学测定的实验技术。在 2.5 节中，增加了吸收实验技术。

4. 对第二篇"专业实验实例"中的部分实验内容进行了合并、更新和充实。如将知识点相近的原实验七和实验二十合并为新实验七"双驱动搅拌器测定气-液传质系数"；在原实验十三中补充了乙醇脱水制乙烯反应宏观动力学的测定方法；更新了原实验二十四"结晶法分离提纯对二氯苯"的内容，并将实验名称改为"降膜熔融结晶法分离提纯对二氯苯"等。

5. 在第二篇"专业实验实例"中删除和新增了部分实验项目。如在该篇第 5 章中增加了实验十五"连续循环管式反应器中返混状况的测定"；在第 6 章中删除了原实验二十六"活性炭吸附法脱除气体中的有机蒸气"，增设了"碳分子筛变压吸附制取氮气"的新技术；在第 8 章中，增设了研究开发型实验三十五"组合膜分离浓缩大豆乳清蛋白"等。

6. 加强了统稿工作，对书中的内容细节、文字表述，以及附图、附表等作了全面修订，使文字风格尽量保持一致。同时，修订了部分实验项目的名称，使之与实验内容更加吻合，如将原实验九"固体小球对流传热系数的测定"改为"多态气固相传热系统的测定";将原实验十四"连续流动反应器中的返混测定"改为"多釜串联反应器中返混状况的测定"等。

本书修订后,既保持了原教材先进的教学理念和模块化的实验项目结构,又紧跟学科发展,充实和引进了现代先进的实验技术和装备技术。在实验内容的设计中,更加注重知识点的综合性,强调实验过程的研究性,将创新思维和科研实践能力的培养贯穿于实验教学之中,形成了由实验方法、装备技术、分析手段、应用实践构成的完整专业实验教学体系。

参加本书修订工作的人员有乐清华(第一篇,第二篇实验三、七、十三、二十、二十四、二十六)、薛为岚(实验二十八)、刘殿华(实验二十七)、唐小琪(实验二十三)、徐菊美(实验二、三十五)、宁雷(实验十五)、雷明(实验附图、附表),全书由乐清华统稿整理。

本书修订过程中,得到了华东理工大学化工专业实验中心教师的大力支持,房鼎业教授对教材的修订给予了悉心指导,在此一并表示衷心的感谢。

修订者
于华东理工大学,上海
2007 年 12 月

目 录

绪　论

一、教学目标

化学工程与工艺专业是由原化学工程、无机化工、有机化工、煤化工、石油加工、高分子化工、工业催化、电化学工程等专业归并而成的宽口径专业。作为一个过程工程特色鲜明的工科专业，培养学生解决复杂工程问题的能力、团队工作能力、终身学习能力，以及工程伦理和社会责任意识是本专业人才培养的重要目标。根据国际工程联盟-华盛顿协议（International Engineering Alliance-Washington Accord）对工程类本科毕业生提出的12条素质要求，我国制定的《2015版工程教育认证通用标准》对工科毕业生提出了12条毕业要求（Outcomes），即学生毕业时应具有下述能力。

① 工程知识：能够将数学、自然科学、工程基础和专业知识用于解决复杂工程问题。

② 问题分析：能够应用数学、自然科学和工程科学的基本原理，识别、表达并通过文献研究分析复杂工程问题，以获得有效结论。

③ 设计/开发解决方案：能够设计针对复杂工程问题的解决方案，设计满足特定需求的系统、单元（部件）或工艺流程，并能够在设计环节中体现创新意识，考虑社会、健康、安全、法律、文化以及环境等因素。

④ 研究：能够基于科学原理并采用科学方法对复杂工程问题进行研究，包括设计实验、分析与解释数据、并通过信息综合得到合理有效的结论。

⑤ 使用现代工具：能够针对复杂工程问题，开发、选择与使用恰当的技术、资源、现代工程工具和信息技术工具，包括对复杂工程问题的预测与模拟，并能够理解其局限性。

⑥ 工程与社会：能够基于工程相关背景知识进行合理分析，评价专业工程实践和复杂工程问题解决方案对社会、健康、安全、法律以及文化的影响，并理解应承担的责任。

⑦ 环境和可持续发展：能够理解和评价针对复杂工程问题的专业工程实践对环境、社会可持续发展的影响。

⑧ 职业规范：具有人文社会科学素养、社会责任感，能够在工程实践中理解并遵守工程职业道德和规范，履行责任。

⑨ 个人和团队：能够在多学科背景下的团队中承担个体、团队成员以及负责人的角色。

⑩沟通：能够就复杂工程问题与业界同行及社会公众进行有效沟通和交流，包括撰写报告和设计文稿、陈述发言、清晰表达或回应指令，并具备一定的国际视野，能够在跨文化背景下进行沟通和交流。

⑪ 项目管理：理解并掌握工程管理原理与经济决策方法，并能在多学科环境中应用。

⑫ 终身学习：具有自主学习和终身学习的意识，有不断学习和适应发展的能力。

化学工程与工艺专业实验作为一门重要的专业实践性课程，其教学目标应对上述相关毕业要求的达成提供支撑，因此，本教材对课程提出如下教学目标，即通过本课程的实验训练，使学生具备下列能力。

① 能应用工程数学方法处理实验数据，获得模型参数；采用图、表的形式规范地表达实验结果，熟练使用作图软件。（支撑毕业要求 1）

② 能根据特定的研究对象，选用合理的研究方法，设计实验方案、选配实验设备、组织并实施实验，获得有效实验数据，并将实验结果与理论或模型进行比较。（支撑毕业要求 4）

③ 能选用和熟练使用常见的传热、传质、反应、分离设备，掌握其特性；熟练操控计算机自动控制与在线检测的化工实验装备；独立操作重要的化工实验分析仪器；熟练使用多媒体教学软件。（支撑毕业要求 5）

④ 具备安全、环保、风险、责任意识；具备实验室安全知识与技能；能够规范地完成实验操作；了解工程问题的社会影响。（支撑毕业要求 8）

⑤ 能够团队合作完成实验任务；能够主动承担或积极解决实验过程中出现的意外情况，顺利完成实验；能够有条理、有逻辑地表达，完成实验报告。（支撑毕业要求 9、10）

二、 教材结构

本书在编写过程中精选了华东理工大学原化学工程、无机化工、有机化工等专业多年来专业实验的教学实例，也反映了华东理工大学化学工程学科的部分科研成果。

全书分"专业实验基础"与"专业实验实例"两篇。"专业实验基础"介绍了专业实验的组织与实施、专业实验的技术及设备以及化工实验安全知识。"专业实验实例"分为基础数据测试实验、化工热力学实验、反应工程实验、化工分离技术实验、化工工艺实验和研究开发实验六个模块，共计 30 个实验项目。每个模块体现一个教学主题，在此主题下设置 4～7 个不同类型的实验项目，可供各校教师和学生灵活选择。实验实例中有些实例侧重于验证专业理论，使学生加深对理论的理解；有些实验着眼于模拟生产实际过程，以提高学生对工程和工艺问题的认识。为了将现代化教育手段引入实验教学，还介绍了计算机仿真实验。研究开发型实验，此类实验要求学生根据任务目标提出解决方案、设计实验计划、完成实验装置的搭建或实验流程的改造、正确采集和处理数据，并对实验结果进行分析判断，获取有效结论。这类实验可供优秀学生选做。

化学工程与工艺专业实验不同于理论教学，也有别于基础课程的实验。它具有更强的化学工程与工艺背景，实验流程较长，规模较大，学生需通过较为系统的实验室工作来培养自己的动手能力、分析问题的能力与创新思维，训练自己参加科学研究的能力。化学工程与工艺专业实验课程安排在基础与技术基础课程学完以后，与其他专业课程同时进行，要求学生有数理化和化工原理的理论基础，以及物理、化学、电工、仪表等基本实验技能，通过本课程加强以化学工程与工艺为背景的综合型实验训练。

三、 教材特色

在选择实验实例时，充分考虑了工程学与工艺学实验的适当平衡，并特别注意实验内容的典型性、先进性和综合性。选编的实验项目既体现了化工领域的技术进展，又反映了化工过程及设备的典型工程特征与工艺特性，还设置了以技术开发为目标的大型综合型实验。

在工程学方面，分别考虑到反应工程、分离工程、传递过程等化学工程学科的需要，安排了连续反应器中的返混、气固相催化反应宏观速率测定、流化床反应器特性测定、液膜与固膜分离、二元汽液平衡数据、三元液液平衡数据测定、液液传质系数、气液传质系数测定等实验。

在工艺学方面，为使学生通过实验了解有关工艺中的单元过程。本书所安排的合成气中一氧化碳的中温-低温串联变换、有机化工中乙苯脱氢制苯乙烯等都有强烈的工艺背景,即使是工程类的实验,也有相当数量以工艺过程为依托,如热钾碱法吸收二氧化碳的气-液传质系数测定在无机与煤化工工艺中广泛使用。

所谓"典型性",即本书所选编的实验反映了不同的工程特征与工艺特性,分离工程领域所包含的精馏、吸收、吸附、膜分离等内容,在本书中均有代表性实验;反应工程领域中宏观速率、返混现象、气液相反应过程都设置有代表性实验,这可使学生熟悉各类典型单元过程的实验方法。

所谓"先进性",即实验内容与实验装备的先进性。在实验内容上涉及本专业科研的新进展,如膜分离技术、反应精馏技术等,使学生了解本专业生产与科研发展的前沿。在实验装备的设计上,充分考虑了装置的自动化和多功能化,将先进的在线控制和远程控制技术引入实验流程与装备的控制,提高了实验的时效性和数据的准确性。

所谓"综合性",即实验项目的设计注重知识的综合性,如反应精馏制备甲缩醛、苯-乙醇烷基化制乙苯催化剂的开发研究、氧化钙基二氧化碳高温吸附剂性能研究等,均综合运用了反应工程、分离工程和化学工艺的知识,强调实验设计的方法论,将培养学生的科研能力、创新能力贯穿实验全过程。

四、 教材使用

本书的使用对象是化学工程与工艺专业的本科生与专科生,建议教学 50～60 学时。

本书的第一篇"专业实验基础",课内可安排 4～6 个学时,有些内容可让学生自学。第二篇"专业实验实例"可根据各校的条件和教学计划的学时数进行选择。对"专业实验实例"的教学,建议抓好以下教学环节。

① 实验预习 学生应根据实验所列预习思考题,了解每个实验的目的、原理、流程、装备与控制,并对实验步骤、实验数据采集与处理方法有所了解。教师应检查学生预习情况,在动手实验前通过多种方式检查学生预习情况,并记录在案,作为评分依据之一。

② 实验过程 学生应根据实验方案设定的计划,安全规范地操作实验设备,精心调节实验条件,细心观察实验现象,正确记录实验数据。教师有责任指导学生正确使用实验仪器,正确采集并如实记录实验数据,养成优良的实事求是的学风。实验过程中教师应重视培养学生根据实验现象提出问题、分析问题的能力。

③ 实验报告 实验完成后,学生应认真独立撰写报告。实验报告应做到层次分明、数据完整、计算正确、结论明确、图表规范、讨论深入。教师应重视和引导学生开展实验结果讨论,强化学生创新思维的训练。

④ 考核评价 为客观评价学生的学习效果、评价教学目标的达成情况、持续改进课程质量,教师应细化课程的考核内容和标准,从实验设计、操作技能、安全规范、团队合作、数据处理和结果分析六个方面分别评价学生相关能力的达成情况。建议参考下列"课程目标-评价内容-评价依据"的对应表制定考核标准。

课程目标	考核评价内容	评价依据
1. 能应用工程数学方法处理实验数据,获得模型参数;采用图、表的形式规范地表达实验结果,熟练使用作图软件(支撑毕业要求 1)	绘图、制表、建模、拟合等工程能力	1. 数据处理方法 2. 数据处理结果
2. 能根据实验目的和特定研究对象,选用合理的研究方法、设计实验方案、选配实验设备、组织并实施实验、获得有效实验数据,并将实验结果与理论或模型进行比较(支撑毕业要求 4)	1. 设计实验能力 2. 组织实施能力 3. 数据采集能力 4. 结果分析能力	1. 实验概述 2. 方案设计 3. 原始数据 4. 结果讨论

课程目标	考核评价内容	评价依据
3. 能选用和熟练使用常见的传热、传质、反应、分离设备,掌握其特性;熟练操控计算机自动控制与在线检测的化工实验装备;独立操作重要的化工实验分析仪器;熟练使用多媒体教学软件(支撑毕业要求5)	1. 选用和搭建实验设备的能力 2. 通过计算机操控实验装备的能力 3. 仪器分析能力 4. 软件使用能力	1. 预习思考 2. 操作规范
4. 具备安全、环保、风险、责任意识;具备实验室安全知识与技能;能够规范地完成实验操作;了解三废对环境的影响(支撑毕业要求8)	1. 了解和遵守实验室全情况 2. 实验操作规范性(三废处理、规程)	1. 安全知识测试 2. 操作规范
5. 能够与团队合作完成实验任务;能够主动承担或积极解决实验过程中出现的意外情况,顺利完成实验;能够有条理、有逻辑地表达,完成实验报告(支撑毕业要求9、10)	1. 与团队合作能力 2. 个人独立实验能力 3. 实验报告撰写	1. 课堂讨论 2. 实验现象 3. 自我评估

一个完整的专业实验过程相当于一个小型的科学研究过程,预习大体上相当于查阅文献和开题论证,实验操作相当于实验数据的测定,实验报告就是一篇小型论文。参加一次实验,要视为参加科学研究的初步训练,学生应认真对待和参与专业实验的全过程。

第一篇

专业实验基础

1 专业实验的组织与实施

化学工程与工艺专业实验是初步了解、学习和掌握化学工程与工艺科学实验研究方法的一个重要实践性环节。专业实验不同于基础实验，其实验目的不仅仅是验证一个原理，观察一种现象或是寻求一个普遍适用的规律，而是有针对性地解决一个具有明确工业背景的化学工程和工艺问题。因此，在实验的组织和实施方法上与科研工作十分类似，也是从查阅文献、收集资料入手，在尽可能掌握与实验项目有关的研究方法、检测手段和基础数据的基础上，通过对项目技术路线的优选、实验方案的设计、实验设备的选配、实验流程的组织与实施来完成实验工作，并通过对实验结果的分析与评价获取最有价值的结论。

化学工程与工艺专业实验的组织与实施原则上可分为三个阶段，第一是实验方案的设计，第二是实验方案的实施，第三是实验结果的处理与评价。

1.1 实验方案的设计

实验方案是指导实验工作有序开展的一个纲要。实验方案的科学性、合理性、严密性与有效性往往直接决定实验工作的效率与成败。因此，在着手实验前，应围绕实验目的，针对研究对象的特征对实验工作的开展进行全面的规划和构想，拟定一个切实可行的实验方案。

实验方案的主要内容包括：实验技术路线与方法的选择，实验内容的确定，实验设计。

1.1.1 实验技术路线与方法的选择

化学工程与工艺实验所涉及的内容十分广泛，由于实验目的不同、研究对象的特征不同、系统的复杂程度不同，实验者要想高起点、高效率地着手实验，必须对实验技术路线与方法进行选择。

技术路线与方法的正确选择应建立在对实验项目进行系统周密的调查研究基础之上，认真总结和借鉴前人的研究成果，紧紧把握化学工程理论的指导和科学的实验方法论，以寻求最合理的技术路线、最有效的实验方法。选择和确定实验的技术路线与方法应遵循如下四个原则。

1.1.1.1 技术与经济相结合的原则

在化工过程开发的实验研究中，由于技术的积累，针对一个课题，往往会有多种可供选择的研究方案，研究者必须根据研究对象的特征，以技术和经济相结合的原则对方案进行筛选和评价，以确定实验研究工作的最佳切入点。

以 CO_2 分离回收技术的开发研究为例。在实验工作之前，由文献查阅得知，可供参考的 CO_2 分离技术主要如下：

① 变压吸附　其技术特征是 CO_2 在固体吸附剂上被加压吸附，减压再生。

② 物理吸收　其技术特征是 CO_2 在吸收剂中被加压溶解吸收，减压再生。

③ 化学吸收　其技术特征是 CO_2 在吸收剂中反应吸收，加热再生。使用的吸收剂主要有两大系列，一是有机胺水溶液系列，二是碳酸钾水溶液系列。

究竟应该从哪条技术路线入手呢？这就要结合被分离对象的特征，从技术和经济两方面加以考虑。假设被分离对象是来自于石灰窑尾气中的 CO_2，那么，对象的特征是：气源压力为常压，组成为 CO_2 20%～35%，其余为 N_2、O_2 和少量硫化物。

据此特征，从经济角度分析，可见变压吸附和物理吸收的方法是不可取的，因为这两种方法都必须对气源加压才能保证 CO_2 的回收率，而气体加压所消耗的能量 60%～80% 被用于非 CO_2 气体的压缩，这部分能量随着吸收后尾气的排放而损耗，其能量损失是相当可观的。而化学吸收则无此顾忌，由于化学反应的存在，溶液的吸收能力大，平衡分压低，即使在常压下操作，也能维持足够的传质推动力，确保气体的回收。但是，选择哪一种化学吸收剂更合理，需要认真考虑。如果选用有机胺水溶液，从技术上分析，存在潜在的隐患，因为气源中含氧，有机胺长期与氧接触会氧化降解，使吸收剂性能恶化甚至失效。所以，也是不可取的。现在，唯一可以考虑的就是采用碳酸钾水溶液吸收 CO_2 的方案。虽然这个方案从技术和经济的角度考虑都可以接受，但并不理想。因为碳酸钾溶液存在着吸收速率慢，再生能耗高的问题。这个问题可以通过添加合适的催化剂来解决。因此，实验研究工作应从筛选化学添加剂、改进碳酸钾溶液的吸收和解吸性能入手，开发性能更加优良的复合吸收剂。这样，研究者既确定了合理的技术路线，又找到了实验研究的最佳切入点。

1.1.1.2　分解与简化相结合的原则

在化工过程开发中所遇到的研究对象和系统往往是十分复杂的，反应因素、设备因素和操作因素交织在一起，给实验结果的正确判断造成困难。对这种错综复杂的过程，要认识其内在的本质和规律，必须采用过程分解与系统简化相结合的实验研究方法，即在化学工程理论的指导下，将研究对象分解为不同层次，然后，在不同层次上对实验系统进行合理的简化，并借助科学的实验手段逐一开展研究。在这种实验研究方法中，过程的分解是否合理，是否真正地揭示了过程的内在关系，是研究工作成败的关键。因此，过程的分解不能仅凭经验和感觉，必须遵循化学工程理论的正确指导。

由化学反应工程的理论可知，任何一个实际的工业反应过程，其影响因素均可分解为两类，即化学因素和工程因素。化学因素体现反应本身的特性，其影响通过本征动力学规律来表达。工程因素体现实现反应的环境，即反应器的特性，其影响通过各种传递规律来表达。反应本征动力学的规律与传递规律两者是相互独立的。基于这一认识，在研究一个具体的反应过程时，应对整个过程依反应因素和工程因素进行不同层次的分解，在每个层次上抓住其关键问题，通过合理简化，开展有效的实验研究。比如，在研究固定床内的气固相反应过程时，对整个过程可进行两个层次的分解，第一层次将过程分解为反应和传递两个部分，第二层次将反应部分进一步分解成本征动力学和宏观动力学，将传递过程进一步分解成传热、传质、流体流动与流体均布等。随着过程的分解，实验工作也被确定为两大类，即热模实验和冷模实验。热模实验用于研究反应的动力学规律，冷模实验用于研究反应器内的传递规律。接下来的工作，就是调动实验设备和实验手段来简化实验对象，达到实验目的。

在研究本征动力学的热模实验中，消除传递过程的影响是简化实验对象的关键。为此，设计了等温积分和微分反应器，采取减小催化剂粒度，消除粒内扩散；提高气体流速，消除粒外扩散与轴向返混；设计合理的反应器直径，辅以精确的控温技术，保证反应器内温度均匀等措施，使传递过程的干扰不复存在，从而测得准确可靠的动力学模型。

在冷模实验中，实验的目的是考察反应器内的传递规律，以便调动反应器结构设计这个工程手段来满足反应的要求。由于传递规律与反应规律无关，不必采用真实的反应物系和反应条件，因此，可以用廉价的空气、砂石和水来代替真实物系，在比较温和的温度、压力条件下组织实验，使实验得以简化。冷模实验成功的关键是必须确保实验装置与反应器原形的相似性。

过程分解与系统简化相结合是化工过程开发中一种行之有效的实验研究方法。过程的分解源于正确的理论的指导，系统简化依靠科学的实验手段。正是因为这种方法的广泛运用，才形成了化学工程与工艺专业实验的现有框架。

1.1.1.3　工艺与工程相结合的原则

工艺与工程相结合的开发思想极大地推进了现代化工新技术的发展，反应精馏技术、膜反应器技术、超临界技术、三相床技术等，都是将反应器的工程特性与反应过程的工艺特性有机结合在一起而形成的新技术。因此，如同过程分解可以帮助研究者找到行之有效的实验方法一样，通过工艺与工程相结合的综合思维，也会在实验技术路线和方法的选择上得到有益的启发。

以甲缩醛制备工艺过程的开发为例。从工艺角度分析甲醇和甲醛在酸催化下合成甲缩醛的反应，其主要特征是：①主反应为可逆放热反应，并伴有串联副反应；②主产物甲缩醛在系统中相对挥发度最大。特征①表明，为提高反应物甲醛的平衡转化率和产物甲缩醛的收率，抑制串联副反应，工艺上希望及时将反应热和产物甲缩醛从系统中移走。那么，从工程的角度如何来满足工艺的要求呢？如果我们结合对象的工艺特征②和精馏操作的工程特性，从工艺与工程相结合的角度去考虑，就会发现反应精馏是最佳方案。因为它不仅可以利用精馏塔的分离作用不断移走和提纯主产物，提高反应的平衡转化率和产品收率，而且可以利用反应热作为精馏的能源，既降低了精馏的能耗，又带走了反应热，一举两得。同时，精馏还对反应物甲醛具有提浓作用，可降低工艺上对原料甲醛溶液的浓度要求，从而降低原料成本。可见，工艺与工程相结合在技术路线的选择上带来了巨大的优越性。

又如乙苯脱氢制苯乙烯过程，工艺研究表明：①由于主反应是一个分子数增加的气固相催化反应，因此，降低系统的操作压力有利于化学平衡，采取的措施是用水蒸气稀释原料气和负压操作。②由于产物苯乙烯的扩散系数较小，在催化剂内的扩散比原料乙苯和稀释剂水分子困难得多，所以，减小催化剂粒度可有效地降低粒内苯乙烯的浓度，抑制串联副反应，提高选择性，适宜的催化剂粒度为 $0.5 \sim 1.0 mm$。那么，从工程角度分析，应该选用何种反应器来满足工艺要求呢？如果选用轴向固定床反应器，要满足工艺要求②，势必造成很大的床层阻力降，而工艺要求①希望系统在低压或负压下操作，因此，即使不考虑流动阻力造成的动力消耗，严重的床层阻力也会导致转化率下降。显然，轴向固定床反应器是不理想的。那么，如何解决催化剂粒度与床层阻力的矛盾呢？如果从工艺与工程相结合的角度去思考，调动反应器结构设计这个工程手段来解决矛盾，显然，径向床反应器是最佳选择。在这种反应器中，物流沿反应器径向流动通过催化床层，由于床层较薄，即使采用细小的催化剂，也不会导致明显的压力降，使问题迎刃而解。实际上，解决催化剂粒度与床层阻力的矛盾也正是开发径向床这种新型的气固相反应器的动力。此例说明，工艺与工程相结合不仅会产生新的生产工艺，而且会推进新设备的开发。

工艺与工程相结合是制定化工过程开发的实验研究方案的一个重要方法，从工艺与工程相结合的角度思考问题，有助于开拓思路，创造新技术新方法。

1.1.1.4 资源利用与环境保护相结合的原则

进入 21 世纪，为使人类社会可持续发展，保护地球的生态平衡，开发资源、节约能源、保护环境将成为国民经济发展的重要课题。尤其对化学工业，如何有效地利用自然资源，避免高污染、高毒性化学品的使用，保护环境，实现清洁生产，是化工新技术、新产品开发中必须认真考虑的问题。

现以近年来颇受化工界关注的有机新产品碳酸二甲酯生产技术的开发为例，说明资源利用与环境保护在过程开发中的导向作用。碳酸二甲酯（dimethyl carbonate，DMC）是一种高效低毒、用途广泛的有机合成中间体，分子式为 $CH_3OCOOCH_3$，因其含有甲基、羰基和甲酯基三种功能团，能与醇、酚、胺、酯及氨基醇等多种物质进行甲基化、羰基化和甲酯基化反应，生产苯甲醚、酚醚、氨基甲酸酯、碳酸酯等有机产品，以及高级树脂、医药和农药中间体、食品添加剂、染料等材料化工和精细化工产品，是取代目前使用广泛且剧毒的甲基化剂硫酸二甲酯和羰基化剂光气的理想物质，被称为未来有机合成的"新基石"。

到目前为止，已相继开发了多种 DMC 合成的方法，其中，有代表性的四种方法是：

（1）光气甲醇法

光气甲醇法是 20 世纪 80 年代工业规模生产 DMC 的主要方法，其反应原理是：

首先由光气和甲醇反应，生成氯甲酸甲酯：

$$ClCOCl + CH_3OH \longrightarrow ClCOOCH_3 + HCl$$

然后，氯甲酸甲酯与甲醇反应，得到 DMC：

$$ClCOOCH_3 + CH_3OH \longrightarrow CH_3OCOOCH_3 + HCl$$

（2）醇钠法

醇钠法以甲醇钠为主要原料，将其与光气或 CO_2 反应生产 DMC，反应原理如下：

与光气反应时，其反应式为：

$$ClCOCl + 2CH_3ONa \longrightarrow CH_3OCOOCH_3 + 2NaCl$$

与 CO_2 反应时，其反应式为：

$$CO_2 + CH_3ONa \xrightarrow{100℃,\ 1h} NaOCOOCH_3$$

$$NaOCOOCH_3 + CH_3Cl \xrightarrow{CH_3OH,\ 150℃,\ 2h} CH_3OCOOCH_3 + NaCl$$

（3）酯交换法

酯交换法是将碳酸丙烯酯(PC)或碳酸乙烯酯(EC)在碱催化作用下，与甲醇进行酯交换反应合成 DMC，并副产丙二醇或乙二醇。其反应原理如下：

以 PC 和甲醇为原料时，反应为：

$$\text{(PC)} + CH_3OH \longrightarrow CH_3OCOOCH_3 + CH_2OHCHOHCH_3$$

以 EC 和甲醇为原料时，反应式为：

$$\text{(EC)} + 2CH_3OH \longrightarrow CH_3OCOOCH_3 + CH_2OHCH_2OH$$

（4）甲醇氧化羰基化法

甲醇氧化羰基化法是以甲醇、CO 和氧气为原料，在钯系、硒系、铜系催化剂的作用下，直接合成 DMC。

反应式为：

$$2CH_3OH + CO + \frac{1}{2}O_2 \xrightarrow{cat} CH_3OCOOCH_3 + H_2O$$

比较上述四种方法可见，光气甲醇法虽能得到 DMC 产品，但有两个致命的缺点，一是使用了威胁环境和健康的剧毒原料光气，二是产生了对设备腐蚀严重的盐酸，应设法淘汰。醇钠法虽解决了盐酸的腐蚀问题，但仍未摆脱光气或氯甲烷对环境的污染，因此，也不可取。显然，要解决污染问题，必须从源头着手，开发新的原料路线，酯交换法和甲醇氧化羰基化法由此应运而生。

酯交换法所用的原料 PC 或 EC 可由大宗石油化工产品环氧丙烷和环氧乙烷与 CO_2 反应制得，这不仅为 DMC 的生产找到一条丰富的原料来源，而且为大宗石化产品的深加工找到一条新的出路。该法反应过程简单易行，对环境无污染，副产物也是有价值的化工产品。其技术关键在产品的分离与精制。虽然该法已工业化，但仍有许多制约经济效益的技术问题值得深入研究。

甲醇氧化羰基化法开发了更加价廉易得的原料路线——C_1 化工产品，因为甲醇和 CO 可由天然气、煤和石油等多种自然资源转化合成，使 DMC 的原料路线大大拓展，尤其是我国天然气资源丰富，可显著降低 DMC 生产的原料成本。因此，该法是一种很有发展前途的生产方法，也是目前 DMC 生产技术的研究热点。其技术关键之一是催化剂的选择。

由于酯交换法和甲醇氧化羰基化法开辟了新的有吸引力的原料路线，同时解决了污染问题，所以，引起了各国研究者的普遍关注，形成目前 DMC 生产技术的研究热点。世界各大化学公司几乎无一不涉足其间。可见资源利用与环境保护意识对技术进步的强大推进作用。

1.1.2 实验内容的确定

实验的技术路线与方法确定以后，接下来要考虑实验研究的具体内容。实验内容的确定不能盲目地追求面面俱到，应抓住课题的主要矛盾，有的放矢地开展实验。比如，同样是研究固定床反应器中的流体力学，对轴向床研究的重点是流体返混和阻力问题，而径向床研究的重点则是流体的均布问题。因此，在确定实验内容前，要对研究对象进行认真的分析，以便抓住其要害。实验内容的确定主要包括如下三个环节。

1.1.2.1 实验指标的确定

实验指标是指为达到实验目的而必须通过实验来获取的一些表征实验研究对象特性的参数。如，动力学研究中测定的反应速率，工艺实验测取的转化率、收率等。

实验指标的确定必须紧紧围绕实验目的。实验目的不同，研究的着眼点就不同，实验指标也就不一样。比如，同样是研究气液反应，实验目的可能有两种，一种是利用气液反应强化气体吸收，另一种是利用气液反应生产化工产品。前者的着眼点是分离气体，实验指标应确定为气体的平衡分压（表征气体净化度）、气体的溶解度（表征溶液的吸收能力）、传质速率（表征吸收和解吸速率）。后者的着眼点是生产产品，实验指标应确定为液相反应物的转化率（表征反应速度）、产品收率（表征原料的有效利用率）、产品纯度（表征产品质量）。

1.1.2.2 实验因子的确定

实验因子是指那些可能对实验指标产生影响，必须在实验中直接考察和测定的工艺参数或操作条件，常称为自变量。如温度、压力、流量、原料组成、催化剂粒度、搅拌强度等。

确定实验因子必须注意两个问题，第一，实验因子必须具有可检测性，即可采用现有的分析方法或检测仪器直接测得，并具有足够的准确度。第二，实验因子与实验指标应具有明确的相关性。在相关性不明的情况下，应通过简单的预实验加以判断。

1.1.2.3 因子水平的确定

因子水平是指各实验因子在实验中所取的具体状态，一个状态代表一个水平。如温度分别取 $100℃$、$200℃$，便称温度有二水平。

选取变量水平时，应注意变量水平变化的可行域。所谓可行域，就是指因子水平的变化在工艺、工程及实验技术上所受到的限制。如在气-固相反应本征动力学的测定实验中，为消除内扩散阻力，催化剂粒度的选择有个上限。为消除外扩散阻力，操作气速的变化有个下限。温度水平的变化则应限制在催化剂的活性温度范围内，以确保实验在催化剂活性相对稳定期内进行。又如在产品制备的工艺实验中，原料浓度水平的确定应考虑原料的来源及生产前后工序的限制。操作压力的水平则受工艺要求、生产安全、设备材质强度的限制，从系统优化的角度，压力水平还应尽可能与前后工序的压力保持一致，以减少不必要的能耗。因此，在专业实验中，确定各变量的水平前，应充分考虑实验项目的工业背景及实验本身的技术要求，合理地确定其可行域。

1.1.3 实验设计

根据已确定的实验内容，拟定一个具体的实验安排表，以指导实验的进程，这项工作称为实验设计。化学工程与工艺专业实验通常涉及多变量多水平的实验设计，由于不同变量不同水平所构成的实验点在操作可行域中的位置不同，对实验结果的影响程度也不一样。因此，如何安排和组织实验，用最少的实验获取最有价值的实验结果，成为实验设计的核心内容。

伴随着科学研究和实验技术的发展，实验设计方法的研究也经历了由经验向科学的发展过程。其中有代表性的是析因设计法、正交设计法和序贯设计法。现简介如下。

1.1.3.1 析因设计法

析因设计法又称网格法，该法的特点是以各因子各水平的全面搭配来组织实验，逐一考察各因子的影响规律。通常采用的实验方法是单因子变更法，即每次实验只改变一个因子的水平，其他因子保持不变，以考察该因子的影响。如在产品制备的工艺实验中，常采取固定原料浓度、配比、搅拌强度或进料速率，考察温度的影响，或固定温度等其他条件，考察浓度影响的实验方法。据此，要完成所有因子的考察，实验次数 n、因子数 N 和因子水平数 K 之间的关系为：$n=K^N$。一个 4 因子 3 水平的实验，实验次数为 $3^4=81$。可见，对多因子多水平的系统，该法的实验工作量非常大，在对多因子多水平的系统进行工艺条件寻优或动力学测试的实验中应谨慎使用。

1.1.3.2 正交设计法

正交设计法是为了避免网格法在实验点设计上的盲目性而提出的一种比较科学的实验设计方法。它根据正交配置的原则，从各因子各水平的可行域空间中选择最有代表性的搭配来组织实验，综合考察各因子的影响。

正交实验设计所采取的方法是制定一系列规格化的实验安排表供实验者选用，这种表称为正交表。正交表的表示方法为 $L_n(K^N)$，符号意义为：

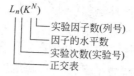

$$L_n(K^N)$$

- 实验因子数(列号)
- 因子的水平数
- 实验次数(实验号)
- 正交表

如 $L_8(2^7)$ 表示此表最多可容纳 7 个因子，每个因子有 2 个水平，实验次数为 8。表的形式如表 1-1 所示，表中，列号代表不同的因子，实验号代表第几次实验，列号下面的数字代表该因子的不同水平。由此表可见，用正交表安排实验具有两个特点：

① 每个因子的各个水平在表中出现的次数相等。即每个因子在其各个水平上都具有相同次数的重复实验。如表 1-1 中，每列对应的水平"1"与水平"2"均出现 4 次。

② 每两个因子之间，不同水平的搭配次数相等。即任意两个因子间的水平搭配是均衡的。如表中第 1 列和第 2 列的水平搭配为 (1,1)、(1,2)、(2,1)、(2,2) 各两次。

表 1-1　正交表 $L_8(2^7)$

列号 实验号	1	2	3	4	5	6	7
1	1	1	1	1	1	1	1
2	1	1	1	2	2	2	2
3	1	2	2	1	1	2	2
4	1	2	2	2	2	1	1
5	2	1	2	1	2	1	2
6	2	1	2	2	1	2	1
7	2	2	1	1	2	2	1
8	2	2	1	2	1	1	2

由于正交表的设计有严格的数学理论为依据，从统计学的角度充分考虑了实验点的代表性、因子水平搭配得均衡性，以及实验结果的精度等问题，所以，用正交表安排实验具有实验次数少、数据准确、结果可信度高等优点，在多因子多水平工艺实验的操作条件寻优，反应动力学方程的研究中经常采用。

在实验指标、实验因子和因子水平确定后，正交实验设计依如下步骤进行。

① 列出实验条件表，即以表格的形式列出影响实验指标的主要因子及其对应的水平。

② 选用正交表：因子水平一定时，选用正交表应从实验的精度要求、实验工作量及实验数据处理三方面加以考虑。

一般的选表原则是：

正交表的自由度≥(各因子自由度之和＋因子交互作用自由度之和)

其中，正交表的自由度＝实验次数－1

因子自由度＝因子水平数－1

交互作用自由度＝A 因子自由度×B 因子自由度

③ 表头设计，将各因子正确地安排到正交表的相应列中。安排因子的秩序是，先排定有交互作用的单因子列，再排两者的交互作用列，最后排独立因子列。交互作用列的位置可根据两个作用因子本身所在的列数，由同水平的交互作用表查得，交互作用所占的列数等于单因子水平数减 1。

④ 制定实验安排表，根据正交表的安排将各因子的相应水平填入表中，形成一个具体的实施计划表。交互作用列和空白列不列入实验安排表，仅供数据处理和结果分析用。

1.1.3.3　序贯实验设计法

序贯法是一种更加科学的实验方法。它将最优化的设计思想融入实验设计之中，采取边设计、边实施、边总结、边调整的循环运作模式。根据前期实验提供的信息，通过数据处理和寻优，搜索出最灵敏、最可靠、最有价值的实验点作为后续实验的内容，周而复始，直至得到最理想的结果。这种方法既考虑了实验点因子水平组合的代表性，又考虑了实验点的最佳位置，使实验始终在效率最高的状态下运行，实验结果的精度提高，研究周期缩短。在化工过程开发的实验研究中，尤其适用于模型鉴别与参数估计类实验。

1.2　实验方案的实施

实验方案的实施主要包括实验设备的设计和选择、实验流程的组织、实验流程的安装与调试、实验数据的采集与测定。实施工作通常分三步进行，首先根据实验的内容和要求，设计、选用和制作实验所需的主体设备及辅助设备。然后，围绕主体设备构想和组织实验流程，解决原料的配置、净化、计量和输送问题，以及产物的采样、收集、分析和后处理问题。最后，根据实验流程，进行设备、仪表、管线的安装和调试，完成全流程的贯通，进入正式实验阶段。

现将主要内容分述如下。

1.2.1　实验设备的设计和选择

实验设备的合理设计和正确选用是实验工作得以顺利实施的关键。化学工程与工艺专业实验所涉及的实验设备主要分为两大类，一是主体设备，二是辅助设备。主体设备是实验工作的重要载体，辅助设备则是主体设备正常运行及实验流程畅通的保障。

1.2.1.1　实验主体设备

化工专业实验的主体设备主要分为反应设备、分离设备、物性测试设备等几大类。多年来，随着化工实验技术的不断积累与完善，已形成了多种结构合理、性能可靠、各具特色的专用实验设备，可供实验者参考与选用。将不同实验系统所用主要反应、分离设备归纳如下。

① 气-固系统：直管式等温积分或微分反应器，回转筐式内循环无梯度反应器，涡轮式内循环无梯度反应器，流化床反应器，吸附分离装置，单板式气体膜分离器等。

② 气（汽）-液系统：双磁力驱动搅拌反应器，湿壁塔，串盘塔或传球塔，鼓泡反应器，Oldershaw 板式精馏塔，各种填料精馏塔等。

③ 液-液系统：各种搅拌釜，高压釜，混合澄清槽，转盘萃取塔，中空管式膜分离器等。

④ 气-液-固三相系统：机械搅拌釜，涡轮转框反应器，外循环微分湍流床反应器等。

实验的主体设备设计与选择应从实验项目的技术要求、实验对象的特征，以及实验本身的特点三方面加以考虑，力求做到结构简单多用，拆装灵活方便，易于观察测控，便于操作调节，数据准确可靠。

根据研究对象的特征合理地设计和选择实验设备，使实验设备在结构和功能上满足实验的技术要求，是实验设备设计和选配中首先应该遵循的原则。

比如，在气液反应传质系数的测定实验中，当系统的特征为气膜控制时，为考察气膜传质系数与气速的关系，要求实验设备中气速可大幅度调节。这时选用湿壁塔比较合适。因为该塔可在较大的气液比（G/L）下操作，气速的调节余地较大，有利于气膜传质系数的测定。同理，当系统为液膜控制时，宜选用串球塔。因为该塔液体流量的调节余地大，且塔构件可促成液体的湍动，有利于液膜传质系数的测定。当系统为双膜控制或控制步骤不明时，可选用双磁力驱动搅拌反应器。在此设备中，两相的运动状态可通过各相搅拌桨的转速来分别调节，不受流量限制，可分别测定两相的传质系数。

又如，在测定气-固相催化反应动力学数据的实验中，如果实验的目的是要获取反应的本征动力学方程，过程的特征是反应必须在不受传递过程影响的条件下进行。这时，选用等温直流式积分反应器比较合理。因为在这种反应器中，可以选用细小粒度的催化剂来消除内扩散；采用较大的气体流速来克服外扩散；采用惰性物料稀释催化剂和精密的控温措施来消除轴、径向温度梯度；通过反应器尺寸的合理设计（即保证反应管的内径 D 与催化剂粒径 d_P 之比 $D/d_P > 8 \sim 10$，催化剂床层高度 L 与催化剂粒径 d_P 之比 $L/d_P > 100$）来消除壁流、返混等非理想流动，以满足平推流的理想流况，使器内的反应过程完全处于本征动力学控制。而内循环无梯度反应器由于涡轮或转框所产生的压头较小，不易克服细小颗粒催化剂床层的阻力，使器内气体的实际循环量降低，无法满足无梯度的要求，因而不适宜本征动力学的测定实验。

如果实验的目的是测定工业颗粒催化剂包括内扩散影响在内的宏观动力学，这时，由于催化剂粒度较大，在实验室所用的小型直流等温积分反应器中，很难达到平推流的理想流况，不宜选用。而内循环无梯度反应器中，由于气体被强制循环，处于全混状态，可有效地消除气相主体与催化剂外表面间的浓度差和温度差，而且由实验数据可直接获得瞬间反应速率，数据处理简单，是测定工业催化剂宏观反应速率的理想装置。当然，在设计内循环无梯度反应器时，为保证反应器内处于全混流的理想流况，消除催化床层内轴、径向的温度梯度和浓度梯度，应通过预实验，确定反应器内转动部件的转速和配套的电动机功率，以确保催化剂与流体间有足够大的相对线速率。

对考察设备性能的冷模实验，由于实验目的是有针对性地研究各类工业反应器内传递过程的规律，实验设备的结构设计应尽可能与工业反应器相似，以获取对设备放大有价值的实验数据。

如果实验的性质是属于探索性的，实验者对所研究的对象知之甚少，希望通过实验来初步了解对象时，设备的设计应以测定快速简便、结果灵敏可信为原则，而不必求致数据的精确度。比如，在化学吸收剂的筛选实验中，实验的目的只是对各种待选的吸收剂或配方进行初步的筛选。这时，不必准确地测定吸收剂的相平衡关系和传质速率，只需在相同的条件下，对不同吸收剂的吸收速率、解吸速率和吸收能力进行对比实验即可。为此，可设计一套如图 1-1 所示的简易实验装置，快速有效地进行对比实验。图中，吸收速率的测定装置是个简易的间歇吸收器，操作时，将玻璃烧瓶内充满原料气后，加入定量的吸收液，恒定液相磁力搅拌速率，在密闭的条件下吸收，由压差计观察并记录器内压力随时间的变化，比较曲线 $\ln(p_{A0}/p_A)$-t 的斜率便知吸收速率的大小。图 1-2 所示的饱和吸收器是在常压下，用不同的吸收剂对纯气体进行吸收直至饱和，分析气体在溶液中的溶解度，便可比较吸收能力。用这套简易的装置，吸收和解吸速率的测定每次实验 $10 \sim 20 \text{min}$ 即可完成，快速简便有效。图 1-3 所示的解吸装置，其实验方法是在相同的解吸温度下，对定量的饱和吸收液进行加热再生，用量气管收集解吸出来的气体量，记录解吸气量 V_t 随时间的变化，比较曲线 $\ln[(V_\infty - V_t)/V_\infty]$-$t$ 的斜率便知解吸速率的大小。

除了满足实验项目的技术要求外，实验设备的设计和选择还应充分考虑实验工作本身灵活多变的特点。在设备的结构设计上，力求做到拆装方便，尺寸可调，一体多用。在材质选择上，力求做到使用安全，便于观察，易于加工。在调控手段上，力求便于操作和自动控制。如设计实验室常用的精馏塔时，在材质选择上，只要操作压力允许，优先选择玻璃，因

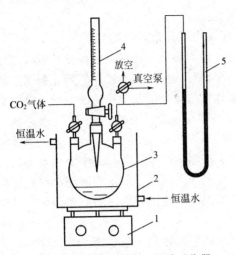

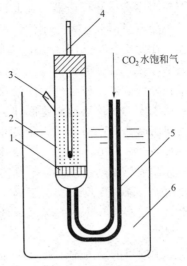

图 1-1　测定吸收速率的间歇吸收器

1—磁力搅拌器；2—恒温水槽；

3—反应器；4—量液管；5—压差计

图 1-2　饱和吸收器

1—多孔板；2—鼓泡吸收器；3—取样口；

4—温度计；5—玻璃毛细管；6—恒温槽

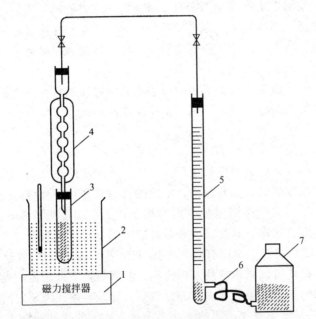

图 1-3　测定解吸速率的解吸装置

1—磁力搅拌器；2—恒温油浴槽；3—反应器；

4—冷凝管；5—量气管；6—橡皮管；7—水准瓶

为玻璃既便于观察实验现象又便于加工成型。在结构设计上，通常采用可拆卸的分段组装式设计，将精馏塔分为塔釜、塔身、塔头、加料装置等若干部分。其中，塔身又分为若干段，以便根据需要调整其长短，塔头、塔釜和加料装置则根据需要设计成各种形式。各部分之间用标准磨口连接，只要保持磨口尺寸一致，即可灵活搭配，使精馏塔可以一塔多用。在回流比的调控手段上，采用可自动控制的电磁摆针式控制方法，通过控制导流摆针在出料口和塔中心停留时间的比值来控制回流比。

1.2.1.2 辅助设备的选用

专业实验所用的辅助设备主要包括动力设备和换热设备。动力设备主要用于物流的输送和系统压力的调控，如离心泵、计量泵、真空泵、气体压缩机、鼓风机等。换热设备主要用于温度的调控和物料的干燥，如管式电阻炉、超级恒温槽、电热烘箱、马弗炉等。辅助设备通常为定型产品，可根据主体设备的操作控制要求及实验物系的特性来选择。选择时，一般是先定设备类型，再定设备规格。

动力设备类型的确定，主要是根据被输送介质的物性和系统的工艺要求。如果工艺要求的输送流量不大，但输出压力较高，对液体介质，应选用高压计量泵或比例泵；对气体介质，应选用气体压缩机。如果被输送的介质温度不高，工艺要求流量稳定，输入和输出的压差较小，可选用离心泵或鼓风机。如果输送腐蚀性的介质，则应选择耐腐蚀泵。由于实验室的装置一般比较小，原料和产物的流量较低，对流量的控制要求较高。因此，近年来有许多微型或超微型的计量泵和离心泵问世，如超微量平流泵、微量蠕动泵等，可根据需要选用。动力设备的类型确定后，再根据各类动力设备的性能、技术特征及使用条件，结合具体的工艺要求确定设备的规格与型号。

换热设备的选择主要根据对象的温度水平和控温精度的要求。对温度水平不太高（$T<250℃$），但控温精度要求较高的系统，一般采用液体恒温浴来控温。换热设备可选用具有调温和控温双重功能的定型产品，如超级恒温槽、低温恒温槽等。换热介质可根据温度水平来选用。常用的换热介质及其使用温度列于表1-2。

表1-2 常用的换热介质及其使用温度

介质	使用温度/℃	介质	使用温度/℃
导热油	100～300	20%盐水	$-3～-5$
甘油	80～180	乙醇	$-10～-25$
水	5～80		

对温度水平要求较高的系统，通常采用直接电加热的方式换热，常用的定型设备有不同型号的电热锅、管式电阻炉（温度可高达950℃）等，实验室中，也常采取在设备上直接缠绕电热丝、电热带或涂敷导电膜的方法加热或保温。直接电加热系统的温度控制，是通过温度控制仪表来实现的，控制的精度取决于控制仪表的工作方式（位式、PID式、AI式）、控制点的位置、测温元件的灵敏度和控制仪表的精密度。

控温的精度要求一般是根据实验指标的精度要求提出的。如在反应速率常数的测定实验中，如果反应的活化能在90kJ/mol左右，测试温度400℃左右，要保持速率常数的相对误差小于2%，则催化床内温度变化必须控制在±0.5℃以内。

1.2.2 实验流程的组织

实验流程是由实验的主体设备、辅助设备、分析检测设备、控制仪表、管线和阀门等构成的一个整体。实验流程的组织，包括原料供给系统的配置、产品收集和采样分析方法的选择、物流路线的设计、仪器仪表的选配。

1.2.2.1 原料系统的配置

原料供给系统的配置包括原料制备、净化、计量和输送方法的确定，以及原料加料方式的选择。

（1）原料的制备

在实验室中，液体原料一般直接选用化学试剂配制。气体原料有两种来源，一是直接选用气体钢瓶，如 CO、CO_2、H_2、N_2、SO_2 等，二是用化学药品制备气体，如用硫酸和硫化钠制备 H_2S 气体，用甲酸在硫酸中热分解制备 CO 等。气体混合物的制备是将各种气体分别计量后混合而成。为减小原料配比变化对系统的影响，若能精确控制和计量各种气体的流量，则应将气体分别输送，仅在反应器入口处才相互混合。若不能精确控制流量，则应预先将气体配制成所需的组成，贮于原料罐备用。气体与溶剂蒸气的混合物的制备可采用两种方法：一是将定量的溶剂注入汽化器中完全汽化后，再与气体混合；二是让气体通过特制的溶剂饱和器，被溶剂蒸气饱和。混合气体中蒸气的含量，可通过饱和器的温度来调节。

（2）原料的净化

气体净化通常采用吸附和吸收的方法。如用活性炭脱硫、用硅胶或分子筛脱水、用酸碱液脱除碱雾或酸雾等。有时也利用反应来除杂，如用铜屑脱氧。当找不到合适的净化剂时，可直接选用反应的催化剂来净化原料气，即在反应器前预置一段催化剂，使之在活性温度以下操作，对毒物产生吸附作用而无催化活性。

液体净化通常采用精馏、吸附、沉淀的方法，如用活性炭脱色、用重蒸法提纯溶剂、用硫化物沉淀法脱重金属离子等。

（3）原料的计量

计量是原料组成配制和流量调控的重要手段。准确的计量必须在流量稳定的状况下进行，因此，计量是由稳压稳流装置和计量仪表两部分构成。实验室中，气体稳压常用水位稳压管或稳压器，前者用于常压系统，后者用于加压或高压系统。液体稳压常用高位槽。气体流量的计量可根据不同情况选用转子流量计、质量流量计、毛细管流量计、皂膜流量计或湿式流量计。液体计量一般选用转子流量计、计量泵。

（4）加料方式

原料加料方式可分为连续式、半连续式和间歇式，加料方式的选择一般是从实验项目的技术要求、实验设备的特点、实验操作的稳定性和灵活性等方面加以考虑。比如，测定反应动力学时，无论是管式等温反应器还是无梯度反应器都必须在连续状态下操作。而用双磁力驱动搅拌反应器测定气液传质系数时，由于设备的特点是传质界面小、液相容积大，故用于化学吸收时，液相组成随时间变化不大，可采用气相连续、液相间歇的半连续加料方式。用于溶解度较小的物理吸收时，溶液组成容易接近平衡，气、液相均应连续操作。

在反应器的操作中，加料方式常用来满足两方面的要求：其一，反应选择性的要求，即通过加料方式调节反应器内反应物的浓度，抑制副反应；其二，操作控制的要求，即通过加料量来控制反应速率，以缓解操作控制上的困难。如对强放热的快反应，为了抑制放热强度，使温度得以控制，常采用分批加料的方法控制反应速率。

1.2.2.2 产品的收集与分析

（1）产物的收集

产物的正确收集与处理不仅是为了分析的需要，也是实验室安全与环保的要求。在实验室中，气体产品的收集和处理一般采用冷凝、吸收或直接排放的方法。对常温下可以液化的气体采用冷凝法收集，如由 CO、CO_2 和 H_2 合成的甲醇，乙苯脱氢制取的苯乙烯，以及各种精馏产品。对不凝性气体则采用吸收或吸附的方法收集，如用水吸收 HCl、NH_3、EO 等气体，用碱液吸收或 NaOH 固体吸附的方法固定 CO_2、H_2S、SO_2 等酸性气体等。对固体产品一般通过固液分离、干燥等方法收集，实验室常用的固液分离方法：一是过滤，即用布式漏斗或玻璃砂芯漏斗真空抽滤，或用小型板框压滤，玻璃砂芯漏斗有多种型号可供选用；二是高速离心沉降。具体选用哪种方法应根据情况，若溶剂极易挥发，晶体又比较细小，应采用压滤。若晶体极细且易黏结，过滤十分困难，可采用高速离心沉降。

（2）产品的采样分析

产品的采样分析应注意三个问题，一是采样点的代表性，二是采样方法的准确性，三是采样对系统的干扰性。

对连续操作的系统应正确选择采样位置，使之最具代表性。对间歇操作的系统应合理分配采样时间，在反应结果变化大的区域，采样应密集一些，在反应平缓区可稀疏一些。

在实验中，对采样方法应予以足够的重视。尤其对气体和易挥发的液体产品，采样时应设法防止其逃逸。对气体样品通常采用吸收或吸附的方法进行固定，然后进行化学分析。色谱分析时，一般直接在线采样或橡皮球采样。对固体样品应预先干燥并混合均匀后再采样。

由于实验装置通常较小，可容纳的物料十分有限，所以，分析用的采样量对系统的干扰不可忽视。尤其对间歇操作的系统，采样不当，不仅会影响系统的稳定，有时还会导致实验的失败。比如，在密闭系统进行气液平衡数据的测定时，气相采样不当，会对器内压力产生明显的干扰，破坏系统的平衡。

1.2.3　实验流程的安装与调试

实验流程的正确安装与调试是确保实验数据的准确性、实验操作的安全性和实验布局的合理性的重要环节。流程的安装与调试涉及设备、管道、阀门和仪器仪表等几方面。在化工专业实验中，由于化工专业实验所涉及的研究对象性质十分复杂（易燃、易爆、腐蚀、有毒、易挥发等），实验的内容范围较广（涉及反应、分离、工艺、设备性能、热力学参数的测定），实验的操作条件也各不一样（高温、高压、真空、低温等）。因此，实验流程的布局、设备仪表的安装与调试，应根据实验过程的特点、实验设备的多寡以及实验场地的大小来合理安排。在满足实验要求的前提下，力争做到布局合理美观，操作安全方便，检修拆卸自如。

流程的安装与调试大致分为四步：①搭建设备安装架。安装架一般由设备支架和仪表屏组成。②在安装架上依流程顺序布置和安装主要设备及仪器仪表。③围绕主要设备，依运行要求布置动力设备和管道。④依实验要求调试仪表及设备，标定有关设备及操作参数。

1.2.3.1　实验设备的布置与安装

（1）静止设备

静止设备原则上依流程的顺序，按工艺要求的相对位置和高度，并考虑安全、检修和安装的方便，依次固定在安装架上。设备的平面布置应前后呼应，连续贯通。立面布置应错落有致，紧凑美观。设备之间应保持一定距离，以便设备的安装与检修，并尽可能利用设备的位差或压差促成流体的流动。

设备安装架应尽可能靠墙安放，并靠近电源和水源。设备的安装应先主后辅，主体设备定位后，再安装辅助设备。安装时，应注意设备管口的方位以及设备的垂直度和水平度。管口方位应根据管道的排列、设备的相对位置及操作的方便程度来灵活安排，取样口的位置要便于观察和取样。对塔设备的安装应特别注意塔体的垂直，因为塔体的倾斜将导致塔内流体的偏流和壁流，使填料润湿不均，塔效率下降。水平安装的冷凝器应向出口方向适当倾斜，以保证凝液的排放。设备内填充物（如催化剂、填料等）的装填应小心仔细，填充物应分批加入，边加边振动，防止架桥现象。装填完毕，应在填料段上方采取压固措施，即用较大填料或不锈钢丝网等将填充物压紧，以防操作时流体冲翻或带走填充物。

（2）动力设备

由于动力设备（如空压机、真空泵、离心机等）运转时伴有震动和噪声，安装时应尽可能靠近地面并采取适当的隔离措施。离心泵的进口管线不宜过长过细，不宜安装阀门，以减小进口阻力。安装真空泵时，应在进口管线上设置干燥器、缓冲瓶和放空阀。若系统中含有烃类溶剂或操作温度较高时，还应在泵前加设冷阱，用水、干冰或液氮冷凝溶剂蒸气，防止其被吸入真空泵，造成泵的损坏。但应注意冷阱温度不得低于溶剂的凝固点。实验室常用的旋片式真空泵的进口管线的安装次序为：设备→冷阱→干燥器→放空阀→缓冲瓶→真空泵。放空阀的作用是停泵前让缓冲瓶通大气，防止真空泵中的机油倒灌。

1.2.3.2 测量元件的安装

正确使用测量仪表或在线分析仪器的关键是测量点、采样点的合理选择及测量元件的正确安装。因为测量点或采样点所采集的数据是否具有代表性和真实性，是否对操作条件的变化足够灵敏，将直接影响实验结果的准确性和可靠性。

实验室常用的测温手段：①用玻璃温度计直接测量；②用配有指示仪表的热电偶、铂电阻测温。为使用安全，一般温度计和热电偶不是直接与物料接触，而是插在装有导热介质的套管中间接测温。测温点的位置及测温元件的安装方法，应根据测量对象的具体情况来合理选择。如在直流式等温积分反应器中进行气固相反应动力学的测试时，反应温度的测量和控制十分重要。测取反应器温度的方法有三种：①在厚壁电加热套管与反应管之间测温，以夹层温度代替反应温度。②将热电偶插在反应器中心套管内，拉动热电偶测取不同位置的床层温度。③将热电偶直接插在催化床层内测温。三种方法各有利弊，应根据反应热的强弱、反应管尺寸的大小灵活选择。一般对管径较小的微型反应器，不宜采用方法②，因为热电偶套管占用的管截面比例较大，容易造成壁效应，影响器内流型。

压力测量点的选择要充分考虑系统流动阻力的影响，测压点应尽可能靠近希望控制压力的地方。如真空精馏中，为防止釜温过高引起物料的分解，采用减压的方法来降低物料的沸点。这时，釜温与塔内的真空度相对应，操作压力的控制至关重要。测压点设在塔釜的气相空间是最安全、最直接的。若设在塔顶冷凝器上，则所测真空度不能直接反映塔釜状况，还必须加上塔内的流动阻力。如果流动阻力很大，则尽管塔顶的真空度高，釜压仍有可能超标，因此是不安全的。通常的做法是用 U 形管压差计同时测定塔釜的真空度和塔内压力降。

流量计的安装要注意流量计的水平度或垂直度，以及进出流体的流向。

1.2.3.3 实验流程的调试

实验装置安装完毕后，要进行设备、仪表及流程的调试工作。调试工作主要包括系统气密性试验、仪器仪表的校正、流程试运行。

(1) 系统气密性试验

系统气密性试验包括试漏、查漏和堵漏三项工作。对压力要求不太高的系统，一般采用负压法或正压法进行试漏，即对设备和管路充压或减压后，关闭进出口阀门，观察压力的变化。若发现压力持续降低或升高，说明系统漏气。查漏工作应首先从阀门、管件和设备的连接部位入手，采取分段检查的方式确定漏点。其次，再考虑设备材质中的砂眼的问题。堵漏一般采用更换密封件、紧固阀门或连接部件的方法。对真空系统的堵漏，实验室常采用真空封泥或各种型号的真空脂。

对高压系统（$p \geqslant 10\text{MPa}$），应进行水压试验，以考核设备强度。水压试验一般要求水温大于5℃，试验压力大于 1.25 倍设计压力。试验时逐级升压，每个压力级别恒压半小时以上，以便查漏。

(2) 仪器仪表的校正

由于待测物料的性质不同、仪器仪表的安装方式不同，以及仪表本身的精度等级和新旧程度不一，都会给仪器仪表的测量带来系统误差，因此，仪器仪表在使用前必须进行标定和校正，以确保测量的准确性。

（3）流程试运行

试运行的目的是为了检验流程是否贯通，所有管件阀门是否灵活好用，仪器仪表是否工作正常，指示值是否灵敏、稳定，开停车是否方便，有无异常现象。试车前，应仔细检查管道是否连接到位，阀门开闭状态是否合乎运行要求，仪器仪表是否经过标定和校正。试运行一般采取先分段试车，后全程贯通的方法进行。

1.2.3.4 设备及操作参数的标定

实验设备安装到位，流程贯通后，接下来一项必不可少的工作就是设备及操作参数的标定。标定的目的是防止和消除设备的使用及操作运行中可能引入的各种系统误差，对确保实验数据的准确性至关重要，应予以充分地重视。

（1）设备参数的标定

在化工专业实验中，由于实验所研究的对象和系统十分复杂，为了达到实验的主要目的，必须对系统作适当的简化，因而提出一些假设条件。而这些假设条件往往要通过固定实验设备的某些参数来实现。因此，实验前，必须对这些参数进行标定，以防止引入系统误差。

例如，在湿壁塔、搅拌槽等设备中进行气液传质系数的测定时，通常假定两相的传质界面为已知值，且界面面积的大小一般是按实验设备中两相界面的几何面积来计算的。由于实际操作中，界面的面积受搅拌、流动等因素的影响会产生波动而偏离几何值。因此，实验前必须对面积进行标定。标定的方法是选择一个传质系数已知的体系（如 $NaOH\text{-}CO_2$ 体系），在实验所涉及的操作条件下，测定其总吸收率（吸收量/时间）与传质推动力之间的关系，然后，由传质速率方程求出界面积。若发现实际面积与几何面积不符，可采取两个措施：其一，调整操作条件，如降低搅拌速率或液相流量等，使实际面积趋近于几何值；其二，根据测定值计算出不同操作条件下面积的校正系数，以便对几何面积进行校正。标定气-液传质面积最常用的是 $NaOH\text{-}CO_2$ 系统，因为吸收为拟一级快反应，液相传质系数为：

$$k_L = \sqrt{D_L k_2 c_B} \tag{1-1}$$

总吸收速率为：

$$R_A = NA = \frac{p_g A}{\dfrac{1}{k_g} + \dfrac{1}{H\sqrt{D_L k_2 c_B}}} \tag{1-2}$$

若采用纯气体吸收，气相阻力 $1/k_g$ 可略，整理上式可得：

$$\frac{p_g}{R_A} = \frac{1}{AH\sqrt{D_L k_2 c_B}} \tag{1-3}$$

式中，R_A 总吸收率；N 为单位面积的吸收速率；A 为界面积；k_2 为反应速率常数；c_B 为 NaOH 浓度；p_g 为气体分压；D_L 为液相扩散系数。

当实验的温度、压力一定时，k_2、p_g、D_L 均为常数，标定时，固定 NaOH 浓度，改变搅拌槽的液相搅拌速率，或湿壁塔的液体流量，测定 CO_2 的总吸收速率 R_A，便可由式（1-3）求得两相的界面积 A。这种方法也用于气液鼓泡反应器气液传质面积的测定。

（2）操作参数的标定

专业实验中，为了满足实验的特殊要求，测得准确可信的实验数据，除了要对设备参数进行标定外，往往还要对操作参数的可行域进行界定，这项工作也必须通过预实验来完成。

比如，用直流等温管式反应器测定本征动力学时，要求消除器内催化剂内、外扩散的影响。采取的措施是增大气体流速、减小催化剂粒度。那么，针对一个具体的反应，究竟多大的气速、多小的催化剂粒度才能满足要求呢？这就需要通过预实验来确定。常用的方法如下。

① 测定消除内扩散允许的最大催化剂粒度。首先在动力学测试的温度范围内，选择一个较高的温度，然后，在相同的空速和进口气体组成的条件下，改变催化剂粒度，考察反应器出口的转化率。如图 1-4 所示，随着催化剂粒度的减小，内扩散影响减弱，出口转化率增加，当粒度减至 d_P^0 时，出口转化率不再变化，说明内扩散已基本消除，d_P^0 即为允许的最大催化剂粒度。动力学实验时选用的催化剂粒度应小于 d_P^0。

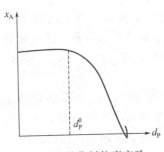

图 1-4　催化剂粒度实验

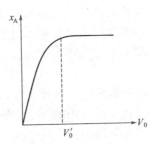

图 1-5　气体流率实验

② 测定消除外扩散必须的最低气体流率在同一反应器内，保持催化剂粒度、空时（V_0/V_S）、反应温度及进口气体组成不变，改变反应器内催化剂的装填量（V_S），观察出口转化率。由于空速一定，V_S 增加，气体流率 V_0 也相应增大，如图 1-5 所示，若出口转化率随之增大，说明外扩散影响在减弱，当流速增至 V_0' 时，出口转化率不再变化，说明外扩散已基本消除，V_0' 为操作允许的最低气体流率。

（3）实验调控装置的标定

实验研究中，为了模拟和实现某种操作状态，往往会采取一些特殊的实验手段，而这些手段也有可能引入系统误差，需要通过标定加以消除。如实验室中小型玻璃精馏塔的回流比常采用电磁摆针式控制方法，即通过控制导流摆针在出料口和回流口停留时间的比例来调节回流比。由于采用时间控制，回流是不连续的，在相同的停留时间内，实际回流量与上升蒸气量、塔头结构、导流摆针的粗细、摆动的距离以及定时器给定的时间间隔之长短等诸多因素有关，所以，时间控制器给出的时间比与实际的回流比并不完全一致。为了避免由此产生的系统误差，精馏塔使用前必须对回流比进行标定。标定的方法是，选择一种标准溶液（如酒精、水、苯），固定塔釜加热量，在全回流下操作稳定后，切换为全采出，并测定全采出时的馏出速率 U_1（mL/h），然后在不同的回流时间比的条件下，测定部分回流时的馏出速率 U_2（mL/h）。据此，可求得实际回流比为：

$$R = \frac{U_1 - U_2}{U_2} \tag{1-4}$$

将实际回流比 R 对回流时间比 R_0 作图，得到校正曲线，以备查用。实际操作时，为避免切换时间间隔太短，摆针来不及达到最佳位置而引入误差，一般以出料时间 3s 左右为基准，改变回流时间来计算回流比。

1.3 实验数据的处理与评价

实验研究的目的，是期望通过实验数据获得可靠的、有价值的实验结果。而实验结果是否可靠，是否准确，是否真实地反映了对象的本质，不能只凭经验和主观臆断，必须应用科学的、有理论依据的数学方法加以分析、归纳和评价。因此，掌握和应用误差理论、统计理论和科学的数据处理方法是十分必要的。

1.3.1 实验数据的误差分析

1.3.1.1 误差的分类与表达

（1）误差的分类

实验误差根据其性质和来源不同可分为三类：系统误差、随机误差和过失误差。

系统误差是由仪器误差、方法误差和环境误差构成，即仪器性能欠佳、使用不当、操作不规范，以及环境条件的变化引起的误差。系统误差是实验中潜在的弊端，若已知其来源，应设法消除。若无法在实验中消除，则应事先测出其数值的大小和规律，以便在数据处理时加以修正。

随机误差是实验中普遍存在的误差，这种误差从统计学的角度看，它具有有界性、对称性和抵偿性，即误差仅在一定范围内波动，不会发散，当实验次数足够大时，正负误差将相互抵消，数据的算术均值将趋于真值。因此，不易也不必去刻意的消除它。

过失误差是由于实验者的主观失误造成的显著误差。这种误差通常造成实验结果的扭曲。在原因清楚的情况下，应及时消除。若原因不明，应根据统计学的 3σ 准则进行判别和取舍（σ 称为标准误差）。所谓 3σ 准则，即如果实验测定量 x_i 与平均值 $\bar{x}$ 的残差 $|x_i - \bar{x}| > 3\sigma$，则该测定值为坏值，应予剔除。

（2）误差的表达

① 数据的真值　实验测量值的误差是相对于数据的真值而言的。严格地讲，真值应是某量的客观实际值。然而，在通常情况下，绝对的真值是未知的。只能用相对的真值来近似。在化工专业实验中，常采用三种相对真值，即标准器真值、统计真值和引用真值。

标准器真值，就是用高精度仪表的测量值作为低精度仪表测量值的真值。要求高精度仪表的测量精度必须是低精度仪表的 5 倍以上。

统计真值，就是用多次重复实验测量值的平均值作为真值。重复实验次数越多，统计真值越趋近实际真值，由于趋近速率是先快后慢，故重复实验 3～5 次即可。

引用真值，就是引用文献或手册上那些已被前人的实验证实，并得到公认的数据作为真值。

② 绝对误差与相对误差　绝对误差与相对误差在数据处理中被用来表示物理量的某次测定值与其真值之间的误差。

绝对误差的表达式为：

$$d_i = |x_i - X| \tag{1-5}$$

相对误差的表达式为：

$$r_i = \frac{|d_i|}{X} \times 100\% = \frac{|x_i - X|}{X} \times 100\% \tag{1-6}$$

式中　x_i——第 i 次测定值；

　　　　X——真值。

③ 算数均差和标准误差　算数均差和标准误差在数据处理中被用来表示一组测量值的平均误差。其中算术均差的表达式为：

$$\delta = \frac{\sum\limits_{i=1}^{n} |x_i - \overline{x}|}{n} = \frac{\sum\limits_{i=1}^{n} |d_i|}{n} \tag{1-7}$$

$$\overline{x} = \frac{\sum\limits_{i=1}^{n} x_i}{n} \tag{1-8}$$

式中　n——测量次数；

　　　　x_i——第 i 次测得值；

　　　　$\overline{x}$——n 次测得值的算术均值。

标准误差 σ（又称均方根误差）的表达式为：

$$\sigma = \sqrt{\frac{\sum (x_i - \overline{x})^2}{n-1}} \tag{1-9}$$

算术均差和标准误差是实验研究中常用的精度表示方法。两者相比，标准误差能够更好地反映实验数据的离散程度，因为它对一组数据中的较大误差或较小误差比较敏感，因而，在化工专业实验中被广泛采用。

（3）仪器仪表的精度与测量误差

仪器仪表的测量精度常采用仪表的精确度等级来表示，如 0.1 级、0.2 级、0.5 级、1.0 级、1.5 级、2.5 级、5.0 级电流表，电压表等。而所谓的仪表等级实际上是仪表测量值的最大相对误差的一种实用表示方法，称为引用误差。引用误差的定义为：

$$引用误差 = \frac{仪表指示值的最大绝对误差}{仪表满量值}$$

若以 $p\%$ 表示某仪表的引用误差，则该仪表的精度等级为 p 级。精度等级 p 的数值愈大，说明引用误差愈大，测量的精度等级愈低。这种关系在选用仪表时应注意。从引用误差的表达式可见，它实际上是仪表测量值为满刻度值时相对误差的特定表示方法。

在仪表的实际使用中，由于被测值的大小不同，在仪表上的示值不一样，这时应如何来估算不同测量值的相对误差呢？

假设仪表的精度等级为 p 级，表明引用误差为 $p\%$，若满量程值为 M，测量点的指示值为 m，则测量值的相对误差 E_r 的计算式为：

$$E_r = \frac{M \times p\%}{m} \tag{1-10}$$

可见，仪表测量值的相对误差不仅与仪表的精度等级 p 有关，而且与仪表量程 M 和测量值 m，即比值 M/m 有关。因此，在选用仪表时应注意如下两点。

① 当待测值一定，选用仪表时，不能盲目追求仪表的精度等级，应兼顾精度等级和仪

表量程进行合理选择。量程选择的一般原则是，尽可能使测量值落在仪表满刻度值的三分之二处，即 $M/m=3/2$ 为宜。

②选择仪表的一般步骤是：首先根据待测值 m 的大小，依 $M/m=3/2$ 的原则确定仪表的量程 M，然后，根据实验允许的测量值相对误差 E_r，依式（1-11）确定仪表的最低精度等级 p，即：

$$p=\frac{m\times E_r\%}{M}=\frac{2}{3}E_r \tag{1-11}$$

最后，根据上面确定的 M 和 p，从可供选择的仪表中，选配精度合适的仪表。

例：若待测电压为 100V，要求测量值的相对误差不得大于 2.0%，应选用哪种规格的仪表？

解：依题意已知，$m=100$，$E_r=2.0\%$ 则：

仪表的适宜量程为：

$$M=\frac{3}{2}m=\frac{3}{2}\times 100=150$$

仪表的最低精度等级为：

$$p=\frac{2}{3}E_r=\frac{2}{3}\times 2.0\%=1.33\%$$

根据上述计算结果，参照仪表的等级规范，可见，选用 1.0 级 0～150V 的电压表是比较合适的。

1.3.1.2 误差的传递

前述的误差计算方法主要用于实验直接测定量的误差估计。但是，在化工专业实验中，通常希望考察的并非直接测定量而是间接的响应量。如反应动力学方程的测定实验中，速率常数 $k=k_0e^{-E/(RT)}$ 就是温度的间接响应值。由于响应值是直接测定值的函数，因此，直接测定值的误差必然会传递给响应值。那么，如何估计这种误差的传递呢？

（1）误差传递的基本关系式

设某响应值 y 是直接测量值 x_1，x_2，…，x_n 的函数，即

$$y=f(x_1,x_2,\cdots,x_n) \tag{1-12}$$

由于误差相对于测定量而言是较小的量，因此可将上式依泰勒级数展开，略去二阶导数以上的项，可得函数 y 的绝对误差 Δy 表达式：

$$\Delta y=\frac{\partial f}{\partial x_1}\Delta x_1+\frac{\partial f}{\partial x_2}\Delta x_2+\cdots+\frac{\partial f}{\partial x_n}\Delta x_n \tag{1-13}$$

此式即为误差的传递公式。式中，Δx_1，Δx_2，…，Δx_n 表示直接测量值的绝对误差；$\partial f/\partial x_i$ 称为误差传递系数。

（2）函数误差的表达

由式（1-13）可见，函数的误差 Δy 不仅与各测量值的误差 Δx_i 有关，而且与相应的误差传递系数有关。为保险起见，不考虑各测量值的分误差实际上有相互抵消的可能，将各分量误差取绝对值，即得到函数的最大绝对误差为：

$$\Delta y=\sum_{i=1}^{n}\left|\frac{\partial f}{\partial x_i}\Delta x_i\right| \tag{1-14}$$

据此，可求得函数的相对误差为：

$$\frac{\Delta y}{y} = \sum_{i=1}^{n} \left| \frac{\partial f}{\partial x_i} \frac{\Delta x_i}{y} \right| \tag{1-15}$$

当各测定量对响应量的影响相互独立时，响应值的标准误差为：

$$\sigma_y = \sqrt{\sum_{i=1}^{n} \left(\frac{\partial f}{\partial x_i} \right)^2 \sigma_i^2} \tag{1-16}$$

式中，σ_i 为各直接测量值的标准误差；σ_y 为响应值的标准误差。

根据误差传递的基本公式，可求取不同函数形式的实验响应值的误差及其精度，以便对实验结果作出正确的评价。

例：在测定反应动力学速率常数的实验中，若温度测量的绝对误差为 ΔT，标准误差为 σ_T，试求速率常数 k 的绝对误差 Δk 和标准误差 σ_k 表达式。又若反应的频率因子为 $k_0 = 10^8$，活化能 $E = 90\text{kJ/mol}$，当实验温度为 $400℃$，$\Delta T = 0.5$，$\sigma_T = 1$ 时，求 Δk 和 σ_k 的大小及速率常数的相对误差。

解：已知速率常数与温度的关系为：

$$k_T = k_0 e^{\frac{-E}{RT}}$$

根据误差传递公式，可得：

$$\Delta k_T = \frac{\partial k_T}{\partial T} \Delta T = \frac{E}{RT^2} k_0 e^{\frac{-E}{RT}} \Delta T$$

$$\sigma_{k_T} = \sqrt{\left(\frac{\partial k_T}{\partial T} \right)^2 \sigma_T^2} = \frac{E}{RT^2} k_0 e^{\frac{-E}{RT}} \sigma_T$$

当 $T = 400℃$，$\Delta T = 0.5$，$\sigma_T = 1$ 时，

$$\Delta k_T = \frac{90000}{8.314 \times 673.15^2} \times 10^8 e^{\frac{-90000}{8.314 \times 673.15}} \times 0.5 = 0.123$$

速率常数 k_T 的相对误差为：

$$\frac{\Delta k_T}{k_T} = \frac{0.123}{10.5} \times 100\% = 1.17\%$$

而此时温度测量值的相对误差仅为：

$$\frac{\Delta T}{T} = \frac{0.5}{400} \times 100\% = 0.125\%$$

可见，由于误差传递过程的放大效应，速率常数的相对误差比温度测量值的相对误差大了近 10 倍。

1.3.2 实验数据的处理

实验数据的处理是实验研究工作中的一个重要环节。由实验获得的大量数据，必须经过正确地分析、处理和关联，才能清楚地看出各变量间的定量关系，从中获得有价值的信息与规律。实验数据的处理是一项技巧性很强的工作。处理方法得当，会使实验结果清晰而准

确，否则，将得出模糊不清甚至错误的结论。实验数据处理常用的方法有三种：表列法、图示法和回归公式法，现分述如下。

1.3.2.1　实验结果的表列

表列法是将实验的原始数据、运算数据和最终结果直接列举在各类数据表中以展示实验成果的一种数据处理方法。根据记录的内容不同，数据表主要分为两种：原始数据记录表和实验结果表。其中，原始数据记录表是在实验前预先制定的，记录的内容是未经任何运算处理的原始数据。实验结果表记录了经过运算和整理得出的主要实验结果，该表的制定应简明扼要，直接反映实验主要实验指标与操作参数之间的关系。

1.3.2.2　实验数据的图示

图示法是以曲线的形式简单明了地表达实验结果的常用方法，由于图示法能直观地显示变量间存在的极值点、转折点、周期性及变化趋势，尤其在数学模型不明确或解析计算有困难的情况下，图示求解是数据处理的有效手段。

图示法的关键是坐标的合理选择，包括坐标类型与坐标刻度的确定。坐标选择不当，往往会扭曲和掩盖曲线的本来面目，导致错误的结论。

坐标类型选择的一般原则是尽可能使函数的图形线性化。即线性函数：$y = a + bx$，选用直角坐标纸。指数函数：$y = a^{bx}$，选用半对数坐标纸。幂函数：$y = ax^b$，选用对数坐标。若变量的数值在实验范围内发生了数量级的变化，则该变量应选用对数坐标来标绘。

确定坐标分度标值可参照如下原则。

① 坐标的分度应与实验数据的精度相匹配。即坐标读数的有效数字应与实验数据的有效数字的位数相同。换言之，就是坐标的最小分度值的确定应以实验数据中最小的一位可靠数字为依据。

② 坐标比例的确定应尽可能使曲线主要部分的切线与 x 轴和 y 轴的夹角成 $45°$。

③ 坐标分度值的起点不必从零开始，一般取数据最小值的整数为坐标起点，以略高于数据最大值的某一整数为坐标终点，使所标绘的图线位置居中。

1.3.2.3　实验结果的模型化

实验结果的模型化就是采用数学手段，将离散的实验数据回归成某一特定的函数形式，用以表达变量之间的相互关系，这种数据处理方法又称为回归分析法。

在化工过程开发的实验研究中，涉及的变量较多，这些变量处于同一系统中，既相互联系又相互制约，但是，由于受到各种无法控制的实验因素（如随机误差）的影响，它们之间的关系不能像物理定律那样用确切的数学关系式来表达。只能从统计学的角度来寻求其规律。变量间的这种关系称为相关关系。

回归分析是研究变量间相关关系的一种数学方法，是数理统计学的一个重要分支。用回归分析法处理实验数据的步骤是：第一，选择和确定回归方程的形式（即数学模型）；第二，用实验数据确定回归方程中模型参数；第三，检验回归方程的等效性。

（1）确定回归方程

回归方程形式的选择和确定有以下三种方法。

① 根据理论知识，实践经验或前人的类似工作，选定回归方程的形式。

② 先将实验数据标绘成曲线，观察其接近于哪一种常用的函数的图形，据此选择方程的形式。图 1-6 列出了几种常用函数的图形。

③ 先根据理论和经验确定几种可能的方程形式，然后用实验数据分别拟合，并运用概率论、信息论的原理模型对其进行筛选，以确定最佳模型。

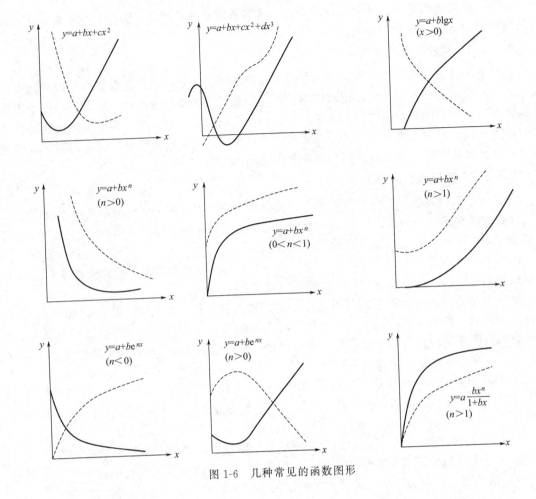

图 1-6　几种常见的函数图形

（2）模型参数的估计

当回归方程的形式（即数学模型）确定后，要使模型能够真实的表达实验的结果，必须用实验数据对方程进行拟合，进而确定方程中的模型参数，如对线性方程 $y=a+bx$，其待估参数为 a 和 b。

参数估值的指导思想是：由于实验中各种随机误差的存在，实验响应值 y_i 与数学模型的计算值 $\hat{y}$ 不可能完全吻合。但可以通过调整模型参数，使模型计算值尽可能逼近实验数据，使两者的残差 $(y_i-\hat{y})$ 趋于最小，从而达到最佳的拟合状态。

根据这个指导思想，同时考虑到不同实验点的正负残差有可能相互抵消，影响拟合的精度，拟合过程采用最小二乘法进行参数估值，即选择残差平方和最小为参数估值的目标函数，其表达式为：

$$Q=\sum_{i=1}^{n}(y_i-\hat{y})^2 \rightarrow \min \tag{1-17}$$

最小二乘法可用于线性或非线性、单参数或多参数数学模型的参数估计，其求解的一般步骤如下。

① 将选定的回归方程线性化。对复杂的非线性函数，应尽可能采取变量转换或分段线性化的方法，使之转化为线性函数。

② 将线性化的回归方程代入目标函数 Q。然后对目标函数求极值，即将目标函数分别对待估参数求偏导数，并令导数为零。得到一组与待估参数个数相等的方程，称为正规方程。

③ 由正规方程组联立求解出待估参数。

如用最小二乘法对二参数一元线性函数 $y = a + bx$ 进行参数估值，其目标函数为：

$$Q = \sum (y_i - \hat{y})^2 = \sum [y_i - (a + bx_i)]^2 \qquad (1\text{-}18)$$

式中　$\hat{y}$——回归方程计算值；

　　a，b——模型参数。

对目标函数求极值可得正规方程为：

$$na + \left(\sum_{i=1}^{n} x_i \right) b = \sum_{i=1}^{n} y_i \qquad (1\text{-}19)$$

$$\left(\sum_{i=1}^{n} x_i \right) a + \left(\sum_{i=1}^{n} x_i^2 \right) b = \sum_{i=1}^{n} x_i y_i \qquad (1\text{-}20)$$

令

$$\bar{x} = \frac{1}{n} \sum_{i=1}^{n} x_i$$

$$\bar{y} = \frac{1}{n} \sum_{i=1}^{n} y_i$$

由正规方程可解出模型参数为：

$$b = \frac{\sum x_i y_i - n\bar{x}\bar{y}}{\sum x_i^2 - n\bar{x}^2} = \frac{\sum (x_i - \bar{x})(y_i - \bar{y})}{\sum (x_i - \bar{x})^2} \qquad (1\text{-}21)$$

$$a = \bar{y} - b\bar{x} \qquad (1\text{-}22)$$

例：在某动力学方程测定实验中，测得不同温度 T 时的速率常数 k 的数据如表 1-3 所示。试估计频率因子 k_0 和活化能 E。

表 1-3　不同温度下的反应速率常数

内容　　　序号	温度 T/K	$k \times 10^2$/min^{-1}	$x \times 10^3$/K^{-1}	y
1	363	0.666	2.775	−5.01
2	373	1.376	2.681	−4.29
3	383	2.717	2.611	−3.61
4	393	5.221	2.545	−2.95
5	403	9.668	2.841	−2.34

解：根据反应动力学理论，可知 k 与 T 的关系可表达为

$$k = k_0 \exp \left(\frac{-E}{RT} \right)$$

将方程线性化，有

$$\ln k = \ln k_0 - \frac{E}{R} \left(\frac{1}{T} \right)$$

令 $y=\ln k$，$a=\ln k_0$，$x=\dfrac{1}{T}$，$b=\dfrac{-E}{R}$，则上式可写为：

$$\hat{y}=a+bx$$

根据实验数据，求出相应的 y 与 x，也列于表 1-3 中，根据最小二乘法对上式进行参数估计，计算结果如下：

$$\bar{x}=\frac{\sum x_i}{n}=\frac{1}{5}\times13.073\times10^{-3}=2.615\times10^{-3}$$

$$\bar{y}=\frac{\sum y_i}{n}=\frac{1}{5}\times(-18.20)=-3.640$$

$$n\,\bar{x}^2=5\times(2.615\times10^{-3})^2=34.191\times10^{-6}$$

代入式(1-21)、式(1-22)得：

$$b=\frac{\sum x_i y_i-n\,\overline{xy}}{\sum x_i^2-n\,\bar{x}^2}=\frac{(-48.042+47.593)\times10^{-3}}{(34.228-34.191)\times10^{-5}}=-12135$$

$$a=\bar{y}-b\,\bar{x}=-3.640+12135\times2.615\times10^{-3}=28.093$$

由 $b=\dfrac{-E}{R}$，可求得 $E=12135\times8.314\text{kJ/mol}=100928\text{kJ/mol}$。由 $a=\ln k_0$，可求得 k_0 $=1.587\times10^{12}$。

1.3.2.4　实验结果的统计检验

无论是采用离散数据的表列法还是采用模型化的回归法表达实验结果，都必须对结果进行科学的统计检验，以考察和评价实验结果的可靠程度，从中获得有价值的实验信息。

统计检验的目的是评价实验指标 y 与变量 x 之间，或模型计算值 $\hat{y}$ 与实验值 y 之间是否存在相关性，以及相关的密切程度如何。检验的方法：①首先建立一个能够表征实验指标 y 与变量 x 间相关密切程度的数量指标，称为统计量。②假设 y 与 x 不相关的概率为 α，根据假设的 α 从专门的统计检验表中查出统计量的临界值。③将查出的临界统计量与由实验数据算出的统计量进行比较，便可判别 y 与 x 相关的显著性。判别标准见表 1-4。通常称 α 为置信度或显著性水平。

表 1-4　显著性水平的判别标准

显著性水平	检验判据	相关性
$\alpha=0.01$	计算统计量＞临界统计量	高度显著
$\alpha=0.05$	计算统计量＞临界统计量	显著
$\alpha=0.1$	计算统计量＜临界统计量	不显著

常用的统计检验方法有线性相关系数法和方差分析法，现分别简述如下。

（1）方差分析

方差分析不仅可用于检验回归方程的线性相关性，而且可用于对离散的实验数据进行统计检验，判别各因子对实验结果的影响程度，分清因子的主次，优选工艺条件。

方差分析构筑的检验统计量为 F 因子，用于模型检验时，其计算式为：

$$F = \frac{\sum (\hat{y}_i - \overline{y})^2 / f_U}{\sum (y_i - \hat{y})^2 / f_Q} = \frac{U / f_U}{Q / f_Q} \qquad (1\text{-}23)$$

式中　f_U——回归平方和自由度，$f_U = N$；

　　　f_Q——残差平方和的自由度，$f_Q = n - N - 1$；

　　　n——实验点数；

　　　N——自变量个数；

　　　U——回归平方和，表示变量水平变化引起的偏差；

　　　Q——残差平方和，表示实验误差引起的偏差。

检验时，首先依式（1-23）算出统计量 F，然后，由指定的显著性水平 α 和自由度 f_U 和 f_Q 从有关手册中查得临界统计量 F_α，依表 1-4 进行相关显著性检验。

（2）线性相关系数 r

在实验结果的模型化表达方法中，通常利用线性回归将实验结果表示成线性函数。为了检验回归直线与离散的实验数据点之间的符合程度，或者说考察实验指标 y 与自变量 x 之间线性相关的密切程度，提出了相关系数 r 这个检验统计量。相关系数的表达式为：

$$r = \frac{\sum (x_i - \overline{x})(y_i - \overline{y})}{\sqrt{\sum (x_i - \overline{x})^2 \sum (y_i - \overline{y})^2}} \qquad (1\text{-}24)$$

当 $r = 1$ 时，y 与 x 完全正相关，实验点均落在回归直线 $\hat{y} = a + bx$ 上。当 $r = -1$ 时，y 与 x 完全负相关，实验点均落在回归直线 $\hat{y} = a - bx$ 上。当 $r = 0$，则表示 y 与 x 无线性关系。一般情况下，$0 < |r| < 1$。这时要判断 x 与 y 之间的线性相关程度，就必须进行显著性检验。检验时，一般取 α 为 0.01 或 0.05，由 α 和 f_Q 查得 R_α 后，将计算得到的 $|r|$ 值与 r_α 进行比较，判别 x 与 y 线性相关的显著性。

1.3.3　实验报告与科技论文的撰写

1.3.3.1　实验报告的撰写

（1）实验报告的特点

① 原始性　实验报告记录和表达的实验数据一般比较原始，数据处理的结果通常用图或表的形式表示，比较直观。

② 纪实性　实验报告的内容侧重于实验过程、操作方式、分析方法、实验现象、实验结果的详尽描述，一般不作深入的理论分析。

③ 试验性　实验报告不强求内容的创新，即使实验未能达到预期效果，甚至失败，也可以撰写实验报告，但必须客观真实。

（2）实验报告的写作格式

① 标题　实验名称。

② 作者及单位　写明作者的真实姓名和单位。

③ 摘要　以简洁的文字说明报告的核心内容。

④ 前言　概述实验的目的、内容、要求和依据。

⑤ 正文　主要内容如下。

a. 叙述实验原理和方法，说明实验所依据的基本原理以及实验方案及装置设计的原则。

b. 描述实验流程与设备，说明实验所用设备、器材的名称和数量，图示实验装置及流程。

c. 详述实验步骤和操作、分析方法，指明操作、分析的要点。

d. 记录实验数据与实验现象，列出原始数据表。

e. 数据处理，通过计算和整理，将实验结果以列表、图示或照片等形式反映出来。

f. 结果讨论，从理论上对实验结果和实验现象作出合理的解释，说明自己的观点和见解。

⑥ 参考文献　注明报告中引用的文献出处。

1.3.3.2　科技论文的撰写

科技论文是以新理论、新技术、新设备、新发现为对象，通过判断、推理、论证等逻辑思维方法和分析、测定、验证等实验手段来表达科学研究中的发明和发现的文章。

(1) 科技论文的特点

① 科学性　内容上客观真实、观点正确、论据充分、方法可靠、数据准确。表达方式上用词准确、结构严谨、语言规范、符合思维规律。

② 学术性　注重对研究对象进行合理的简化和抽象，对实验结果进行概括和论证，总结归纳出可推广应用的规律，而不局限于对过程和结果的简单描述。

③ 创造性　研究成果必须有新意，能够表达新的发现、发明和创造，或提出理论上的新见解，以及对现有技术进行创造性的改进，不可重复、模仿或抄袭他人之作。

(2) 科技论文的写作格式

① 论文题目　题目应体现论文的主题，题名的用词要注意以下问题。

a. 有助于选定关键词，提供检索信息。

b. 避免使用缩略词、代号或公式。

c. 题名不宜过长，一般不超过 20 个字。

② 作者姓名、单位或联系地址　写明作者的真实姓名与单位。

③ 论文摘要　摘要是论文主要内容的简短陈述。应说明研究的对象、目的和方法，研究得到的结果、结论和应用范围。重点要表达论文的创新点及相关的结果和结论。

摘要应具有独立性和自含性，即使不读原文，也能据此获得与论文等同的主要信息，可供文摘等二次文献直接选用。中文摘要一般 200～300 字，为便于国际交流，应附有相应的外文摘要(约 250 个实词)。摘要中不应出现图表、化学结构式及非共用符号和术语。

④ 关键词(key words)　为便于文献检索而从论文中选出的，用于表达论文主题内容和信息的单词、术语。每篇论文一般可选 3～8 个关键词。

⑤ 引言(前言，概述)　说明立题的背景和理由、研究的目的和意义、前人的工作积累和本文的创新点，提出拟解决的问题和解决的方法。

⑥ 理论部分　说明课题的理论及实验依据，提出研究的设想和方法，建立合理的数学模型，进行科学的实验设计。

⑦ 实验部分　如下所示。

a. 实验设备及流程　首先说明实验所用设备、装置及主要仪器仪表的名称、型号，对自行设计的非标设备须简要说明其设计原理与依据，并对其测试精度作出检验和标定。然后，简述实验流程。

b. 实验材料及操作步骤　说明实验所用原料的名称、来源、规格及产地；简述实验操作步骤，对影响实验精度、操作稳定性和安全性的重要步骤应详细说明。

c. 实验方法　说明实验的设计思想、运作方案、分析方法及数据处理方法。对体现创新思想的内容和方法要叙述清楚。

⑧ 结果及讨论　如下。

·整理实验结果　将观察到的实验现象、测定的实验数据和分析数据以适当的形式表达出来，如列表、图示、照片等，并尽可能选用合适的数学模型对数据进行关联。将准确可靠、有代表性的数据整理表达出来，为实验结果的讨论提供依据。

·结果讨论　对实验现象及结果进行分析论证，提出自己的观点与见解，总结出具有创新意义的结论。

⑨ 结论　即言简意赅的表达：实验结果说明了什么问题；得出了什么规律；解决了什么理论或实际问题；对前人的研究成果作了哪些修改、补充、发展、论证或否定；还有哪些有待解决的问题。

⑩ 符号说明　按英文字母的循序将文中所涉及的各种符号的意义、计量单位注明。

⑪ 参考文献　根据论文引用的参考文献编号，详细注明文献的作者及出处。这一方面体现了对他人著作权的尊重，另一方面有助于读者查阅文献全文。

1.4　常用计算机辅助软件

随着计算机硬件和软件技术的迅速发展，涌现出一大批各种各样的通用和专用软件以满足人们的不同需求。下面针对化工专业实验中可能涉及的相关软件，按照文字编辑、数据处理、数据绘图三个类别做一简单介绍。

1.4.1　文字编辑软件

文字编辑软件是办公软件的一种，一般用于文字的格式化和排版。文字处理软件的发展和文字处理的电子化是信息社会发展的标志之一。现有的可进行中文文字处理软件主要有微软公司的 Word、金山公司的 WPS、永中 Office 和基于开源准则的 Open Office 以及可以在短时间内生成高质量印刷品的 LaTeX 等。

Microsoft Word 在当前使用中是占有巨大优势的文字处理器，这使得 Word 专用的档案格式 Word 文件（.doc）成为事实上最通用的标准。目前微软公司已经发布 Microsoft Office 2016 版。但就实际功能而言 Microsoft Office 2003 版便可满足绝大部分文字编辑需求，而且文件格式的兼容性更好。

WPS Office 是由金山软件股份有限公司自主研发的一款办公软件套装，可以实现办公软件最常用的文字、表格、演示等多种功能。具有内存占用低、运行速率快、体积小巧、强大插件平台支持、免费提供海量在线存储空间及文档模板、支持阅读和输出 PDF 文件、全面兼容微软 Office 97—2013 格式的独特优势。WPS 文字作为 WPS Office 的一个组件采用所见即所得的模式进行文字处理，操作方便。近年来，WPS 个人免费版的使用得到了较好的普及。

LaTeX 是一种基于 TeX 的排版系统，由美国计算机专家 Leslie Lamport 在 20 世纪 80 年代初期开发，利用这种格式，即使用户没有排版和程序设计的知识也可以充分发挥由 TeX 所提供的强大功能，能在几天甚至几小时内生成很多具有书籍质量的印刷品。对于生成复杂表格和数学公式，这一点表现得尤为突出。因此它非常适用于生成高印刷质量的科技和数学类文档。这个系统同样适用于生成从简单的信件到完整书籍的所有其他种类的文档。目前全国各大高校均发布了基于 LaTeX 的学位论文模版，以促进学位论文的格式规范。化工专业实验报告就是一篇小型论文，采用功能性强的文字编辑软件，可以提高报告质量和完成效率。

1.4.2 误差和有效数字

实验结果最初通常是以数据的形式呈现，要想得到有价值的结论，需要对原始数据进行整理，而原始数据总是包含着一定的误差，因此需要估计误差。数量的测定值(近似值)x 与真(实)值(准确值)x^* 之差称为此测定值的绝对误差 Δx。

$$x^* = x \pm \Delta x \tag{1-25}$$

在绝大多数情况下，真值是无法获得的，通常需要借助于最大绝对误差 ∇，测定值的绝对误差必定小于或等于最大绝对误差，即 $\Delta x \leqslant \nabla$。例如：某窑炉中的温度不高于 1150℃ 且不低于 1140℃，则窑炉温度的测定值和最大绝对误差分别为

$$T = \frac{1150 + 1140}{2}℃ = 1145℃ \tag{1-26}$$

$$\nabla = \frac{1150 - 1140}{2}℃ = 5℃ \tag{1-27}$$

测定值是真实值具有最大绝对误差的近似值，因此可以记为 $T' = (1145 \pm 5)℃$。

绝对误差很重要，但是为了判断测量的准确度，需要使用相对误差，相对误差的定义式为：

$$\varepsilon = \frac{\Delta x}{x^*} \times 100\% \tag{1-28}$$

最大相对误差的定义式为：

$$E_x = \frac{\nabla}{x} \times 100\% \tag{1-29}$$

在实验数据的处理过程中还需要注意的一个重要问题是数字的有效位数。通常在记录一个实验数据时，应只保留一位估计数字，其余均为准确数字，此时记录的数据中的数字均称为有效数字。从非零数字的最左一位向右数而得到的位数称为有效位数，如 3.20 的有效位数为 3，而 3.2 的有效位数为 2，0.038 的有效位数为 2，而 0.03080 的有效位数为 4。如果实验结果的计算涉及多项实测数据，则最终结果的有效位数应取实测数据中最小的有效位数。在工程计算中通常取三位有效数字，甚至只限两位有效数字。随着计算机应用的日益广泛，应特别注意实验数据的最后计算结果有效位数的选取，应当与实测数据中的最小有效位数一致。

1.4.3 数据分析和绘图软件

Origin 是 Origin Lab 公司推出的一款专业函数绘图软件，主要拥有两大功能：数据分析和绘图。数据分析主要包括统计、信号处理、图像处理、峰值分析和曲线拟合等各种完善的数学分析功能；绘图是基于模板的，Origin 本身提供了几十种二维和三维绘图模板而且允许用户自己定制模板。

MATLAB 是美国 MathWorks 公司出品的商业数学软件，用于算法开发、数据可视化、数据分析以及数值计算的高级技术计算语言和交互式环境使用的。具有许多优点：

①高效的数值计算及符号计算功能，能使用户从繁杂的数学运算分析中解脱出来；②具有完备的图形处理功能，实现计算结果和编程的可视化；③友好的用户界面及接近数学表达式的自然化语言，使学者易于学习和掌握；④功能丰富的应用工具箱（如信号处理工具箱、通信工具箱等），为用户提供了大量方便实用的处理工具。

下面针对线性拟合及绘图、对数坐标图、数值积分等几类常见的实验数据处理问题，分别用 Origin 和 MATLAB 软件进行解决。

1.4.3.1 线性拟合及绘图

采用 Origin 软件将表 1-5 中的数据进行线性拟合并将实验数据和拟合直线绘制在同一张图中。具体步骤如下。

表 1-5 线性拟合图数据

X	1.5	2	2.5	3	3.5	4
Y	15	20	25	29.9	35.3	40.2

①打开 Origin 界面，出现 Book1，在 Long Name 右方，A(X) 下方输入框中输入 X，B(Y) 下方输入 Y，对应 Units 行可输入具体数据的单位，在 Comments 对应行可进行较为详细的数据注释，再下面的区域为数据输入区，按照表 1-5 数据进行输入得到图 1-7 所示结果。

②选中 B(Y) 列，单击窗口下方的 2D Graphs 工具栏中的 Scatter 按钮，生成图 1-8 所示散点图。

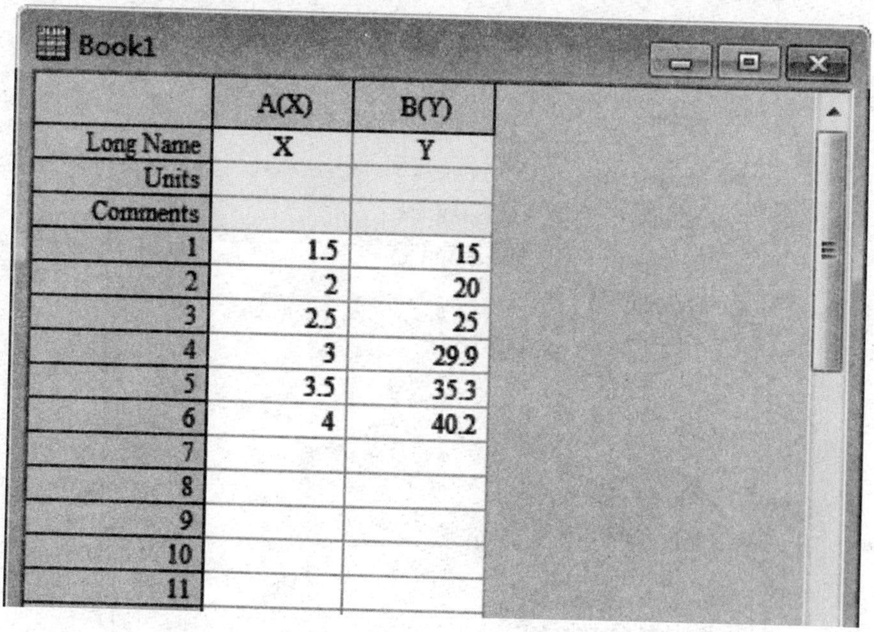
Book1

	A(X)	B(Y)
Long Name	X	Y
Units		
Comments		
1	1.5	15
2	2	20
3	2.5	25
4	3	29.9
5	3.5	35.3
6	4	40.2
7		
8		
9		
10		
11		

图 1-7 数据输入表格

③点击菜单栏 Analysis，选择 Fitting、Linear Fitting、Open Dialog，打开图 1-9 所示对话框。然后点击 OK 按钮，生成图 1-10 所示数据拟合图。从图中可以看出因变量和自变量按照 $y=a+bx$ 的关系进行拟合，拟合得到的截距 a 为 −0.21619，标准偏差为 0.17824，斜率 b 为 10.10286，标准偏差为 0.0619，线性相关系数 R^2 为 0.99981。

④直接得到的图形并不美观，可以进一步进行调整。如本例题中将图例及拟合信息去除，并通过右键点击图像空白处选择 Add Text 手动添加拟合方程及相关系数（根据实际要求保留适当有效位数）。然后右键单击坐标轴选择 Properties，弹出坐标轴设置对话框，如图 1-11 所示，对坐标轴进行设置。如将 Title & Format 中的 Bottom 和 Left 轴的 Major Ticks 和

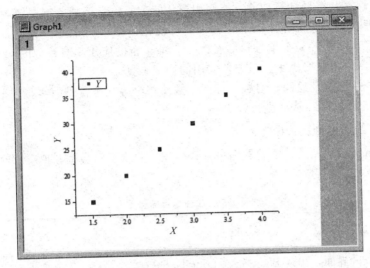

图 1-8　数据散点图

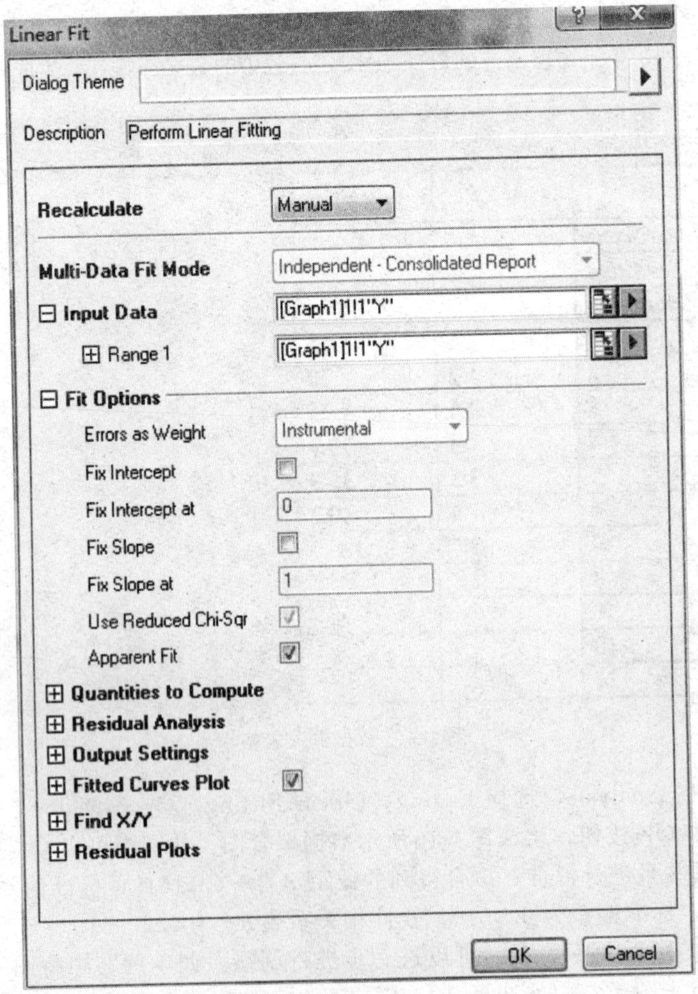

Linear Fit

Dialog Theme ▶

Description　Perform Linear Fitting

Recalculate	Manual

Multi-Data Fit Mode　Independent - Consolidated Report

⊟ Input Data　[Graph1]1!1"Y"

　　⊞ Range 1　[Graph1]1!1"Y"

⊟ Fit Options

　　Errors as Weight　Instrumental

　　Fix Intercept　☐

　　Fix Intercept at　0

　　Fix Slope　☐

　　Fix Slope at　1

　　Use Reduced Chi-Sqr　☑

　　Apparent Fit　☑

⊞ Quantities to Compute

⊞ Residual Analysis

⊞ Output Settings

⊞ Fitted Curves Plot　☑

⊞ Find X/Y

⊞ Residual Plots

OK　Cancel

图 1-9　线性拟合对话框

Minor Ticks 设为 In，将 Top 和 Right 轴的 Major Ticks 和 Minor Ticks 设为 None。可得到图

1-12 所示数据拟合图。

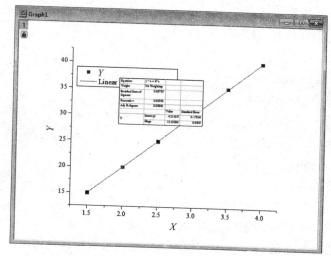

图 1-10　数据线性拟合结果

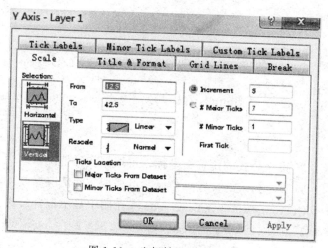

图 1-11　坐标轴设置对话框

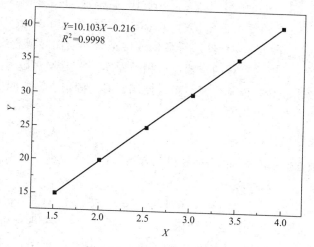

图 1-12　线性数据拟合图

针对上述例题，如果采用 MATLAB 编程的方式进行处理，则相关程序代码如下文，程序运行后得到图 1-13。

```
function demo1401(x，y)
x＝[1.5 2 2.5 3 3.5 4];
y＝[15 20 25 29.9 35.3 40.2];
X＝[x'ones(length(x),1)];
[B,BINT,R,RINT,STATS]＝regress(y',X);
xx＝linspace(x(1),x(end));
yy＝[xx'ones(length(xx),1)]*B;
plot(x,y,'ks',xx,yy,'r-')
xlabel('X')   ％ 设定图形的横坐标，可根据实际情况修改
ylabel('Y')   ％ 设定图形的横坐标，可根据实际情况修改
title('X－Y 线性关系图')   ％ 设定图形的标题，可根据实际情况修改
if sign(B(2))＝＝1
    signal＝'＋';
else
    signal＝'-';
end
str _ eq＝strcat('方程:Y＝',num2str(B(1))，'*X'，signal，num2str(abs(B(2))));
XX＝(max(x)－min(x));
YY＝(max(y)－min(y));
x0＝min(x);    ％ 设定公式的位置横坐标，可根据实际情况修改
y0＝min(y);    ％ 设定公式的位置纵坐标，可根据实际情况修改
text(x0＋0.1*XX,y0＋0.90*YY,str_eq)％ 在图中显示拟合公式
text(x0＋0.1*XX，y0＋0.82*YY，strcat('相关系数:R^2＝',num2str(STATS(1))))
text(x0＋0.1*XX,y0＋0.72*YY,strcat('95％ 置信区间'))
text(x0＋0.1*XX，y0＋0.64*YY，strcat('斜率:(',num2str(BINT(1,:)),')'))
text(x0＋0.1*XX，y0＋0.56*YY，strcat('截距:(',num2str(BINT(2,:)),')'))
```

通过本例可以看出用 Origin 软件进行数据线性拟合和绘图对编程要求较低，可以按照数据输入、绘图、拟合、图形美化的步骤进行相关操作。采用 MATLAB 软件进行数据线性拟合和绘图对编程要求较高，但其代码可重复使用，对于固定类型的问题，如果使用现成的程序代码可以大大提高数据处理和绘图的效率。

1.4.3.2 非线性拟合及绘图

下面以表 1-6 数据为例介绍在 Origin 和 MATLAB 软件中进行数据绘图和拟合的步骤。具体步骤如下。

① 打开 Origin 界面，出现 Book1，在 Long Name 右方，A(X) 下方输入框中输入 X，B(Y) 下方输入 Y，在下面的区域为数据输入区，按照表 1-6 数据进行输入。

② 选中 B(Y) 列，单击窗口下方的 2D Graphs 工具栏中的 Scatter 按钮，生成图 1-14 所示散点图。

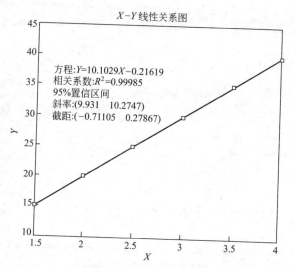

图 1-13　利用 MATLAB 进行线性拟合和绘图

表 1-6　非线性拟合图数据

X	1	10	100	1000	10000	100000
Y	9.5949e−002	2.3985	4.7011	7.0037	9.3063	11.609

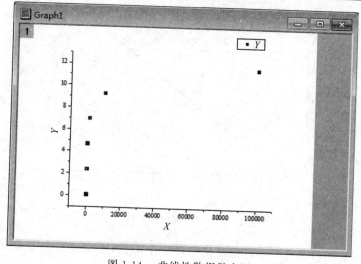

图 1-14　非线性数据散点图

③ 根据散点图可以发现，数据点符合对数函数规律。右键单击坐标轴选择 Properties，弹出坐标轴设置对话框，在 Scale 选项页对 X 坐标轴进行设置。如将数据轴类型 Type 选择为 lg10，数轴范围 From 设为 0.1，To 设为 110000，点击 OK 键确认，得到图 1-15 所示 X 轴单对数坐标数据图。

④ 通过 Analysis 菜单中的 Fitting 子菜单下的 Nonlinear Curve Fit 选项打开 NLFit 对话窗。Settings 选项页中选中 Function Selection，然后在右面的 Category 选择 Logarithm，Function 选择 Logarithm，在窗口下部点击 Formula 可以看到选择的拟合公式为

$$Y = \ln(X - A)$$

⑤ 点击 Fit 进行数据拟合，拟合结果如图 1-16 所示，拟合得到的参数 A 等于

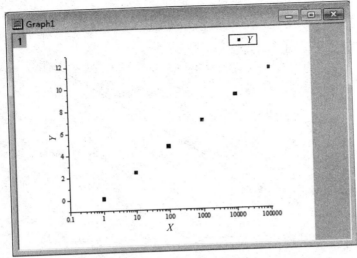

图 1-15　单对数坐标图

-0.11231，相关系数 $R^2 = 0.99953$。

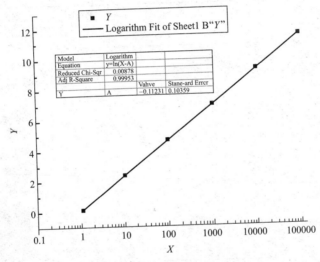

图 1-16　非线性拟合单对数坐标图

⑥ 可以根据实际情况对图形进行美化处理，并在图中保留必要信息删除冗余信息。

1.4.3.3　三元相图的绘制

在化工基础数据测试实验中，常碰到三元相图的绘制问题，现以专业实验"水 - 乙醇 - 正己烷三元系液 - 液平衡数据"为例，介绍三元相图的绘制。

① 按照图 1-17 所示输入数据并设置坐标轴的名称和单位。

② 选中表格中的所有数据，然后选中 Plot 菜单中的 Specialized 类中 Ternary 项，就可以得到图 1-18 所示三元相图，然后可以再通过右键 Add Text 添加其他图形注释。

MATLAB 中没有三元相图专用绘图函数来绘制三元相图，但是可以编写程序通过二维图和线绘制函数实现三元相图的绘制。

1.4.3.4　带标准偏差的曲线图

表 1-7 中的一组数据，浓度是已知的，作为 X 轴的数值；强度是由仪器测量的，平行测

	A(X)	B(Y)	C(Z)
Long Name	水	乙醇	正己烷
Units	%	%	%
Comments			
1	69.423	30.111	0.466
2	40.227	56.157	3.616
3	26.643	64.612	8.745
4	19.803	65.678	14.517
5	13.284	61.759	22.957
6	12.879	58.444	28.676
7	11.732	56.258	31.01
8	11.271	55.091	33.639
9	0.474	1.297	98.23
10	0.921	6.482	92.597
11	1.336	12.54	86.124
12	2.539	20.515	76.946
13	3.959	30.339	65.702
14	4.94	35.808	59.253
15	5.908	38.983	55.109
16	6.529	40.849	52.622
17			
18			

图 1-17　三元相图数据

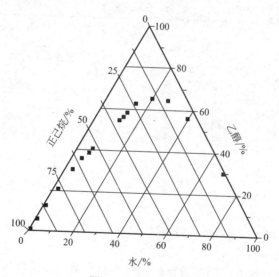

图 1-18　三元相图

量 3 次，取强度的平均值作为 Y 轴的数值，我们需要将强度数据的标准偏差在数据曲线图上反映出来。

表 1-7　带标准偏差曲线图示例数据

浓度（X 轴）	强度（Y 轴）		
1	1.15	1.02	0.84
2	1.85	2.01	2.16
3	2.89	2.98	3.16
4	3.98	3.34	3.05
5	4.83	4.99	5.20

① 把数据输入到 Origin 中，如图 1-19 所示，一定要设置好 X 轴值和 Y 轴值。

	A(X)	B(Y)	C(Y)	D(Y)
Long Name				
Units				
Comments				
1	1	1.15	1.02	0.84
2	2	1.85	2.01	2.16
3	3	2.89	2.98	3.16
4	4	3.98	3.34	3.05
5	5	4.83	4.99	5.2
6				
7				
8				
9				
10				
11				

图 1-19　多组 Y 值数据

② 对数据进行统计　选中数据范围 B1：D5，按照 Statistic → descriptive statistics → statistics on rows 进行操作之后会生成新的两列数据，包括平均值（Mean 列）和标准偏差（SD 列）。并修改 A 列和 Mean 列的 Long Name 项，如图 1-20 所示。

	A(X)	B(Y)	C(Y)	D(Y)	Mean(Y) 🔒	SD(yEr? 🔒
Long Name	浓度				强度	Standard Deviation
Units						
Comments					强度平均值	Statistics On Rows
1	1	1.15	1.02	0.84	1.00333	0.15567
2	2	1.85	2.01	2.16	2.00667	0.15503
3	3	2.89	2.98	3.16	3.01	0.13748
4	4	3.98	3.34	3.05	3.45667	0.47585
5	5	4.83	4.99	5.2	5.00667	0.18556
6						
7						
8						

图 1-20　多组 Y 值统计数据

③ 作图　选中 A 列、Mean 列和 SD 列，按照 plot → line＋symbol 的步骤选择绘图命令便可生成带标准偏差大小的曲线。如图 1-21 所示。

根据图形可以很明显地看出第四组数据的标准偏差最大，即数据的可靠性或精度最差。

1.4.3.5　数值微分

在进行反应动力学实验室时，常常需要计算反应速率，但是反应速率无法直接通过实验数据测定，一般可以通过实验直接测定特定时间的反应物或生成物浓度（或转化率）。在此情况下，可以通过数值微分计算特定时间的反应速率。如乙酸和丁醇在 $100℃$ 以 0.032% 的硫酸为催化剂进行酯化反应，反应后生成乙酸丁酯。实验测得乙酸的转化率 L 与时间 t 的关系如表 1-8 所示。

表 1-8　乙酸转化率 L 与时间 t 的关系

t/min	0	30	60	120	180
L	0	0.451	0.633	0.783	0.842

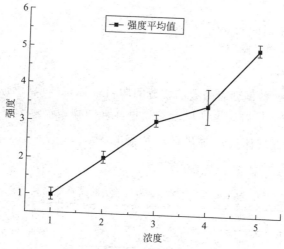

图 1-21　带标准偏差的曲线图

试求 $t = 0 \sim 180\mathrm{min}$(间隔 30min) 时乙酸的反应速率 $\mathrm{d}L/\mathrm{d}t$。

在此情况下可以通过先将实验数据进行拟合(或插值),然后再对拟合(或插值)函数求导的方式求微分。具体处理步骤可以通过以下 MATLAB 程序实现,数据插值效果如图 1-22 所示。计算得到的初始反应速率和每隔 30min 的反应速率分别为: 0.0219,0.0094,0.0040,0.0024,0.0014,0.0009,0.0009。

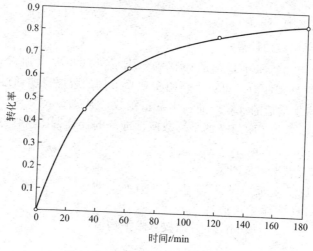

图 1-22　乙酸转化率随时间的变化

```
function weifen
t = [0 30 60 120 180];
L = [0 0.451 0.633 0.783 0.842];
plot(t,L,'bo'),hold on
pp = spline(t,L);        % 三次样条数值
sp = fnder(pp);          % 对插值函数求导
hold on
fnplt(pp)    % 绘制插值函数
xlabel('时间 t/min')
```

ylabel('转化率/%')

title('乙酸转化率随时间的变化')

rate=fnval(sp,0：30：180)

1.4.3.6 数值积分

在实验数据处理中，数据列表函数的积分问题可以通过插值（或拟合）的方法将离散数据连续化，然后进行积分求解。下面以一个热量计算问题为例说明数值积分方法的基本步骤。例如，化工生产中某气体从 t_1 加热到 t_2 所需的热量为：$Q = \int_{t_1}^{t_2} C_p \mathrm{d}t$，实验中测得的某气体的 C_p 与温度 t 的关系数据如表 1-9 所示。

表 1-9　气体的 C_p 与温度 t 的关系数据

$t/℃$	25	100	150	200	250	300	350	400	450	500
$C_p/[J/(mol\cdot K)]$	40.5	45.6	48.3	51.4	55.3	56.4	58.9	60.1	63.2	64.9

试计算 1mol 该气体从 25℃ 加热到 500℃ 所需的热量。实现该运算的 MATLAB 程序如下：

```
function jifen
t=[25 100 150 200 250 300 350 400 450 500];
Cp=[40.5 45.6 48.3 51.4 55.3 56.4 58.9 60.1 63.2 64.9];
sp=spline(t,Cp);% 通过三次样条插值将实验数据连续化
Q=quad(@myfun,t(1),t(end),[],[],sp)
function q=myfun(t,sp)
q=ppval(sp,t);% 或 q=fnval(sp,t)
```

1.4.3.7 加权平均数的计算

在数据处理中常用的算术平均值的计算较为容易，如果要求加权算数平均值，利用 MATLAB 强大的数据处理能力，也可以轻松实现。下例的程序说明通过 MATLAB 内置函数 mean 可以实现算术平均值的计算，而利用 sum 函数，通过 sum(x. * w)./sum(w) 语句可以计算加权算术平均值。对于更复杂的平均数或标准差的计算也比较容易实现。

```
function jiaquanpingjunshu
x=1：5; % 需要求平均数的量
w=[0.0175 0.1295 0.3521 0.3521 0.1295];% 权重
x_ave=mean(x)% 算术平均值
xw_ave=sum(x. * w)./sum(w)% 加权算术平均值
```

参 考 文 献

[1] 乐清华. 化学工程与工艺专业实验. 北京：化学工业出版社，2008.

[2] 肖信. Origin8.0 实用教程：科技作图与数据分析. 北京：中国电力出版社，2009.

[3] 隋志军，杨榛，魏永明. 化工数值计算与 MATLAB. 上海：华东理工大学出版社，2015.

2 专业实验的技术及设备

2.1 化工物性数据的测定

物料的物性是化工过程开发与设计中必不可少的基础数据，无论是反应、分离技术的选择，还是各类化工反应过程及设备的设计计算，都涉及物系的物性数据。虽然，常用物质的物性数据大多可在有关手册中查到，但是，由于化工过程所涉及的物系十分复杂，特别是常以混合物的形式出现，而且物系所处的温度、压力条件也变化较大，所以，物性数据常常需要通过实验来测定。

2.1.1 密度及其测量

密度是物质的一种属性，它与构成物质粒子的大小、聚集和排列方式以及粒子间的相互作用力等有密切关系，并以强度性质表现出来，其单位为 kg/m^3，在公式中密度常用符号 ρ 来表示。与密度相关的量是相对密度，它是指物质在一定温度下的密度与水在 4℃ 时的密度之比。通常用符号 D_4^t 表示相对密度，上标表示物质的温度，下标表示水的温度是 4℃。

密度的测量方法很多，常用的有如下几种。

① 直接测量法，即通过直接称取一定体积的物质所具有的质量来计算密度。

② 比重计法，该法是工业上常用的测量液体密度的方法。比重计有不同的精密度和测量范围，单支型的比重计常分为轻表（测量相对密度在 1.0 以下）及重表（测量相对密度在 1.0～2.0）；精密比重计常为若干支一套，每支的测量范围较窄，可根据被测液体相对密度的大小来选择。

③ 比重天平法，最常用的比重天平是如图 2-1 所示的韦氏天平，它有一个体积与重量都很标准的测锤（或称浮码）。测量时，首先将测锤浸没于液体中，然后向天平横梁上的定位 V 形缺口上挂上相应重量的砝码，使天平梁保持平衡，从横梁上累加的读数即可得出液体的比重值。

比重天平的测量精度高，数据可靠，对于挥发性较大的液体亦可得到较准确的结果。但测量时被测液体的用量较大（达数百毫升），且应用范围受测锤的密度的限制。

近年来，各种高精度、多用途的电子比重天平相继问世。比如，基于阿基米德原理设计的专门用于测量多孔固体比重的电子比重天平，可直接测定渗透粉末烧结产品、精密陶瓷烧结产品、多孔填料、多孔吸附剂等在空气、水中的密度，以及体密度、孔隙率、吸水率、含油率、湿密度、开孔体积等参数。

④ 比重容器法，这类方法可测量液体、固体和气体物质的密度。所用的测量仪器有比重管和比重瓶。图 2-2 是其中的部分型式。其中，(a) 称为比重管，它是测定液体密度的专用仪器。(b)(d) 为比重瓶，其中(c) 主要用于测定稠度大的液体和较大块固体的密度，(d) 专用于测量固体的密度。

2.1.2 黏度及其测量

黏度(μ)为黏滞系数(或内摩擦系数)的习用名称，也称为动力黏度。它由流体内部的黏滞力产生，是流体的一种特性，它与流体的组成及温度有关。过去，黏度的单位常以

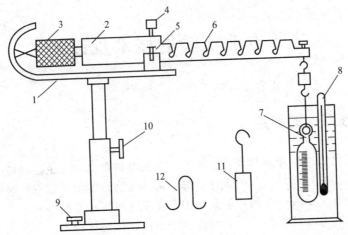

图 2-1　液体比重天平

1— 托架；2— 后横梁；3— 平衡调节器；4— 灵敏度调节器；5— 刀座；6— 刻度前横梁；

7— 测锤(浮码)；8— 温度计；9— 水平调节；10— 紧固螺钉；11— 等重砝码；12— 骑码

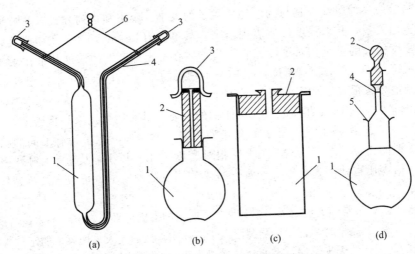

图 2-2　几种比重瓶(管)的构造

1— 比重瓶(管)主体；2— 磨口瓶塞，(b)，(c)附有毛细孔；

3— 防蒸发帽；4— 定容量刻度线；5— 磨口；6— 比重管悬丝

"泊"(Poise)或"厘泊"(cP)表示。现采用 SI 制，则黏度的单位应表示为 Pa•s(帕斯卡•秒)，1
泊 $=10^{-1}$Pa•s。

　　常用的黏度测定方法有如下几种。

　　(1)毛细管法

　　此法是实验室中常用的方法，其测量原理是根据哈根 - 泊肃叶(Hangen-Poiseuille)方程
$\Delta p=\dfrac{32\mu Lu}{d^2}$ (其中 L 是液体流经管道的长度；Δp 是管道两端的压差；u 是流速；d 是管道的

直径)，若将流速表示为 $u=\dfrac{V}{\dfrac{\pi}{4}d^2t}$，则哈根 - 泊肃叶方程可以改写为：

$$\mu=\frac{\Delta p\pi d^4}{128LV}t \tag{2-1}$$

式中，μ 为黏度，Pa·s；Δp 为毛细管两端的压力差，N/m²；d 为毛细管直径，m；t 为一定体积 V 的液体流经毛细管的时间，s；V 为 t 时间内流过毛细管的液体的体积；L 为毛细管的长度。可见，在 d、L 一定的条件下，只要测定 Δp 和 t 或 V 的关系，便可求得流体的黏度。

① 液体绝对黏度的测量　测量装置如图 2-3 所示，测量前，首先将毛细管前后容器之间的液压差调至 $15 \sim 18 \text{cmH}_2\text{O}(1\text{cmH}_2\text{O} = 98.0665\text{Pa})$。然后，测出一定的时间内流经毛细管的液体体积，以及毛细管两端的压差。根据毛细管的 d 和 L，及测量得到的数据，便可依上式求得待测液体的黏度 μ。

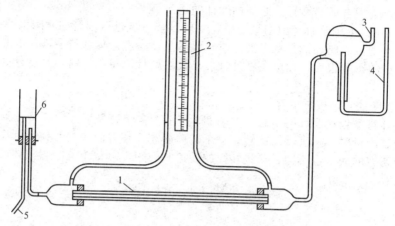

图 2-3　绝对法液体黏度测量装置

1— 保持水平的均匀毛细管；2— 压差显示及读数；3— 稳压瓶；
4— 空气出口；5— 排液口；6— 低压出口稳压管

② 液体相对黏度的测量　常用的相对黏度计有奥氏（Ostwald）黏度计[见图 2-4(a)]、乌氏（Ubbelode）黏度计[见图 2-4(b)]。

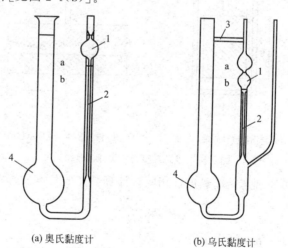

(a) 奥氏黏度计　　　　　　(b) 乌氏黏度计

图 2-4　毛细管黏度计

1— 由刻度 a、b 确定的定容泡；2— 毛细管；3— 加固玻璃；4— 储液球

根据哈根 - 泊肃叶方程，若令式(2-1)中的 $\Delta p = L \rho g$，可得：

$$\mu = \frac{\rho g \pi d^4}{128V} t \tag{2-2}$$

对于同一支毛细管（d、V 一定，$\dfrac{g \pi}{128}$ 为常数），若两种液体在毛细管中的流动单纯受重力的影响，那么它们的黏度与流经毛细管的时间 t 及密度有如下关系：

$$\frac{\mu}{\mu_0} = \frac{\rho}{\rho_0} \times \frac{t}{t_0} \tag{2-3}$$

式中，μ_0、ρ_0 和 t_0 分别为已知参考液体的黏度、密度及流经毛细管的时间；μ、ρ 和 t 则分别为待测液体的各相应值。

因此，待测液体的黏度可根据相同条件下待测液体和参考液体流经毛细管的时间求出。通常用水或其他一些已知黏度的液体作为参考液体。

奥氏黏度计或乌氏黏度计结构简单，使用方便，并配有不同型号。使用者可根据待测物系黏度的大小，选用合适的型号。此类黏度计的毛细管长一般约为 $30cm$，流经毛细管的液体体积约为 $10mL$，毛细管直径因型号而异，一般以液体流过毛细管的时间以 $1 \sim 2min$ 为原则来选用黏度计型号。此外选择参考液体时，要尽量使参考液体和待测液体的黏度相接近。由于温度对黏度的影响很大，用奥氏黏度计、乌氏黏度计测量黏度时，黏度计必须置于恒温槽中恒温。

（2）转筒黏度计与锥板黏度计

转筒黏度计与锥板黏度计的示意图如图 2-5 所示。在转筒黏度计中，待测液体置于两个同心转筒之间。测量时，一个转筒旋转，一个转筒静止，使环隙中的流体受到剪切，液体的黏度不同，剪切力的大小也不同，测量转筒的转速和转矩，可依下式求得液体的黏度：

$$\mu = \frac{M}{2\pi h\omega}\left(\frac{1}{r^2} - \frac{1}{R^2}\right) \tag{2-4}$$

式中，M 是转筒的转矩；ω 是转筒的角速度；r 是内筒的半径；R 是外筒的半径；h 是液体浸没的高度。

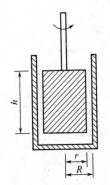 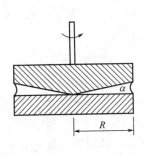

(a) 转筒黏度计原理示意图　　(b) 锥板黏度计原理示意图

图 2-5　转筒黏度计与锥板黏度计

锥板黏度计的测量原理与转筒黏度计相同，计算黏度的基本公式为：

$$\mu = \frac{3\alpha M}{2\pi R^3 \omega} \tag{2-5}$$

式中，α 是锥板的倾角；M 是转矩；ω 是角速度。

这两种黏度计的测量原理和仪器结构都比较复杂，测量的技术难度也较大。但适用性较强。既可用于测定牛顿型流体的黏度，又可用于测量非牛顿型流体的流变特性。目前已有高精密度的定型产品出售。

2.1.3　液-气表面张力及其测定

表面张力是液体表面相邻两部分间单位长度内的相互牵引力，是分子（或其他粒子）之间作用力的一种表现。表面张力的单位为 N/m（SI 制）。

表面张力是表征物质吸附、黏附、润湿、铺展等界面特性的重要参数。在化工生产过程中，物料的表面张力对流体分相、传质效率、流动阻力、产品质量及设备操作的稳定性有着显著的影响。近年来，利用流体的界面现象发展起来的新技术也不断涌现，如液膜分离、泡沫分离等。因此，掌握液体表面张力的测量技术是非常必要的。

液体表面张力的测量方法有很多种，主要分为静态法和动态法。典型的静态法有毛细管法、静滴法。动态法有最大气泡压力法(MBP)、滴重法、拉环法以及吊片法等。

(1) 毛细管法

如图 2-6 所示，将一支毛细管插入液体中，若液体润湿毛细管，则液体沿毛细管上升，升到一定高度后，毛细管内外液体会处于平衡。达到平衡时，毛细管内的曲面对液体所施加的向上的拉力与液体向下的力相等，即：

$$2\pi r\sigma\cos\theta = \pi r^2 h(\rho_1 - \rho_g)g \pm V(\rho_1 - \rho_g)g \qquad (2\text{-}6)$$

式中，h 为毛细管内液体的高度；r 为毛细管半径；σ 为液体的表面张力；V 为弯月形部分液体的体积；ρ_1、ρ_g 为液体、蒸气的密度；g 为重力加速率。对于许多液体 $\theta = 0^\circ$，如果毛细管很细，内径约为 0.2mm，则 V 很小，可以忽略不计。若蒸气的密度 ρ_g 也很小时，可略去。毛细管法测量液体表面张力的简化公式为：

$$\sigma = \frac{1}{2}rh\rho_1 g \qquad (2\text{-}7)$$

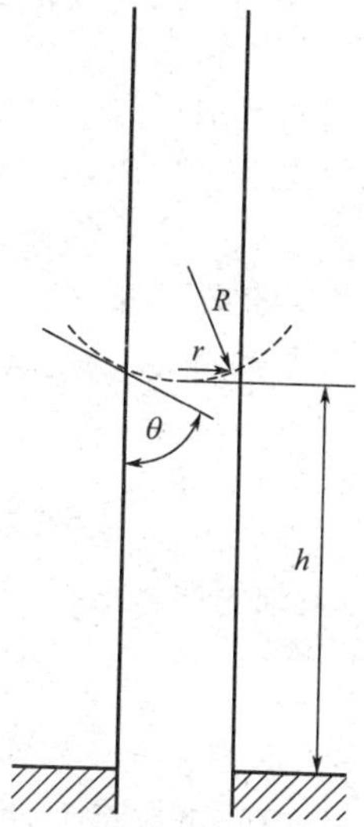

根据该公式，实验测量出液体在毛细管内的上升高度 h 的数据后，即可求得液体的表面张力。毛细管半径 r 通常用已知表面张力的液体进行校正实验来求得。

图 2-6　润湿情况示意图

毛细管上升法比较适用于常温下液体表面张力的测量。在满足测量条件的情况下用精确的公式计算时，有相当高的精度。

(2) 最大气泡压力法

最大气泡压力法的原理如图 2-7 所示，当一支插入液体深度为 H 的毛细管末端形成的气泡时，由于气泡凹液面的存在，使气泡内外压力不等，即产生所谓曲液面的附加压力。此附加压力与表面张力成正比，与气泡的曲率半径成反比，其关系式为：

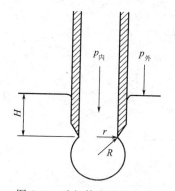

图 2-7　毛细管末端气泡图

$$\Delta p = \frac{2\sigma}{R} \qquad (2\text{-}8)$$

式中，Δp 为曲液面的附加压力；σ 为液体的表面张力；R 为气泡的曲率半径。因此要从插入液体的毛细管末端鼓出气泡，毛细管内部的压力就必须高出于外部压力一个附加压力的数值才能实现，即：

$$p_内 = p_外 + \frac{2\sigma}{R} + H\rho_1 g \qquad (2\text{-}9)$$

式中，ρ_1 为液体的密度。

如果毛细管插入液体后，逐渐增大毛细管内部的压力 $p_内$，此时毛细管内的曲(凹或凸)液面将由上向下移动，直至毛细管末端形成半球形气泡，然后继续长大，直至脱离毛细管逸出。在气泡形成过程中，毛细管内的曲液面的曲率半径 R 与毛细管壁是否润湿，以及毛细管端口的形状有关，但不管液体对毛细管是否润湿，毛细管末端的气泡为半球形时曲率半径最小。若液体润湿毛细管，则半球形气泡的曲率半径等于毛细管的内径，即 $R \rightarrow r$；若液体不润湿毛细管，则半球形气泡的曲率半径等于毛细管的外径。当气泡曲率半径为最小值时，附加压力达最大值，可得：

$$\Delta p_{\max} = \frac{2\sigma}{r} \tag{2-10}$$

此式为最大气泡压力法测量液体表面张力的基本公式。

最大气泡压力法测量装置如图 2-8 所示，主要由稳压气源、U 形压力计、毛细管、恒温池和控温装置构成，有减压式和加压式两种形式。对于水及水溶液、有机溶剂及其溶液常用减压式形式，图中的稳压气源改为真空泵，盛液的容器改为密闭容器；而对于熔盐，金属或合金熔体，液态炉渣则一般采用如图 2-8 所示的加压式装置。

实际测量时，$p_{内}$ 与 $p_{外}$ 的最大压力差可由装置中的 U 形压力计直接测量，即：

$$\Delta p_{\max} = p_{内\max} - p_{外} = (h_{\max}\rho_b - H\rho_1)g \tag{2-11}$$

式中，ρ_b 为 U 形压力计中液体的密度；$h_{\max}$ 为相应于 $\Delta p_{\max}$ 时的最大 U 形管液位差；H 为毛细管插入液面的深度。如果测量时毛细管刚好浸入液面，则 $H = 0$，上式简化为：

$$\sigma = \frac{r}{2}h_{\max}\rho_i g = Kh_{\max} \tag{2-12}$$

若用已知表面张力的标准物质在相同条件下做参比，则有如下关系：

$$\frac{\sigma}{\sigma_0} = \frac{h_{\max}}{h_{0,\max}} \tag{2-13}$$

式中，下标 0 表示参比溶液。可见，只要准确测定待测液和参比液的最大 U 形管液位差，便可确定待测液的表面张力。

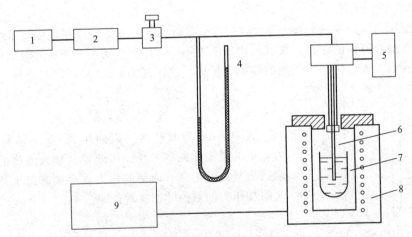

图 2-8 最大气泡压力法测量液体表面张力装置示意图

1—稳压气源；2—气体净化与干燥；3—压力调节器；4—压力计；5—毛细管升降与插入深度测量系统；
6—毛细管；7—待测液体；8—恒温池；9—温度控制及测量系统

应用最大气泡压力法测量时要注意下列几个问题。

① 气氛 选用的气体要与液体不起化学反应，也不溶解。对于常温下的表面张力测量，一般选用空气。对于高温下的表面张力测量，如金属熔体的表面张力测量，则常选用

氮气。

②毛细管材料与半径 毛细管内壁要清洁，对液体要有足够的润湿性，不受液体或气体侵蚀；用于高温表面张力测量时还要能耐高温。毛细管半径大小要能保障 h_{max} 有 $3 \sim 5cm$，以保证测量的精度。常温下一般液体的表面张力不大，用内径 $\phi = 0.2 \sim 0.3mm$ 的毛细管即可；用于高温熔体表面张力测量时，则内径常需用 $1 \sim 2mm$ 的或更大一点的毛细管。

③压力计 测量 Δp_{max} 的关键设备是压力计，常用 U 形压力计或倾斜式 U 形压力计。压力计用的液体要有化学惰性，且密度 ρ_i 要尽可能小，以便提高测量精密度。

④温度 测量液体表面张力时，温度要保持恒定。在高温下测量时，气体要适当预热。

⑤操作时，气泡产生速率不宜过快，一般控制每分钟产生一至数个气泡。

2.2 热力学数据测定技术

热力学数据是化工过程设计和计算必需的基础数据。获得准确、完整的热力学数据不仅是化工过程开发研究的重要内容，也是工程设计和放大成功的关键。虽然随着计算机模拟技术和分子热力学研究的进展，各种热力学数据的计算模型被相继建立，人们可以采用计算机对一些热力学数据进行模拟计算，但是，由于化工过程所涉及的物系十分复杂，要获得准确的热力学数据还必须通过实验测定，实验测定也是检验计算模型准确度，修正模型参数的重要手段。本节将介绍一些常用的热力学数据测定方法。

2.2.1 反应热的测定

2.2.1.1 常用的量热仪器

反应热测定常用的量热计是绝热型量热计，该量热计具有多种类型，如有绝热型高温反应量热计、绝热型低温热容量量热计、绝热型氧弹量热计等。随着电子技术的飞速发展，绝热型量热计制造和控制水平不断提高，测量结果更加精密准确，对于慢反应、快反应和微量放热反应都可使用。

绝热型量热计的特殊之处在于其绝热自动控制系统。由于绝热型量热计在整个量热过程中，系统必须始终保持绝热状态，因此，量热计上设有能自动跟踪量热体系温度变化、自动加热和控温的绝热套。如图 2-9 所示，绝热型量热计的主要构成如下。

①恒温套：用于控制绝热型量热计的环境温度。

②绝热套：用于保持系统绝热，由加热器及绝热自动控制用的示差热电偶组成。

③量热体系：用于测量反应热，由示差热电偶、测温计及量热设施构成。

④绝热自动控制系统：用于跟踪和检测绝热套和量热体系的表面温差信号，并据此信号调节绝热套中的加热电流，实现绝热自动控制。

除了配备灵敏而精密的绝热自动控制装置外，绝热型量热计的各个部件的导热性和热容量也很重要。制作绝热套和量热容器的材料导热性要好，以确保温度能迅速均匀分布。绝热套和量热体系的热容量要小，以便对加热反应灵敏。为了提高绝热效果，还可采用真空、双层绝热控制等措施，通常高温和低温绝热型量热计多采取真空绝热措施。

与恒环境型量热计相比，绝热型量热计的优点就是不需要对量热过程进行热损失的校正，能保障量热计具有较高的准确度。

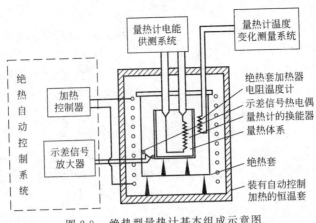

图 2-9　绝热型量热计基本组成示意图

2.2.1.2　燃烧热的测定

燃烧热是指 1mol 物质完全燃烧时产生的热效应，是重要的热力学基本数据，也是间接计算反应热的依据，广泛地用在各种热化学计算中。

由热力学第一定律可知，燃烧时体系的内能将发生变化。若燃烧在恒容下进行，体系不对外做功，则燃烧热等于体系内能的改变，即

$$\Delta U = Q_V \tag{2-14}$$

如果将某定量的物质放在充氧的容器中，使其完全燃烧，放出的热量将使体系的温度升高（ΔT），根据体系的热容（C_V），则可计算燃烧反应的热效应，即

$$Q_V = -C_V \Delta T \tag{2-15}$$

式中，负号表示体系放出热量。

一般化工数据手册中，收集的都是恒压燃烧热 Q_p，Q_p 与 Q_V 的关系如下。

$$Q_p = \Delta H_m = \Delta U + p\Delta V \tag{2-16}$$

对理想气体

$$Q_p = \Delta U + \Delta nRT \tag{2-17}$$

因此，根据反应前后气态物质摩尔数的变化 Δn，就可算出恒压燃烧热 Q_p。

反应热效应的数值与温度有关，燃烧热也不例外，其关系为

$$\frac{\partial(\Delta H_m)}{\partial T} = \Delta C_p \tag{2-18}$$

测定燃烧热的常用仪器是绝热型氧弹量热计。该量热计是在恒容下测量物质的燃烧热。作为量热设施的氧弹构造如图 2-10 所示，它是由不锈钢厚壁圆筒制成，厚壁圆筒、弹盖和螺母紧密相连；在弹盖上装有用来灌入氧气的进气孔、排气孔和电极，电极直通弹体内部，同时作为燃烧皿的支架；为了将火焰反射向下而使弹体温度均匀，在另一电极（同时也是进气管）的上方还装有火焰遮板。

由于每套仪器的热容不一样，在测定燃烧热时，须事先测定以水当量表示的仪器热容，即仪器温度升高 1℃ 的所需的热量能使多少克水升高 1℃。

测定水当量的方法：使定量的、已知燃烧热的标准物质完全燃烧，若放出热量为 q，仪

器温升为 Δt，则水当量为 $q/\Delta t$。标准物质通常用苯甲酸，其燃烧热 Q_p 为 $-26460J/g$。

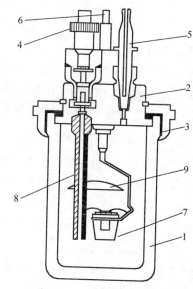

图 2-10　氧弹示意图
1—厚壁圆筒；2—弹盖；3—螺母；
4—氧气进气孔；5—排气孔；6，8—电极；
7—燃烧皿；9—火焰遮板

水当量测定的实验操作步骤为：取 $0.8\sim1.0g$ 苯甲酸，置于压片机中，穿入 15cm 长、已知质量为 W_0 的燃烧丝一根，压片。取出后，精确称其质量为 W，则样品质量为($W-W_0$)。将此样品小心挂在氧弹盖上的燃烧皿中，将燃烧丝两端紧缠于两电极上，然后，在氧弹中加入 0.5mL 蒸馏水。盖好弹盖，旋紧螺母，关好出气口，从进气口灌入约 2MPa 的氧气。灌气后，用万用电表触试弹盖上方两电极，看是否仍为通路，电阻值为 $5\sim8\Omega$。若线路不通，需泄去氧气重新系紧燃烧丝；若是通路，把氧弹放入内筒，准确量取低于环境温度 $1℃$ 的自来水 2000mL，顺筒壁小心倒入内筒，插上点火电极的电线，盖好盖板，装好温度计，开动搅拌马达。待水温稳定上升后，打开停表作为开始时间，记录体系温度变化情况。

在前期(自打开停表到点火)，相当于图 2-11 中 AB 部分，每分钟读取温度一次；10min 后，接通氧弹两极电路，使苯甲酸燃烧。此时，体系温度迅速上升，进入反应期，相当于图 2-11 中 BC 部分。因为温度上升很快，所以须每隔半分钟读取温度一次，直到每次读数时温度上升小于 $0.1℃$ 再改为每分钟读数一次。当进入末期时，温度变化趋缓，相当于图 2-11 中的 CD 部分，同样每分钟记录温度一次。10min 后停止搅拌，小心取下温度计，取出氧弹，泄去废气。旋开螺母，打开弹盖，量取剩余燃烧丝长度，用蒸馏水(每次取 10mL)洗涤氧弹内壁三次，洗涤液收集在 150mL 锥形瓶中，煮沸片刻，以 $0.1mol/L$ NaOH 滴定。

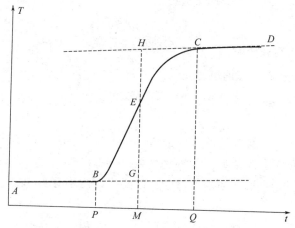

图 2-11　氧弹测定物质燃烧热的温度 - 时间曲线

当打开弹盖后，如发现燃烧皿中有黑色物，是因样品燃烧不完全，应重新测定。燃烧不完全的原因可能是样品量太多、氧气压力不足、氧弹漏气、燃烧皿太湿等。

以上述同样方法测定其他物质的燃烧热。

燃烧放热而导致体系温度的升高值 ΔT 可采用作图法获得;在"温度 - 时间曲线"上,画出前期 AB 和末期 CD 两线段的切线,用虚线外延,然后作一垂线 HM,并和切线的延长线相交于 G、H 两点,使得 BEG 包围的面积等于 CHE 包围的面积。G、H 两点的温差 ΔT 即为体系内部由于燃烧反应放出热量致使体系温度升高的数值。

2.2.1.3 反应热的测定

通常采用热导式自动量热计测定化学反应的焓变。当量热计处于热平衡状态时,量热计内的量热元件无温差、无电势输出,记录仪的记录笔走出一条平行于时间轴的直的基线。如果量热计的量热容器里有化学反应发生,必然伴随放热或吸热的过程,这时量热容器与量热计本体之间就会产生温差。这个温差被量热元件检测,以微伏级的电势输给记录仪。于是,记录笔就开始偏离基线,逐渐记录出一个放热峰或吸热峰,最后又回复到基线。这里峰面积与化学反应放出(或吸收)的热量成正比。如果能够标定与单位峰面积相当的热量数值,就不难求出化学反应的热效应。

2.2.2 相平衡数据测定

2.2.2.1 液体平均汽化热的测量

液体的饱和蒸气压与温度的关系可用克拉贝龙 - 克劳修斯(Clapeyron-Clausius)方程式表述:

$$\lg p = \frac{-\Delta H_G}{2.303R} \times \frac{1}{T} + B \tag{2-19}$$

式中,p 为液体在温度 T(K)时的饱和蒸气压;ΔH_G 为液体在一定温度范围内的平均摩尔汽化热;R 为气体常数;B 为积分常数,其数值与压力的单位有关。

根据公式(2-19),只要实测液体在不同温度下的饱和蒸气压,并以 $\lg p$ 对 $1/T$ 作图,便可得到一条直线,其斜率为:

$$m = -\Delta H_G/(2.303R) \tag{2-20}$$

由式(2-20)即可求得在实验温度范围内液体的平均摩尔汽化热。

2.2.2.2 液体饱和蒸气压的测量

测量液体饱和蒸气压的方法有静态法、动态法和饱和气流法等。

(1)动态法

动态法也称沸点法。该法基于液体的饱和蒸气压与外界压力相等时,液体就会沸腾的原理,通过实测不同温度下,液体处于沸腾状态时的压力,来确定饱和蒸气压。实测方法是改变外界压力(真空度),测量溶液的沸点温度,据此确定液体温度与饱和蒸气压的关系。实验装置如图 2-12 所示。

装置主要由样品加热瓶、精密温度计、U 形压差计和真空泵构成。实验前必须仔细检查实验装置的气密性,即用真空泵将装置抽至约 $50cmHg$($1cmHg = 1333.22Pa$,下同)的负压后,关闭装置所有阀门。装置压力在 $20min$ 左右维持不变,则可开始实验。实验步骤为:将

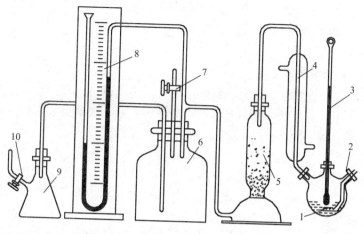

图 2-12　沸点法饱和蒸气压测量装置

1—样品加热瓶；2—加热器(接变压器后再到电源)；3—精密温度计；4—直型冷凝管；

5—可放玻璃棉的小缓冲瓶；6—大缓冲瓶；7—放空活塞；8—双管水银压力计；9—抽滤瓶；10—活塞接真空泵

待测液体置于样品加热瓶中，开启真空泵，使装置形成 $40 \sim 60cmHg$ 的负压，然后关闭装置连通真空泵的旋塞阀门，使系统维持在某一压力下。然后开启冷凝水，缓缓加热样品瓶内的液体，直到其沸腾，待系统稳定后，记录 U 形压差计的压差，以及溶液的沸点温度。然后，利用通大气的旋塞阀门向装置内放入少量空气，使系统压力按照约 20Torr(1Torr ＝ 133.322Pa，下同) 的幅度逐步提高，测定不同压力下的沸点温度，直至系统压力回复至环境大气压。据此，可得到不同沸点温度下的饱和蒸气压。由于系统的绝对压力与环境大气压力有关，所以必须准确读取大气压力值。

(2) 静态法

静态法依据的原理是，在恒温密闭的真空容器中，当蒸气分子在液面的凝结速率与液体分子从表面上逃逸的速率相等时，液体与蒸气会建立动态平衡，此时液面上蒸气压力就是液体在此温度下的饱和蒸气压。

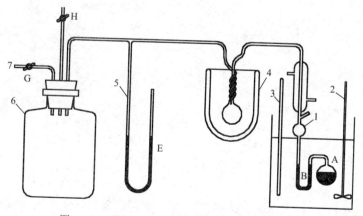

图 2-13　静压法测定液体饱和蒸气压测定装置

1—等位计；2—搅拌器；3—温度计；4—冷阱；5—U 形水银压力计；6—稳压瓶；7—接真空泵

静态法测蒸气压的方法是调节外压以平衡液体蒸气压。其实验装置如图 2-13 所示。首先在等位计的 A 球和 U 形管 B 的双臂中装以被测液体，开动真空泵抽气，以排除 A 球中液体内溶解的空气和 A、B 液面上的空气，使 A、B 间的空间完全由被测液体的蒸气充满。然后，缓缓打开活塞 H，使 U 形管 B 两臂的液面等高，并由 U 形压差计 E 上读出压力差 Δh，根据公式 $p = p_0 - \Delta h$，便可求得实验温度下该液体的蒸气压。

式中，p_0 为大气压力。

2.2.2.3　汽液平衡数据测定

汽液平衡数据是蒸发器、闪蒸器、精馏塔等汽液传质设备设计的重要基础数据。由于化工生产涉及的混合物体系的复杂性，系统的汽液平衡数据，很难由理论计算得到，必须由通过实验测定。因此，测定汽液平衡数据成为热力学研究的重要内容。

汽液平衡数据可以在恒温或恒压下测定，其中，恒压数据应用广泛，测定方法也较简便。恒压测定方法有多种，最常用的是循环法。循环法的原理如图 2-14 所示。在沸腾器 P 中盛有一定组成的混合溶液，在恒压下加热。液体沸腾后，逸出的蒸气经冷凝器完全冷凝后流入收集器 R。在收集器中的液体达到一定数量后开始溢流，并经回流管流回至沸腾器 P 中。由于汽相中的组成与液相中的组成不同，所以随着沸腾过程的进行，P、R 两容器中的组成在不断地改变，直至达到平衡。平衡时，汽、液两相组成不再随时间变化，此时，分别从 P、R 两容器中取样进行分析，即得出平衡时汽、液两相的组成。据此，可建立汽液平衡组成与温度、压力间的关系。常用的循环法实验装置有沸点仪和埃立斯（Ellis）平衡蒸馏器，分别介绍如下。

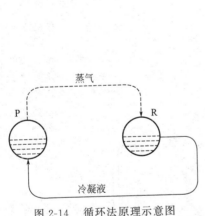

图 2-14　循环法原理示意图

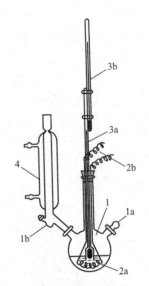

图 2-15　沸点仪

1—烧瓶；1a—残存液取样塞；1b—馏出液取样泡；
2a—加热电阻丝；2b—电阻丝接线；3a—精密温度计；
3b—校正温度计；4—冷凝管

（1）沸点仪

沸点仪如图 2-15 所示。用沸点仪测定汽液平衡数据的方法是，首先将待测混合物加入三口烧瓶中，在恒定压力下，缓慢加热溶液直至液体沸腾。上升的蒸气经冷凝管冷凝成液体滴入馏出液取样泡中，取样泡满溢后回流到烧瓶中，如此循环一定时间后，温度趋于稳定，读取精密温度计的显示值，并分别从馏出液取样泡及烧瓶内取样，分析其组成，据此得到汽液相的平衡数据。实验过程中要注意控制加热量，避免过热、暴沸，以防止蒸气夹带液体至取样泡中，造成数据波动。

（2）埃立斯（Ellis）平衡蒸馏器

埃立斯（Ellis）平衡蒸馏器如图 2-16 所示。该装置是测定汽液平衡数据常用的设备，操作简便，数据准确，但仅适用于液相和汽相冷凝液都是均相的系统。实验方法是，首先将待测混合液缓缓加入蒸馏器的沸腾室内，控制液面略低于蛇管喷口，蛇管大部分浸没于溶液之中。开启冷却管的冷凝水，调节加热电压对溶液加热，同时调节保温夹套加热的电功率，使汽相温度略高于液相温度 $0.5 \sim 1.5\,℃$，以防止蒸气过早冷凝。

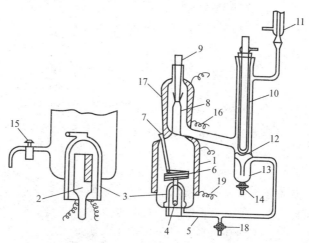

图 2-16　埃立斯平衡蒸馏器

1—聚四氟乙烯保护层；2—加热元件；3—沸腾室；4—小孔；5—毛细管；6—平衡蛇管；7—平衡温度计套管；
8—蒸馏器内管；9—气相温度计套管；10，11—冷凝器；12—滴速计数口；13—冷凝液接受器；
14，15—取样口；16—上保温电热丝；17—石棉保温层；18—放料口；19—下保温电热丝

当溶液开始沸腾时，汽、液两相混合物经蛇管口喷于平衡温度计套管，同时有汽相冷凝液出现。控制加热汽化速率，使冷凝液产生的速率为每分钟 $60 \sim 100$ 滴。当平衡温度计的温度恒定 20min 后，可认为汽、液两相已达到平衡，记录温度计读数，并从冷凝液接受器中取样分析，得到汽相组成，从蒸馏器取样分析，得到液相组成。

2.2.2.4　气液吸收相平衡数据测定

气液平衡数据是各类吸收塔、气提塔、闪蒸器、鼓泡反应器等气液传质或反应设备设计的重要基础数据。测定吸收过程的气液平衡数据的主要目的是建立气液两相达到平衡时，组分的气相分压与液相溶解度之间的关系。利用这个关系可以达到两个目的，其一，掌握被吸收气体在不同温度、不同压力条件下的平衡分压，预期气体分离可能达到的极限净化度，气液反应的适宜操作条件；其二，掌握在不同温度、不同压力条件下被吸收气体在吸收液中的溶解度，预期溶液对气体的极限吸收能力和溶液再生度。

由热力学理论可知，当气液两相达到平衡时，气相和液相中 i 组分的逸度相等。
即

$$\hat{f}_i^{\mathrm{V}} = \hat{f}_i^{\mathrm{L}} \tag{2-21}$$

气相中 i 组分逸度为：

$$\hat{f}_i^{\mathrm{V}} = p y_i \hat{\varphi}_i^{\mathrm{V}} \tag{2-22}$$

式中　　$\hat{f}_i^{\mathrm{V}}$，$\hat{f}_i^{\mathrm{L}}$——气相和液相中 i 组分的逸度，MPa；

y_i，$\hat{\varphi}_i^{\mathrm{V}}$——气相中 i 组分的摩尔分数和逸度系数，无量纲；

p—— 系统压力，MPa。

液相中 i 组分逸度为：

$$\hat{f}_i^L = E_i \gamma_i^* x_i \qquad (2\text{-}23)$$

式中 γ_i^* —— 液相活度系数；

E_i —— 亨利系数；

x_i —— 液相组分 i 的摩尔分数，%。

由式(2-21)～式(2-23)，可得气液平衡基本关系式：

$$y_i = \frac{E_i \gamma_i^*}{\hat{\varphi}_i^V p} x_i \qquad (2\text{-}24)$$

式(2-24)中，$\hat{\varphi}_i^V$ 与气体的性质和压力有关，当气相为理想气体时，$\hat{\varphi}_i^V = 1$；当气相为理想溶液时，$\hat{\varphi}_i^V = \varphi_i$。活度系数与溶液的性质有关，当溶液为理想溶液时，$\gamma_i^V = 1$。如果吸收过程涉及化学反应，则相平衡关系式(2-24)还必须与化学反应平衡关系式联立求解，才能建立化学吸收的相平衡关系。

测定气液平衡数据的方法主要有静态法、流动法和循环法。

静态法是在密闭容器中，使气液两相在一定温度下充分接触，经一定时间后达到平衡，用减压抽取法迅速取出气、液两相试样，确定两相平衡组成。

流动法是将已知量的惰性气体，以适当的速率通过一定温度已知浓度的试样溶液，使其充分接触而达成平衡。通过检测气相中被惰性气体带出的挥发组分，求得平衡分压与液相组成的关系。此法易于建立平衡，可在较短时间里完成实验，气相取样量较多，且取样时系统温度、压力能保持稳定，准确程度高，但流程较复杂，设备装置也多。

循环法是在平衡装置外有一个可使气体或液体循环的装置，因而有气体循环、液体循环以及气液双循环的装置。循环法搅拌情况比较好，容易达到平衡，但循环泵的制作要求很高，要保证不泄漏。下面分别介绍三种方法使用的典型设备。

(1) 摆动高压平衡釜(RAEC)

摆动高压平衡釜(rocking autoclave equilibrium cell)是采用静态法测定气液平衡数据的实验设备。已成功用于测定 CO_2 在热碳酸钾溶液中的气液平衡数据，在 K_2CO_3 质量浓度为 20%～40%，温度为 70～140℃，压力为 0.1～1.0MPa 时，获得了理想的数据。

RAEC 法测定相平衡数据的实验设备及流程如图 2-17 所示。

摆动高压平衡釜是一个内径为 7.5cm、长度为 90cm、带有加热夹套的卧管式设备，夹套外缠绕电热丝。平衡釜和夹套均与真空系统相连，用于改变压力、排除空气或气相取样。釜内的温度通过夹套外的电热丝加热夹套内的水，使水在不同压力下沸腾来达到理想的温度，过量的热则通过夹套上的冷却器移走。釜内温度可以控制在 ±0.1℃，压力可通过压力表读取。

实验步骤：① 首先按照一定比例分别称取 K_2CO_3 和 $KHCO_3$ 固体药品，从平衡釜的法兰处装入釜内，封紧法兰；② 用真空泵抽掉釜内的空气后，按照设定的浓度，将配制溶液所需的水抽入设备；③ 开启电热丝加热，同时调节夹套内压力，使水的沸点达到设定的平衡温度；④ 以近似 30° 的幅度，24 次循环每分钟的速率摆动平衡釜，使釜内温度和浓度均匀，维持足够的时间，直至达到平衡。

达到平衡后，开始取样操作。为了获得准确的气液平衡数据，该装置不直接取样分析液相组成，而是根据气相样品分析的结果和原料组成，通过物料衡算，求取平衡时的液相组

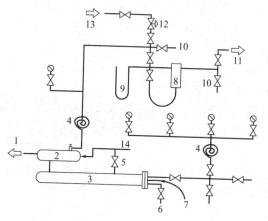

图 2-17　摆动高压平衡釜实验装置流程图

1—温度计；2—冷凝器；3—高压平衡釜；4—弹簧缓冲；5—气相取样；6—液相取样；7—热电偶；
8—压力控制器；9—U形压差计；10—放空阀；11—真空泵；12—压力调节阀；13—惰性气体；14—冷却水

成。气相取样前，首先将连接在平衡釜上的取样器抽至约 1mmHg 的真空度，以防止样品中水蒸气冷凝。然后，关闭真空线路，打开取样阀，当取样器内的压力升至 20mmHg 时，停止取样。如此操作，清洗三次取样器后，用气相色谱或质谱分析样品。质谱分析可同时获得组分和水分的组成，分析误差为 0.1% ~ 0.2%。

（2）气相循环平衡釜（VRCEC）

气相循环平衡釜（vapor recirculation closed equilibrium cell）是采用循环法测定气液平衡数据的实验设备。已成功用于有机胺水溶液吸收酸性气体的相平衡研究，在酸性气体分压为 0.689 ~ 689kPa、温度为 40 ~ 130℃ 的条件下，获得理想的气液平衡数据。

VRCEC 法测定相平衡数据的实验设备及流程如图 2-18 所示。

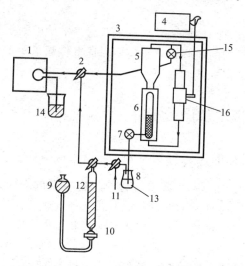

图 2-18　气相循环平衡釜装置示意图

1—色谱仪；2—三通阀；3—恒温室；4—马达；5—气相室；6—平衡室；7—采样阀；8—分解瓶；
9—水准瓶；10—量气管；11—放空阀；12—硅油；13—样品；14—气流指示；15—气体采样；16—循环泵

平衡室是一个容积为 200mL 带有视镜的压力管（类似于高压流量计），平衡室的上方有一个容积为 250mL 的气相空间，用以增加气相的储量，减小气相取样分析对系统的干扰。

操作时，一定量的液体和气体被加入到由平衡室和气相室构成的空间内，液体静置，气体则通过一台磁力循环泵不断由气相室顶部抽出，由平衡室底部返回，在系统中循环。

达到平衡后，气相组成由连接在系统中的气相色谱直接检测。液相组成的分析方法是将一定量的液体样品放入盛有一定量 5mol/L 硫酸的分解瓶内，反应分解出的酸性气体直接进入量气管，测定其体积后，送入气相色谱分析组成。

在这种实验装置中，由于循环气体不断地鼓泡通过液体，使两相充分接触，易于建立气液平衡，温度、压力稳定，数据准确度高，常用于化学吸收系统气液平衡数据的测定。

（3）气体流动平衡池（GFEC）

气体流动平衡池（gas flow equilibrium cell）是采用流动法测定气液平衡数据的实验设备。实验设备及流程如图 2-19 所示，是由串联的鼓泡器构成，鼓泡器置于恒温槽内。

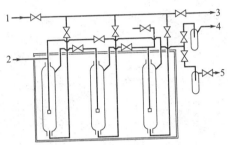

图 2-19　气体流动平衡池流程示意图
1— 液体进料；2— 水饱和 N_2 气；3— 液体出料；4— 压力指示；5— 气体出口

实验时，首先在鼓泡器内放置吸收了待测气体的溶液，然后，让来自钢瓶并用水蒸气饱和的 N_2 气以恒定速率依次鼓泡通过各个鼓泡器，使器内溶液中的待测气体解吸到 N_2 气流中，离开串联鼓泡器的气体与液相达到平衡，用气相色谱分析气体组成，并据此通过物料衡算确定液相组成。

气体流动平衡池的优点是结构简单，缺点是要获得准确的数据比较困难。这一方面是因为在高浓度下，气体达到平衡的时间比较长，要保证气体流量稳定比较困难；另一方面，过程中溶剂的损耗也会影响数据的准确性。

2.3　化学反应实验技术及设备

2.3.1　化学反应工程的实验方法

在化学反应过程的开发中，不仅要掌握化学反应本身的规律，即反应结果与温度、浓度、压力等物理量的关系，而且要了解设备的型式、结构、几何尺寸、操作方式等工程因素对反应结果的影响。由于反应过程受到诸多化学因素和工程因素的影响，这些因素交织在一起，难以通过理论计算定量描述，必须依靠实验。因此，化学反应工程实验技术便成为化工过程的开发，特别是新的化学反应过程的开发中不可缺少的重要手段。

由于化工过程的开发和设计在很大程度上依赖于实验研究，因此实验结果的准确性和可靠性非常重要。为了获得有价值的数据，人们一直在探索和总结实验研究的方法和规律，形成了在化学工程理论指导下，以正确的实验方法论为导向的科学研究方法，正交实验设计、续贯实验设计等实验设计方法得到广泛应用，特别是近几十年来，随着计算机技术的发展，数学模型化方法得到大力推进，使实验研究工作从耗时、费力、盲目的经验摸索法中逐步解脱出来。下面介绍两种典型的实验方法。

（1）经验法

经验法是一种"黑箱"研究法，仅考察反应器输入与输出变量之间，以及变量与反应目标之间的关系，不探究反应的内部规律，其研究结果常用经验关系表达。采用经验法开展研究，通常是先将影响反应结果产生的各种因素罗列出来，然后逐个进行实验考察，最后将所有实验结果进行归纳总结后，得出各个参数之间的关联式。由于经验法是采取穷举式的实验研究方法，不仅要消耗大量的人力和物力，而且由此得到的关联式并不能真实的表达反应过程的机理，仅仅是参数之间的外部联系。所以，即使在实验条件范围内，实验数据得到很好的拟合，但用于工业装置中，仍会明显偏离实验结果，产生所谓"放大效应"。

经验法的特点是实验之前无需对反应过程机理(化学的、物理的)、各参数之间的关系有清晰的认识。因此，面对一个全新的、复杂的和特殊的反应过程或反应现象时，经验法仍不失为一种较为简便的方法。人们通常采用此法开展认识实验、析因实验或鉴别实验，以初步了解和探索反应的规律。

（2）数学模型方法

数学模型就是用数学语言来表示目标与各个变量之间的关系。采用数学模型方法进行实验研究，要求首先对过程进行深入的分析和理解，分清影响因子的主次，撇开次要矛盾，抓住主要矛盾，并据此对过程进行合理的简化，建立简单而不失真的数学模型，然后通过实验确定模型参数，检验模型的正确性和可靠性。

数学模型方法成败的关键是过程的分解和简化。不加简化而建立的模型，可能会因方程参数或边界条件不确定而无解，也可能会因模型参数过多而无法开展实验；而随意简化的模型会因为失真，而不能反映过程的本质，也不能与实验数据很好地拟合。因此，对过程的简化必须科学合理，通常的简化依据是对象的特殊性、目标的特殊性和设备的特殊性，利用这些特殊性可以使模型合理简化，并大大减少不必要的实验工作。

随着人们对各类反应过程本质的深入了解，数学模型法在化工过程开发中一定会大有用武之地。但是正如前面所述，由于反应过程的复杂性，研究者往往因为对反应过程的机理认识不够，而难以作出合理的简化；或者所需要解决的问题本身极其复杂不能作出合理的简化，因此，目前还不能完全依赖数学模型法开展研究。

2.3.2　催化剂制备与表征技术

2.3.2.1　催化剂制备方法

化工生产中涉及大量的催化反应，催化剂的性能优劣是反应成败的关键。催化剂的种类和性能不仅决定着反应路线，也直接影响反应速率、选择性和收率，是强化生产、降低成本的重要手段。用于大规模生产的工业催化剂应具备三个基本特性，即优良的反应活性和选择性；优良的稳定性、耐热性和抗毒性；足够的机械强度和寿命。

催化剂的活性不仅与活性组分的种类与含量有关，而且与催化剂的结构和制备方法密切相关。相同的催化剂活性组成和含量，制备方法不同，其性能和效率差异很大。由于催化剂的研发成果和制备技术很少公开发表，阻碍了催化剂制备技术的交流，至今未形成普遍成熟的理论。但是，在催化剂的生产实践中已形成了一些通用的制备催化剂的单元操作。下面介绍几种常用的催化剂制备方法。

（1）沉淀与胶凝制备法

沉淀与胶凝是固体催化剂常用的制备方法。

沉淀法是利用金属盐与沉淀剂的复分解反应，生成难溶碳酸盐或氢氧化物的固体沉淀。

沉淀经洗涤、过滤、干燥、煅烧活化而制得催化剂载体或催化剂成品。常用的沉淀剂有 $NH_3 \cdot H_2O$、NaOH、KOH、$(NH_4)_2CO_3$、Na_2CO_3、CO_2、CH_3COOH、$H_2C_2O_4$ 等。一般要求沉淀剂不含杂质、对金属盐具有较大的溶解度、对沉淀物不溶或溶解度很小。

胶凝法是沉淀法的一种特殊情况。胶凝法得到的催化剂或催化剂载体是一种体积庞大、疏松、含水很多的非晶形凝胶沉淀物，该沉淀物实际上是胶体粒子相互凝结、固化而形成的立体网状物质，所以经脱水后即可得到大表面的多孔固体。改变制备条件，可以制得孔结构、比表面等物理参数在很大范围内变化的不同产品。催化剂最常用的几种载体，如活性氧化铝、硅胶等，都是以凝胶的方式制备的。

由于催化剂的结构与催化剂的活性密切相关，而催化剂结构与结晶沉淀形成的过程和条件有关，因此在沉淀与胶凝法中，除了温度、过饱和度等主要因素外，制备过程还受如下因素影响。

① 溶液 pH 值　　pH 值是影响金属氢氧化物或碳酸盐沉淀的重要的因素之一。通常提高 pH 值，能使沉淀更加完全，但也有少数两性化合物，当 pH 值过高时会重新溶解。有些金属盐在不同 pH 条件下，会生成不同结构的氢氧化物或碳酸盐。在多组分共沉淀时，pH 值的选择尤为重要。

② 加料方式和加料速率　　加料方式（金属盐溶液加入沉淀剂或沉淀剂加入金属盐溶液）和加料速率都会影响和改变反应溶液的局部浓度分布，因而对沉淀结果产生影响。因此，加料方式和速率都必须通过实验优选和确定。

③ 沉淀的熟化时间　　沉淀过程涉及晶核形成、晶粒生长、晶形转变等一系列过程。在沉淀生成后，沉淀物还会随时间而发生形态和粒度的变化，小晶粒不断地溶解，溶解的溶质又在大颗粒上再结晶，逐步形成比较均匀的大颗粒，晶形也逐渐排列整齐。这一过程被称为晶体"熟化"或"老化"。熟化时间的长短不同，晶体的粒度和形态也不一样。

④ 原料中所含杂质　　原料中的杂质不仅对晶体的成核、生长有着直接影响，而且会通过表面吸附，改变晶体的表面能，使各晶面的法向生长速率出现差异，从而改变晶体的品貌。此外，杂质的嵌入还会改变晶格的排列，使晶格出现缺陷或错位，而这种缺陷或错位，往往对催化剂活性的有着显著的影响。因此，在工业催化剂的制备中，常通过添加少量助催化剂，造成晶格缺陷或错位，以提高催化剂的活性。

(2) 浸渍制备法

工业生产中使用的催化剂绝大部分是多组分的，而浸渍法是制备多组分催化剂最常用的方法。该法首先通过浸渍，将含有活性组分的溶液分散到载体上，然后，将浸渍后的载体进行干燥、煅烧、活化，得到催化剂产品。

① 载体和浸渍液的选择　　常用的载体有硅胶、氧化铝、分子筛、活性炭、硅藻土、碳纤维、碳酸钙等。载体的选择，通常应满足三个基本要求。其一，化学惰性，安全稳定。不与浸渍液发生化学反应，不会引起催化剂中毒，不造成环境污染。其二，结构理想，原料易得。具有合适的形状与大小，足够的比表面积，理想的孔结构和亲水性，以便于附载活性组分。其三，机械强度高，耐温性能好。能承受反应过程中温度、压力、相态的变化，不易破裂或粉碎，能在较宽温度范围内适用，以免操作温度波动时，烧坏催化剂。

常用的浸渍液是含所需活性物质的金属易溶盐的水溶液，如活性金属的硝酸盐、铵盐和有机酸盐等。盐类的选择一般应满足两个条件。其一，在煅烧过程中，盐类易分解成氧化物，并经氢气还原成金属。其二，非活性物质或对催化剂有害物质，在煅烧或还原时易挥发。

② 浸渍法的操作方式　　浸渍法有三种操作方式可供选择。

第一，浸没法。在槽式容器中将载体浸泡在过量的浸渍液里，经过一段时间后，取出载体，滤去浸渍液，经干燥和煅烧，即可获得催化剂产品。

第二，喷洒法。将载体放置在转鼓中，然后将浸渍液不断喷洒在连续翻动着的载体上。用此方法所加入的浸渍液全部附载在载体上，没有过剩的浸渍液，关键是确定合适的浸渍液量和保证载体翻动均匀。

第三，流化床浸渍法。该法与喷洒法类似，在床层内使载体流化，同时将浸渍液喷洒在载体上。但流化床可以依次完成浸渍、干燥和煅烧全过程，直接得到催化剂产品。

（3）离子交换制备法

利用离子交换技术制备固体负载型催化剂是一个重要的方法，许多分子筛催化剂就是用离子交换法制备的。离子交换法是利用载体表面上存在的可交换离子，将活性组分（通常是阳离子）通过离子交换负载在载体上，然后通过洗涤、干燥、煅烧、还原等后处理，得到成品催化剂。

沸石分子筛是离子交换法的主要载体，它具有由单元硅氧四面体（SiO_4）和铝氧四面体 AlO_4^- 构成的立方体网状结构。其中含有用来中和 AlO_4^- 负电荷的阳离子（通常是 Na^+），这种钠离子很容易被其他金属离子和质子所交换，而改变其吸附和催化性质。当沸石分子筛与某些金属盐的水溶液接触时，溶液中的金属阳离子可与分子筛上的阳离子（Na^+）进行交换反应，一般可表示成：

$$Na^+\ Z^- + B^+ \longrightarrow B^+\ Z^- + Na^+$$

Z^- 表示沸石阴离子骨架；B^+ 表示交换至沸石上去的金属阳离子。

离子交换的制备方法是，在一定的温度条件下，将盐类配成合适浓度的水溶液，和沸石按一定比例加入釜式或柱式容器中，边搅拌边加热，直至达到要求的交换度。然后将交换好的分子筛进行煅烧，以除去溶液中的阴离子。

（4）熔融 - 骨架制备法

该法首先在高温下将金属或金属氧化物的各个组分熔化，形成均匀的混合物或固体溶液，待熔融物冷却后，将其破碎成小颗粒，然后用碱溶液溶解掉某个组分，得到金属骨架结构。这类催化剂被称为骨架催化剂。一般可用作制备骨架催化剂的活性组分有 Ni、Co、Cu、Fe、Mo、W、Ag、Ru。非活性组分金属有 Al、Si、Sn、Mg 等。

2.3.2.2　催化剂成型方法

工业催化剂有不同的形状和尺寸。形状和尺寸的选择，通常依据反应器的类型和尺寸。比如，对固定床反应器，为保证流体均布，最好选用圆柱形或球形颗粒催化剂，颗粒尺寸为 $3\sim10mm$。而对流化床反应器，为减少磨损，最好选用微球形催化剂，且粒径呈合适的分布。现将常用的催化剂成型方法简介如下。

（1）压缩成型

压缩成型所得催化剂产品具有形状、大小均匀，表面光滑等特点，是催化剂或载体成型常用的方法。压缩成型一般在压片机中进行，在实验室中也可用压模手工操作。在压缩成型时，压力越高，成型后的催化剂强度越高。但成型压力的选择，必须低于引起模具变形的极限，同时考虑压力对催化剂的微孔结构的影响。实际操作时，为使催化剂成型产品具有足够的强度并顺利脱模，在压缩时通常添加适当的黏结剂和润滑剂。常用的黏合剂有水泥、黏土、淀粉、树脂、水玻璃、树胶等。常用的润滑剂有水、甘油、石墨、滑石粉等。

（2）挤出成型

如图 2-20 所示，挤出机主要由料斗、螺杆输料器和挤出模组成。催化剂粉料在螺杆输料器中被压缩。用不同孔径的挤出模可以得到不同直径的长条，改变刮刀的转速可以得到不同长度的圆柱体颗粒。挤出成型要求原料有良好的黏结性和流动性。此法的优点是操作容易、费用低、生产能力大。

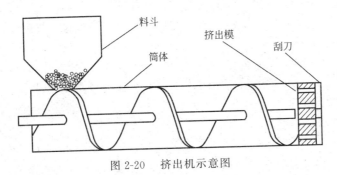

图 2-20　挤出机示意图

（3）转动造粒法

转动造粒在盘式或鼓式造粒机中进行。转盘或转鼓在转动中，带动粉体一起运动，同时通过喷嘴喷洒雾状的水或黏结剂。粉体在运动中碰撞摩擦，集聚成小颗粒。这些小颗粒在水雾或黏结剂的作用下，被粉体不断包覆盖，渐渐变大，达到要求的粒径后，被输送出去。在造粒过程中，水雾的喷淋量和均匀度是操作的关键。

2.3.2.3　催化剂的物理性能测试

（1）催化剂粒径及粒径分布

催化剂颗粒的几何尺寸通常用粒径来表示，如果粒子是不规则的形状，则以某种等效球体的直径来表示，常用颗粒粒径定义列于表 2-1。

不规则形状的催化剂颗粒通常都不是单一粒径，而是在某个粒径范围内分布的。测量这种催化剂的单个颗粒直径，没有实际意义，必须测量出催化剂的全部粒径及其各个粒径的分布，最常用的方法就是筛分法。筛分法通常测量范围为 $50\mu m \sim 5mm$。筛分法的主要设备为一套筛孔由小到大的筛子。筛孔尺寸系列各国有所不同，我国大多用泰勒标准，标准尺寸列于表 2-2。

筛分测定方法：将适量样品放入筛孔由小到大按序叠放的组筛的最上层粗筛中，加盖后放在振动机上，或手工振动至充分的时间。然后将各个筛子中存留的样品分别称重，并算出各筛中的百分含量。

表 2-1　常见颗粒粒径定义

符号	名称	定义	公式
d_V	体积直径	与被测颗粒同体积的等效球直径	$V = \dfrac{\pi}{6}d_V^3$
d_S	表面直径	与被测颗粒有相同外表面积的球直径	$S = \pi d_S^2$
d_d	阻尼直径	在同黏度、密度、流速的流体介质中，与被测颗粒受到相同运动阻力的球直径	$F_D = 3\pi d_d \eta v$
d_{stk}	斯托克斯直径	颗粒在层流区($Re < 0.2$)自由降落直径	$d_{stk}^2 = \dfrac{d_V^3}{d_d}$
d_P	投影面积直径	与随机取向的颗粒的投影面积具有相同面积圆的直径	$A = \dfrac{\pi}{4}d_P^2$

表 2-2　标准筛目

泰勒标准筛			泰勒标准筛		
目数 /in	孔目大小 /mm	网线径 /mm	目数 /in	孔目大小 /mm	网线径 /mm
2.5	7.925	3.962	32	0.495	0.310
3	6.680	1.778	35	0.417	0.300
3.5	5.613	1.651	42	0.351	0.254
4	4.699	1.651	48	0.295	0.234
5	3.962	1.118	60	0.246	0.183
6	2.327	0.914	65	0.208	0.178
7	2.794	0.853	80	0.175	0.142
8	2.362	0.813	100	0.147	0.107
9	1.981	0.738	115	0.124	0.097
10	1.651	0.689	150	0.104	0.066
12	1.397	0.711	170	0.088	0.061
14	1.168	0.635	200	0.074	0.053
16	1.991	0.597	250	0.061	0.041
20	0.833	0.437	270	0.053	0.041
24	0.701	0.358	325	0.043	0.036
28	0.589	0.318	400	0.038	0.025

注：1in = 0.0254m，下同。

（2）催化剂密度

催化剂的密度为单位体积催化剂的质量，即：

$$\rho = \frac{m}{V} \tag{2-25}$$

由于绝大部分催化剂或载体都是多孔物质，因此，催化剂颗粒的体积 V_P 包含了颗粒固体骨架的体积 V_{SK} 和颗粒内部的孔隙体积 V_{PO}，而堆积在一起的催化剂还包括堆积颗粒间的空隙体积 V_{SP}，所以催化剂的堆积体积 V_B 为：

$$V_B = V_P + V_{SP} = V_{SK} + V_{PO} + V_{SP} \tag{2-26}$$

测定不同的密度值，实际上就是测定各种体积。以各种不同的体积代入密度定义式可得到不同的密度。实际工作中，通用的密度是堆密度、颗粒密度和真密度。

① 堆密度　堆密度为催化剂的质量与催化剂的堆积体积之比，即：

$$\rho_B = \frac{m}{V_B} \tag{2-27}$$

堆密度随催化剂堆积的疏密程度而异。在测量时采取的装填方式不同得到的堆密度不一样。堆密度的测定方法：取若干已称重的催化剂，缓慢倒入一量筒内，读取其体积数 V_B，即可求出堆密度。

② 颗粒密度　颗粒密度为催化剂颗粒的质量与颗粒体积 V_P 之比，即：

$$\rho_P = \frac{m}{V_P} \tag{2-28}$$

测定催化剂颗粒体积常采用汞置换法。如图 2-21 所示，在常压或负压下，用汞充满堆积的催化剂颗粒间的空隙，包裹住催化剂颗粒，然后根据汞体积求得空隙体积，算出催化剂的体积。

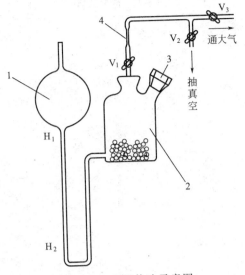

图 2-21　汞置换法示意图

1— 贮汞球；2— 测样瓶；3— 进样口；4— 毛细管

③ 真密度　　真密度就是催化剂的质量与催化剂骨架的体积 V_{SK} 之比。真密度也称为骨架密度。

$$\rho_{SK} = \frac{m}{V_{SK}} \text{ 或 } \rho_{SK} = \frac{m}{V_P - V_{PO}} \qquad (2\text{-}29)$$

催化剂颗粒骨架的体积通常是通过测定催化剂颗粒的孔隙体积而得到的，常用方法有氦-汞置换法、苯置换法等。氦的分子直径＜0.2nm，并且几乎不被样品吸附，是最为理想的置换气体。氦-汞置换装置如图 2-22 所示，该装置可同时测得催化剂的颗粒体积 V_P 和催化剂骨架体积 V_{SK}。

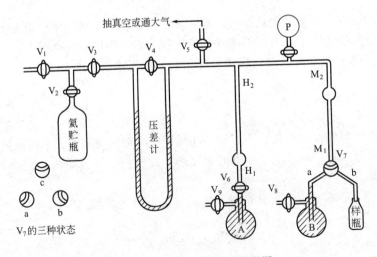

图 2-22　氦-汞置换实验流程图

（3）催化剂强度

催化剂的强度直接影响反应器的操作性能。破碎的催化剂会堵塞催化床的空隙，造成床层阻力增大，压降增加，严重时会破坏操作。因此，测定催化剂的抗压强度，也是工业催化剂开发的重要内容。抗压强度分为单颗粒和堆积颗粒的抗压强度。堆积抗压强度的测定装置如图 2-23 所示。

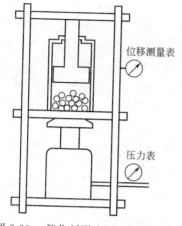

图 2-23　催化剂强度测试装置示意图

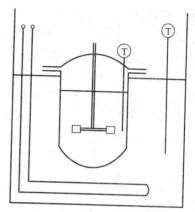

图 2-24　釜式反应器装置简图

在一个内径为 7.62cm 圆筒内，设有一个加压活塞，活塞下的圆筒部分装填催化剂样品，装样量以高径比（H/D）接近于 1 为宜。加至一定压力后，卸出样品，经筛分测定破碎成细粉的百分含量，即得堆积压碎强度。

2.3.3　实验用小型反应器

2.3.3.1　气固相反应器

实验室中常用的小型反应器按其结构大致可分为管式、塔式、釜式、固定床、流化床等类型。反应器型式的选择主要是依据反应过程的特性、研究的目的、控制的难易，以及操作的安全性与可靠性。

（1）釜式反应器

搅拌釜式反应器如图 2-24 所示，该反应器结构简单，容易调控，器内温度、浓度均匀，是研究均相反应动力学的理想装置。适用于液相反应、气-液相反应、气-液-固三相反应，可以研究温度、压力、浓度、混合状态等操作条件对反应结果的影响。

（2）微分反应器

微分反应器如图 2-25 所示，在一个薄壁长管中，装有一段薄层催化剂，催化剂层的两端装填与催化剂形状、粒径相近的惰性填料。实验中整个催化剂床层保持恒温。由于微分反应器内催化剂装填量很小，如果反应器外采用良好保温措施，温度容易控制。

在微分反应器中，由于催化剂装填量很少，经过反应区后，目标反应物的转化率 Δx_A 很小，浓度 c_A 变化不大，可以取进出口浓度的平均值 $\bar{c}_A$ 来代替反应器内目标反应物的浓度，因此反应速率可表示为：

$$r_A = F_A y_A \frac{\Delta x_A}{W} \tag{2-30}$$

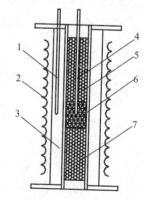

图 2-25　微分反应器

1—保温层温度计；2—电热丝；
3—保温层；4—催化剂层温度计；
5，7—惰性填料；6—催化剂

式中 F_A——气体总摩尔流率；

y_A——目标组分摩尔分数；

Δx_A——目标组分的转化率；

W——催化剂填充量。

如果在一系列不同的浓度和温度条件下，测出目标反应物的反应速率，便可关联得到反应速率方程式 $r=f(c_A,\ T)$。因为反应速率式（2-30）成立的前提条件是 Δx_A 很小，反应器的进出口浓度差也很小，这就要求对反应物及产物的浓度分析具有足够高的精度，否则分析误差将掩盖反应形成的浓度差，而无法得到准确的反应动力学方程。因此，选择微分反应器进行动力学研究的前提条件是具备精确分析反应物或产物浓度的手段。

（3）积分反应器

积分反应器与微分反应器结构相似。差别在于积分反应器的催化剂装填量要大大多于微分反应器，因此在积分反应器中，目标反应物可以获得足够大的转化率，以减小分析误差的影响。为使反应物料在管内有良好的流动，防止出现沟流、短路，催化剂粒径与反应管直径之比 $\dfrac{d_P}{d_t}$ 应小于 $\dfrac{1}{10}\sim\dfrac{1}{8}$，催化剂床层高度与粒径之比 $\dfrac{L}{d_P}$ 应大于 $80\sim100$。

由于积分反应器内催化剂床层比较长，反应物浓度随催化剂床层位置不同而变化，实验只能测得进出反应器的总反应结果，即动力学方程的积分结果，而难以得到不同浓度下的瞬间反应速率，如果反应热效应明显，则较难控制整个催化剂床层的温度均一。积分反应器常用于系统地考察各种操作条件对反应结果的影响，优选反应条件。

（4）外循环反应器

外循环反应器如图 2-26 所示。该反应器综合了微分反应器和积分反应器的优点，其结构与微分反应器相同。

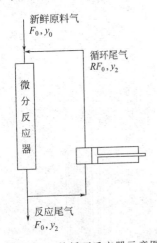

图 2-26　外循环反应器示意图

运行时，原料气与循环气混合后进入反应器，穿过类似微分反应器的催化剂床层进行反应。反应后的出口气体，一部分经气体循环泵返回到反应器入口，与新鲜原料气混合后，再次进入反应器；另一部分则离开反应系统。

可见，如果出口气体循环比足够大，则催化剂床层进出口的气体浓度差将很小，在整个催化剂床层内，反应物浓度可近似认为是不变的，与微分反应器类似，可参照微分反应器的数据处理方法，测定反应动力学。同样，如果循环比足够大，则由于累计效应，进出反应器的原料气和产品气的浓度差会比较大，这样对反应前后气体的组成分析的要求不会像微分反应器中那么苛刻。显然，只要改变循环比，即可改变进入催化剂床层的混合气的浓度，从而可得到不同浓度下的实验数据。在实际操作中，为了保证床层内浓度均匀，通常循环比 R 必须大于 25，在此条件下，实验测得的反应速率的误差可小于 5%。当改变循环比后，整个反应系统需要较长一段时间才能达到新的定态点。由于外循环反应器需要借助循环泵的作用，因此，在高温和高压下反应时，循环泵的材质和性能的选择非常重要。

（5）内循环反应器

内循环反应器如图 2-27 所示。催化剂装填于环形区域内，中心管道作为气体循环通道，在反应器底部（或顶部）安装一涡轮搅拌桨。当搅拌桨旋转时，中心管处于负压，反应物气体从中心管道流入涡轮搅拌桨中心，然后从涡轮搅拌桨外沿输出，自下而上通过催化剂床层，完成气体的循环。只要搅拌桨转速足够高，反应器内物料可达到理想混合状态。如果反应器体积为 V，进入反应器的物料总的摩尔流率为 F，反应组分的摩尔分数为 y_{A1}，流出反应器的反应组分的摩尔分数为 y_{A2}，则反应速率为：

$$r_i V = F(y_{i1} - y_{i2}) \tag{2-31}$$

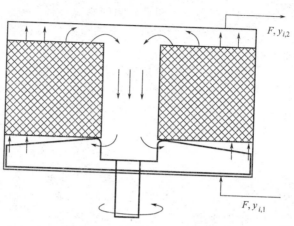

图 2-27　内循环反应器示意图

在内循环反应器中，为了保证物料的充分混合，对搅拌速率要求很高，最低的转速也为 $1400 \sim 2000 \mathrm{r/min}$。在如此高的转速下，对转轴的密封要求很高，即使在常压下操作，采用填料函密封和机械密封，都不甚理想，所以常用磁力搅拌解决密封问题。磁力搅拌的搅拌轴与内磁钢都封闭在反应器内，靠安装在电动机轴装上外磁钢带动。此外，为防止轴和轴承因过热膨胀而卡死，通常将轴适当延长，在轴外装冷却夹套，使轴承远离高温区。

内循环反应器是研究和测定气-固相宏观反应动力学的常用实验设备。宏观反应动力学的测定是基于反应器内物料达到完全，流体主体不存在浓度和温度梯度，因此，实验前，首先要通过冷模实验，测定物料的停留时间分布曲线，以检验反应器内的混合是否达到全混状态，并据此确定搅拌转速。如果要测定本征动力学，还必须消除催化剂表面及内部与流体主体的浓度和温度梯度，此时，仅靠增加搅拌转速是不能奏效的，可以通过改变催化剂的结构、减小催化剂粒径的方法，消除催化剂内、外扩散的影响，获取本征动力学数据。

2.3.3.2　气液相反应器

(1) 双磁力驱动搅拌反应器

如图 2-28 所示，双磁力驱动搅拌反应器是一种改进型的 Danckwerts 气液搅拌反应器，主要用于气液反应速率和传质系数的测定。其主要特点是：① 气相与液相的搅拌速率可分别调节，因此，可以分别考察气、液相搅拌强度对反应或吸收速率的影响，并据此判断气液传质过程的控制步骤，以及化学反应对吸收速率的影响程度；② 具有稳定的气-液相界面积，可实测单位时间、单位相面积的瞬间吸收量，并据此确定传质速率和传质系数。双磁力驱动搅拌吸收器适合于研究吸收速率、吸收机理，以及传质系数与温度和液相组成的关系，并可据此建立吸收模型。

双驱动搅拌吸收器内设有气相（上）和液相（下）两个搅拌器，由安装在上、下电动机转轴上的磁钢带动，分别对气相、气液界面和液相进行搅拌。操作时，吸收剂由储液剂瓶一次准确加入，加入量控制在使液面正好距液相搅拌桨上层叶片下缘的 1mm 左右，搅拌时叶片仅从液面刮过，既达到更新表面的目的，又不破坏液体表面的平稳。吸收器中部和上部分别

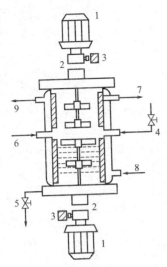

图 2-28　双驱动搅拌
气液搅拌反应器

1— 直流电机；2— 磁钢；

3— 测速仪；4— 溶液加料口；

5— 排液口；6— 气体入口；

7— 气体出口；8— 保温介质入口；

9— 保温介质出口

设有气体的进、出口管，顶部有测压孔，下部与底部有加液管及取样口。

(2) 气液鼓泡搅拌反应器

气液鼓泡反应器是研究气液反应的主要实验设备。对气液非均相反应，反应器内存在着反应物从气相向液相的传递过程和液相中的反应过程，通常根据传递过程和反应过程的相对速率来进行反应器的选型。若过程为传质控制，应选择气液接触面大、持液量小的反应器，如喷雾塔、喷射反应器。若为反应控制，则应选择持液量大的反应器，如鼓泡塔、板式塔。气液反应器选型的定量判据为 Hatta 数（简称 Ha）：

$$Ha = \frac{\sqrt{kC_B D_A}}{k_{L0}}$$

式中，k 为反应速率常数；k_{L0} 为物理吸收传质系数；D_A 为气体 A 在液相的扩散系数；C_B 为液相反应物 B 的浓度。

当 $Ha > 3$，气液反应为瞬间或快速反应，反应在界面或液膜内完成。此时，反应器的生产强度与相界面积成正比，而与持液量关系不大。应选用能创造较大相界面的反应器，如填料塔、喷雾塔、板式塔。

当 $Ha < 0.02$，气液反应为慢反应，反应在液相主体。反应器的生产强度与持液量成正比，应选用持液量较大的反应器，如鼓泡反应器。

当 $0.02 < Ha < 3$，体系为中速反应，反应和传质速率的影响均有，应选用相界面与持液量都比较大的设备，如搅拌鼓泡反应器等。

气液鼓泡反应器主要用于研究中速或慢速气液反应。实验装置如图 2-29 所示。由一个搅拌釜、一个气体鼓泡分布器、一个液体循环泵和一个液体喷洒装置构成。设备结构虽然简单，但两相接触效率比较高。如果气液反应过程受传质影响，利用液体喷洒可以提供大量的接触表面，如果受反应控制，则可调节釜液的体积或搅拌转速来增加两相接触时间。

2.4　冷模实验技术及设备

2.4.1　冷模实验的目的和作用

由反应工程的理论可知，影响化学反应的因素一般可分为两类，一类是化学因素，另一类是工程因素。化学因素包括温度、浓度、催化剂等直接影响反应结果的因素，涉及反应的热力学和动力学问题。由于不同的化学反应依据不同的机理，有不同的反应规律，因此化学因素的影响具有个性化的特征。工程因素包括各种操作方式（间歇、连续、半连续、一次加料、分批或分段加料等）、各种设备结构（固定床、流化床、管式、釜式）、各种混合状态（返

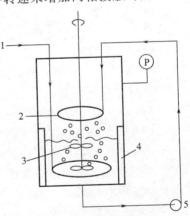

图 2-29　气液鼓泡搅拌反应器

1— 气体入口；2— 液体喷淋；

3— 搅拌；4— 挡板；5— 泵

混、预混合），以及反应器的热稳定性、参数敏感性等间接影响反应结果的因素，涉及各类反应器中的流动、传热和传质问题。由于工程因素的影响只与设备形式和操作方式有关，与反应的特性无关，因此具有共性化的特征。

在化工过程开发中，除了要掌握反应本身的规律，即反应动力学规律外，还需认真研究可能导致"放大效应"的各种工程因素的影响，掌握各类反应器中工程因素对器内浓度分布和温度分布的影响规律、影响程度及其与设备尺寸的关系，以避免"放大效应"。

研究工程因素的影响可以直接从工业装置上采集数据进行分析和关联，但更科学的方法是通过"冷模实验"进行研究。所谓冷模，就是在无反应参与的条件下，在与工业装置结构尺寸相似的试验设备中，研究各种工程因素的影响规律。

2.4.2 冷模实验的设计

（1）实验物料

前已述及，工程因素的影响与具体的反应特性无关。因此，进行冷模实验时，可直接选用空气、水、砂石等价廉、易得的材料来代替气体、液体和固体物料或催化剂进行试验。无需考虑选用真实物料所带来的储存、分离、提纯和后处理问题，使整个实验过程大为简化。

（2）实验设备的结构和尺寸

冷模实验的目的是针对某种类型的设备，在一定的操作范围内，考察各种工程因素的影响规律，并建立相应的数学模型，为设备放大提供指导。为使实验结果更具可靠性和适用性，在冷模实验中，通常要求实验装置的结构和尺寸尽可能接近工业装置，或者选择结构相似、尺寸大小不同的几套实验设备（有时部分结构也可变化）进行系统考察。虽然冷模实验设备的结构通常是"拷贝"设备原型，但这不是唯一的方法，也可以只取设备原型的局部构件，一般是取相同构件中的一部分，作为冷模实验设备。如在板式塔水力实验中，可以沿液流方向截取一长条；在径向床流体均布实验中，在径向床同心圆环截面上截取一个扇形面等。在确保实验结果能够充分反映设备原型的运行特征的条件下，取局部构件作为实验设备的优点是很显著的。它不仅可以简化实验装置，节省实验费用，尤其是可以大大地减少动力消耗。

（3）研究方法

冷模实验的研究方法通常是首先根据传递过程的原理，建立能够表达对象规律的数学模型，然后，通过实验确定模型参数，并检验模型的准确性和可靠性。因此，冷模实验设备尺寸的确定，除了要考虑与"原型"保持相似外，还要考虑能否有效地检验数学模型的可靠性和准确性，以及实验结果的适用范围。

2.4.3 冷模实验应用实例

（1）轴向固定床反应器流体均布技术

轴向固定床反应器结构简单，在化工生产中广泛应用于气固相催化反应。但是在此类反应器中，由于气流从进口管道进入反应器后，流道突然扩大，容易导致气流分布不均、催化剂负荷不匀。因此，在工业装置中，即便表观气速与小试相同，由于上述原因，工业装置的反应效率也会显著下降，在薄床层中更为突出。因此，解决进口气流的均布问题是反应器的重要内容。

传统的均布措施是增加阻力，如图 2-30 所示，通过设置分布板或填料层来均布气体。近年来开发的扩散锥与整流网格组合的均布装置（图 2-31），既能使气流良好均布，又无过大能量消耗。气流进入反应器，经扩散锥迅速扩张。整流网格的作用是使气流产生偏折，消除径向速率，以均匀的轴向速率进入催化剂床层。这些均布技术的开发都是通过冷模实验来研究的。

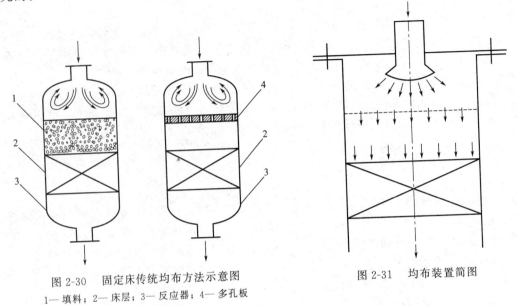

图 2-30　固定床传统均布方法示意图

1— 填料；2— 床层；3— 反应器；4— 多孔板

图 2-31　均布装置简图

（2）径向床流体均布技术

径向床反应器是一种气体沿着半径方向流经催化床层的固定床反应器。该反应器的特点是气体在催化床中的流通面积较大且流动距离短、催化剂床层薄、阻力小，适用于催化剂粒度小、操作压力低的气固相催化反应。

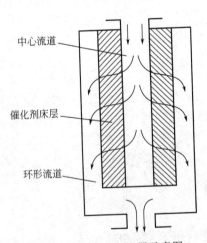

中心流道

催化剂床层

环形流道

图 2-32　径向床反应器示意图

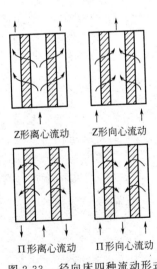

Z形离心流动　　Z形向心流动

Ⅱ形离心流动　　Ⅱ形向心流动

图 2-33　径向床四种流动形式

由于径向流动导致了气体沿轴向的均布问题，这个问题成为影响径向床反应器性能的重要因素，因此该反应器设计的关键是解决流体的均布问题。

如图 2-32 所示，径向固定床反应器由中心流道、环形催化剂床层及环形流道构成。根据流体的运动方向，可分为 Z 形向心式、Z 形离心式、Ⅱ形向心式、Ⅱ形离心式四种形式（见图 2-33）。气流从分流管（中心管道或环形管道）沿轴向进入反应器，在沿轴向流动的同时，沿径向分散，穿过环形催化剂床层，汇入合流管（环形管道或中心管道），流出反应器。

由于径向分散，使流体在分流与合流管道中，做变质量流动，导致催化剂床层两侧（中心流道及环形流道）的压差 Δp 沿轴向分布不均，因而使流体分布不匀。因此，如何采取措施，在不增加阻力的条件下，使催化剂床层两侧压差 Δp 沿轴向均匀分布，成为解决问题的关键，也是冷模实验需要研究的问题。目前，成功的解决方案是在中心分流管道中增设导流筒（对 Z 形离心式），通过改变流道大小来解决变质量流动造成的压差分布问题，以使同平面压差趋于均匀（见图 2-34）。通过冷模实验可以检验均布方案的可靠性。依据的理论模型如下。

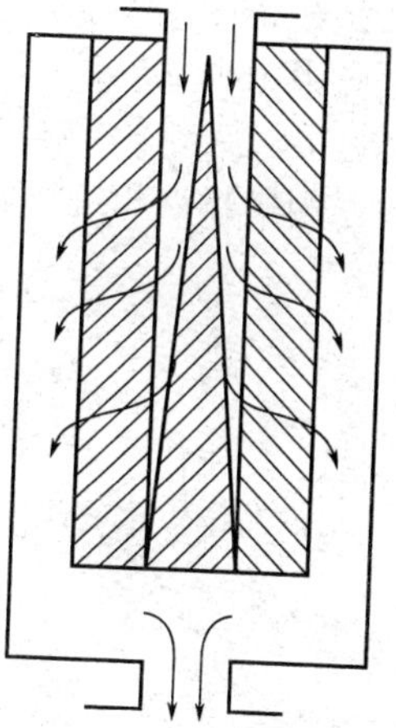

图 2-34　加导流筒实验装置

① 无导流筒的径向床流动方程为：

中心流道：

$$\frac{1}{\rho}\frac{\mathrm{d}p_1}{\mathrm{d}z_1}+(2-\beta_1)w_1\frac{\mathrm{d}w_1}{\mathrm{d}z_1}+\frac{\lambda}{2D_e}w_1^2=0 \qquad (2\text{-}32)$$

环形流道：

$$\frac{1}{\rho}\frac{\mathrm{d}p_2}{\mathrm{d}z_2}+(2-\beta_2)w_2\frac{\mathrm{d}w_2}{\mathrm{d}z_2}+\frac{\lambda}{2D_e}w_2^2=0 \qquad (2\text{-}33)$$

② 加导流筒的中心分流径向床流动方程（Z 形离心式）为：

中心流道：

$$\frac{1}{\rho}\frac{\mathrm{d}p}{\mathrm{d}z_1}+\left(2w_1\frac{\mathrm{d}w_1}{\mathrm{d}z_1}+\frac{w_1^2}{A_1}\frac{\mathrm{d}A_1}{\mathrm{d}z_1}\right)+\frac{A_2}{A_1}\beta_1 w_1\frac{\mathrm{d}w_1}{\mathrm{d}z_1}+\frac{\lambda}{2D_e}w_1^2=0 \qquad (2\text{-}34)$$

通过催化剂床层的流动方程为：

$$\frac{\Delta p}{\Delta r}=150\frac{(1-\varepsilon)^2}{\varepsilon^3}\times\frac{\mu u}{d_P^2}+1.75\frac{(1-\varepsilon)}{\varepsilon^3}\times\frac{\rho u^2}{d_P} \qquad (2\text{-}35)$$

式中，ε 为床层空隙率；u 为径向速率；d_P 为催化剂粒径。

上述方程中下标为 1 的表示中心流道值，下标为 2 的表示环形流道值；ρ 为流体密度；p 为压力；w 为流道内轴向速率；z 为轴向坐标；λ 为摩阻系数；D_e 为流道的水力当量直径；β 为动量交换系数。可见，只要通过科学的实验设计，设法测定压差 Δp 和流速 w_i 沿轴向的分布，便能了解流体的均布情况，确定流动方程的模型参数，为径向床的设计放大提供依据。冷模实验的方法见实验十六。

如果以压差沿轴向分布的模型计算值与实测值的方差作为比较标准，则加置导流筒后，压力分布测定实验结果表明，催化剂床层两端压差均布情况大大改善。

未加导流筒时：

$$\frac{\sigma_{n-1}}{\sqrt{\Delta p}}=0.351 \qquad (2\text{-}36)$$

加导流筒后：

$$\frac{\sigma_{n-1}}{\sqrt{\Delta p}}=0.071 \qquad (2\text{-}37)$$

（3）导向浮阀塔板性能测试

F1 型（国外称 V1 型）浮阀塔是性能优良的气液传质设备，其特点是操作弹性大、气液接触状况好、传质效率高，自 1950 年左右问世以来，在炼油和化学工业中得到广泛应用。但实际应用中也发现 F1 型浮阀塔板也存在一些问题，主要有：① 液面梯度较大；② 塔板上的液体返混较大；③ 在塔板两侧的弓形区域内存在液体滞留区。为了改进这些问题，各种新型的浮阀塔板被相继开发，其中，最有代表性的新型高效浮阀塔板是导向浮阀塔板。

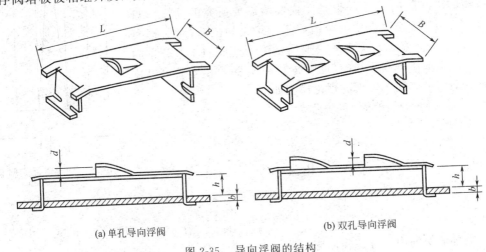

(a) 单孔导向浮阀 (b) 双孔导向浮阀

图 2-35   导向浮阀的结构

① 导向浮阀塔板的结构特点   导向浮阀的结构如图 2-35 所示。其设计思想是保留 F1 型浮阀塔板的优点，克服其缺点。因此，针对 F1 型浮阀塔板存在的问题作了如下改进。

a. 将浮阀的形状由圆形改为长方形，使气体从浮阀的两侧，沿着与液流垂直的方向流出，克服了圆形浮阀气体从阀隙四面八方流出引起的塔板液流的显著返混现象，使塔板上液体的返混程度明显减小。

b. 在导向浮阀的上方，开设了导向孔，导向孔的开口方向与塔板上的液流方向一致。在操作中，借助从导向孔流出的气体，推动塔板上的液体前进，从而消除液体流动方向上的液位差，使液层厚度趋于均匀。

c. 为了减少塔板两侧的弓形区域内液体循环流动形成的液体滞留区，提高塔板的传质效率，在位于液体滞留区中的导向浮阀上开设 2 只导向孔，如图 2-35(b) 所示。以加速液体流动，使整个塔板上的液体流速趋于均匀。

② 冷模实验装置   为了研究和测定导向浮阀塔板的性能，利用如图 2-36 所示的实验装置进行冷模实验。冷模实验在 1600mm×400mm 的矩形冷模塔内进行，以空气-水为介质，研究导向浮阀塔板的流体力学性能；以 CO_2-水吸收为对象，研究塔板的传质效率。分别测定了导向浮阀塔板的临界阀孔气速、塔板压降、雾沫夹带和液体泄漏。并在同样条件下对导向浮阀塔板与 F1 型浮阀塔板，进行实验比较。

研究结果表明：与 F1 型浮阀塔板相比，导向浮阀塔板具有更好的流体力学和传质性能，塔板效率明显提高。

(4) 填料性能测试

填料塔与板式塔相比，具有传质效率高、能耗小、压降低等优点，在化工产品的分离提纯中得到广泛应用。特别是近 20 年来，金属丝网波纹填料、板波纹填料、网孔波纹填料等各种高效规整填料的相继问世，使填料塔具有效率高、通量大、压降低、持液量小等优点，在高负荷量、热敏性物系的真空精馏，以及高纯度产品的精密精馏中得到日趋广泛的应用，而这些新型填料的设计、开发和性能测试离不开冷模实验。

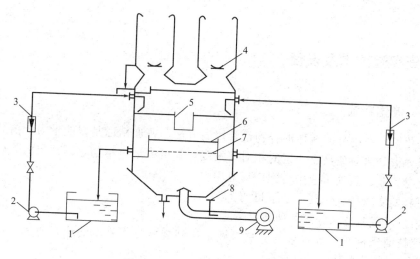

图 2-36　板式塔冷模实验装置图

1—水槽；2—水泵；3—转子流量计；4—捕沫器；5—降液管；6—实验板；7—气体分布板；8—毕托管；9—风机

填料性能测试的实验装置及流程如图 2-37 所示。实验塔为 $\phi 400mm \times 6mm$ 的有机玻璃塔，为便于装卸，整个塔分为四个部分，即塔顶除沫器与液体分布器、上塔体、下塔体和塔底支承部分。在塔体上开有引压孔，以连接 U 形压差计，用于测量填料层压降。实验中，空气由鼓风机输送，气体流速由毕托管测定，水由离心泵输送，液体由转子流量计计量后经塔顶液体分布器进入塔内，由塔底流出的液体返回水槽循环使用。

实验内容包括流体力学实验和传质实验。在流体力学实验中，采用空气-水系统，测取不同喷淋密度下的液泛气速和填料层压降等数据。

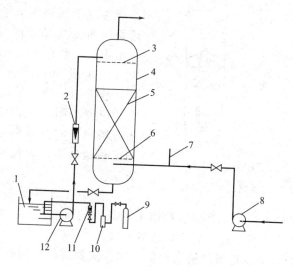

图 2-37　填料性能测试实验流程图

1—水槽；2—转子流量计；3—液体分布器；4—塔体；5—填料；6—支承板；7—毕托管；
8—风机；9—钢瓶；10—稳压器；11—CO_2 转子流量计；12—离心泵

在传质实验中，采用空气-水-CO_2 系统，将 CO_2 溶解于水中，用空气解吸水中的 CO_2，以测定 CO_2 解吸的传质效率。所用 CO_2 由钢瓶减压后进入稳压器，经气体转子流量计计量后，加到离心泵进口，与水混合后，经液体转子流量计进入塔内。在液体的进出口均设有取样口。

2.5 分离实验技术及设备

2.5.1 液体精馏

精馏是化工生产中分离液体混合物最常用的方法。普通精馏是以能量为分离剂的清洁分离技术，只要被分离对象具有一定的相对挥发度，就可以通过精馏达到理想的分离。因此，该技术在化学工业、石油工业中得到广泛应用。

精馏过程的实验研究主要有如下目的。

① 探索采用精馏技术分离某种新物系的可行性。

② 研究精馏条件对分离效果的影响，确定达到规定分离要求的适宜回流比和塔板数，优选工艺条件，为工业设计提供数据。

③ 模拟工业精馏装置的工况，进行校核实验，为装置的技术改造和优化提供依据。

④ 检验计算机模拟计算结果的准确性，选择相平衡模型或确定模型参数。

⑤ 制备高纯物质，提供产品或中间产品的纯样，供分析评价使用。

⑥ 研究物系性质对精馏塔效率以及流体力学性能的影响。

2.5.1.1 精馏实验设备

精馏实验设备主要是精馏塔。可根据不同的实验要求，选取不同的塔型、尺寸与结构。

(1) 塔型的选择

与工业精馏塔一样，实验室中采用的精馏塔也分为板式塔和填料塔两种类型。

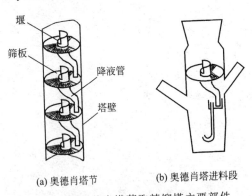

图 2-38 奥德肖塔萃取精馏塔主要部件

(a) 奥德肖塔节   (b) 奥德肖塔进料段

热模实验所用的板式塔，通常是玻璃筛板塔或不锈钢筛板塔。常用的玻璃筛板塔是如图 2-38 所示的"奥德肖塔"。该塔直径很小，一般在 $\phi 25mm$，因此可以认为板上液体组成均匀，相当于大塔中的一个点，故常用于测定精馏塔的点效率。大量实验研究表明，在相同的泛点百分率下，用该塔测定的点效率与工业塔的点效率相当或稍微偏小，是比较公认的点效率测定方法。

实验用的不锈钢筛板塔一般直径在 50mm 左右，部分塔板带视镜，主要用于精馏工艺条件的研究。由于板式塔的持液量比较高，也可用于研究具有中等反应速率的反应精馏过程。

玻璃填料塔是实验室中最常用的精馏设备。因为实验室的空间有限，塔高一般为 1～3m，因此，提高理论塔板数的方法是选择等板高度小的高效精密填料。实验用填料也分为散堆填料(见图 2-39)和整装填料(见图 2-40)两类。散堆填料塔包括拉西环、金属丝弹簧、玻璃丝弹簧、压延刺孔 θ 环等，整堆填料主要有金属丝网波纹填料和塑料丝网波纹填料。因为填料可供选择的类型多，塔体制作简单，拆装方便，实验室常用玻璃填料塔来测定填料性能、分离效率和流体力学性能，确定塔高、进料位置、回流比、加热速率等设备参数或操作条件。

(a) 金属丝弹簧

(b) 玻璃丝弹簧

(c) 拉西瓷环

图 2-39　实验用散堆填料

（2）塔体尺寸的选择

由于实验研究处理的物料量通常比较小，因此，精馏塔的尺寸也不大，一般塔径在 25～100mm，塔高为 1～3m。尺寸设计的原则是：① 物料能够准确计量，满足稳定操作、分析测试的要求；② 设备加工容易、保温方便、控制灵敏。

（3）塔头的选择

回流装置（又称塔头）是精馏塔的重要部件，回流装置通常由冷凝器、回流分配器、测温点及控制阀门组成，其功能是冷凝气体、收集馏出液、调控回流量、调节操作压力。由于

图 2-40　实验用整装填料

实验室用的精馏塔多使用玻璃材质，且尺寸和物料处理量很小，为了有效地冷凝气体，方便地收集产品，准确地测量温度，灵活地控制回流，根据分离需要的回流状态，塔头的形式多种多样。根据气体冷凝状态，大致分为部分冷凝和全凝型两类。部分冷凝塔头如图 2-41、图 2-42 所示，气体在冷凝器内部分冷凝，凝液流回塔内，未凝气体直接离开系统，从溶液中分离。全凝型塔头如图 2-43～图 2-46 所示，气体全部冷凝，通过回流分配器的调节，部分回流，部分采出。

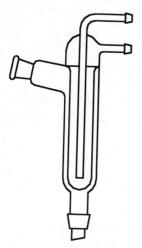

图 2-41　直形回流冷凝管

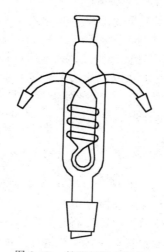

图 2-42　蛇形回流冷凝管

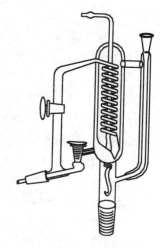

图 2-43　封闭式分馏头

由于塔头具有上述的多种功能，对精馏塔的操作稳定性影响很大，因此选择合适的塔头至关重要。塔头选择的基本原则是：① 回流比便于控制和调节；② 塔头内滞留液体量应尽量少；③ 结构简单紧凑，拆装方便；④ 能用于常压或减压操作。

回流分配器是塔头的核心部件。工业装置上使用的回流分配器一般是通过专门设计的溢流或切换装置，在液体连续流动的状态下通过阀门控制回流比。但在实验室中，由于设备小、物料少，很难在连续状态下调节回流比。因此，实验室小型玻璃精馏塔常采用电磁摆针式回流控制器。如图 2-45 所示，其原理是通过时间继电器控制电磁线圈的通断电时间，使电磁导流摆针在出料口或回流口停留，以停留时间的分配比来控制回流比。电磁摆针是在玻璃短管内封入铁针制成。当电磁线圈通电时，摆针被吸向线圈侧，断电时，恢复原位，从而在出料或回流口间摆动。

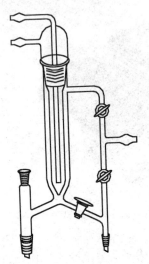 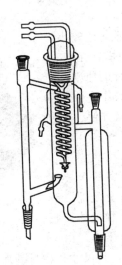 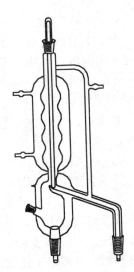

图 2-44　活塞式分馏头　　　图 2-45　电磁漏斗分馏头　　　图 2-46　电磁活塞分馏头

(4) 塔体保温

由于小型精馏塔的比表面积较大，热损失比较明显，往往导致蒸气无法到达塔顶，内回流严重，甚至引起塔内液泛，实验无法进行，沸点较高的物系尤其严重。因此为减少热损失，一般在蒸气上升部位，以及塔体外壁采取物理保温或电热保温的措施。如图 2-47 所示，对于玻璃塔采用的保温措施主要有：① 在塔身外加设表面镀银的真空夹套，此法使用方便，但保温性能随使用寿命的增长而变差，观察塔内气、液接触状况不方便；② 在塔身外包裹保温材料，此法实施简单，但保温效果无法控制调节，且不能观察塔内气、液接触状况；③ 在塔身或玻璃夹套外缠绕电热丝，此法可通过改变保温电流调节保温效果，且可以方便地观察塔内气、液接触状况；④ 在塔身外镀导电膜，通过改变保温电压调节保温效果，可选择透明膜，方便观察塔内气、液接触状况，此方法适用于高度不超过 1m 的塔段。

2.5.1.2　精馏实验的操作与控制

(1) 精馏实验的操作方式

精馏塔操作一般分为间歇与连续两种方式。实验研究通常根据研究的目的、控制的难易、精馏的方式，以及物料的特性来选择操作方式。

如果实验目的是检验连续精馏模拟计算的可靠性、校核工业连续精馏装置的分离效率或研究萃取精馏等特殊精馏方式，则必须选择连续精馏。由于实验塔容量小、进出料量小、热损失相对较大，因此，实验室小塔连续精馏的操作控制比大塔要困难。

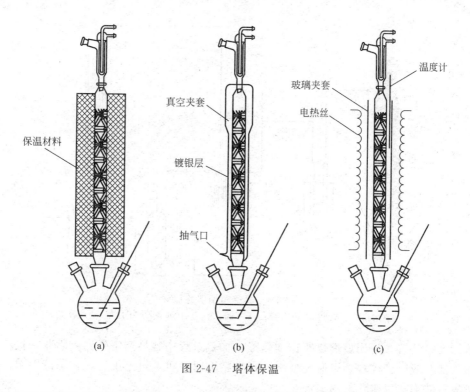

图 2-47　塔体保温

　　如果实验目的是探索分离的可行性，分离热敏性物质，测定填料或塔板传质效率，研究反应精馏、共沸精馏等特殊精馏过程，高真空精密精馏制备高纯度物质等，一般应选择间歇精馏。因为间歇精馏塔操作比较灵活，不需配备精密和昂贵的控制仪表。对于小批量、多品种的物料的研究非常适用。间歇操作有两种方式，即恒定回流比和恒定馏出液组成。一般实验室多采用恒定回流比的方式操作，收集不同时间的馏分。

　　(2) 精馏实验装置的控制

　　① 操作压力控制　　按操作压力，精馏可分为加压精馏、常压精馏和真空精馏。加压精馏主要用于液化气体的分离，真空精馏常用于热敏性物料、易氧化、分解或聚合结焦的物系的分离。对于非常压操作的精馏塔，实验前必须首先检测系统的密闭性。特别真空精馏时，系统对压力的波动非常敏感，真空度降低，塔釜会停止沸腾，塔内上升蒸气量会骤减；真空度增大，塔釜会沸腾剧烈，上升蒸气量骤增，因而使气、液两相的流量非常不稳定。真空精馏的实验流程如图 2-48 所示。可见真空抽气口和测压点均设在塔头的气相空间，因此，装置设计和操作时应注意三个问题，其一，应尽量选用阻力小的塔板或填料，以免阻力过大，导致塔釜真空度不达标，一般要求全塔的总压降 ≤ 塔顶绝对压力；其二，不仅要严格控制塔顶的真空度，而且要关注塔顶和塔釜间的压差，以免压差过大，导致塔釜温度过高，物料分解或结焦；其三，当馏出物结晶温度较高时，应控制塔顶冷却水的温度，以免物料结晶堵塞抽气管路。

　　无论是加压、常压或真空精馏，塔釜压力都是需要监控的参数，釜压直接反映塔内的流体力学状况。一旦釜压出现明显的波动，说明塔内有局部液泛发生。

　　② 塔釜加热控制　　精馏塔釜的温度由物料组成及操作压力确定。间歇操作时塔釜温度随釜液组成的变化而变化。塔釜加热的作用是产生足够的气相蒸气量。由于不同性质、不同组成的物料汽化潜热不同，因此产生单位蒸气所需的加热量也不一样。在实验研究中，由于小塔的热损失相对较大，难以准确估计，所以塔釜加热量通常不是通过理论计算确定，而是靠实验摸索。

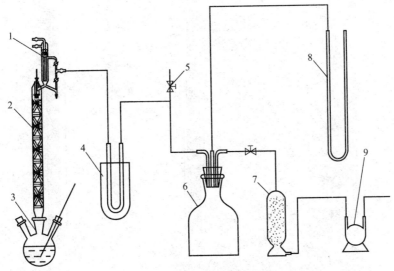

图 2-48　真空精馏实验流程

1— 分馏头；2— 填料塔；3— 蒸馏釜；4— 冷阱；5— 阀；6— 稳压瓶；7— 干燥瓶；8— 压差计；9— 真空泵

　　精馏实验装置多采用玻璃烧瓶作加热釜，加热过程中容易产生暴沸。因此，投料前应在釜中加入沸石或陶瓷碎粒，以避免暴沸。真空精馏时，可通过毛细管，在釜液中引入少量的空气或氮气鼓泡，以避免暴沸。

　　③ 回流比控制　回流比是影响精馏塔分离效率的重要参数。在塔高一定，汽化量(V)一定的条件下，回流比越大，塔的分离效率越高。因此，回流比的调节与控制是精馏塔操作的重要手段。

　　在连续精馏中，塔顶的采出量(D)是根据分离要求，由物料衡算决定的，不能随意改变，调节回流比($R = L/D$)实际上是调节液体回流量(L)，因此，连续精馏回流比的调节是通过改变塔釜加热量来实现的，即通过调节加热量来改变上升蒸气量(V)，从而改变回流量($L = V - D$)。如果实验用的精馏塔是采用电磁摆针回流控制器，操作时，应首先将控制电磁摆针的时间继电器的时间比设定到期望的回流比值，然后，调节塔釜加热量，测定塔顶采出量，直至采出量达到回流比调节前的数值为止。若采用计量管或分级冷凝器手动调节，则只要控制塔顶采出量不变，调节塔釜加热量即可。对于间歇精馏，为保证塔顶产品质量，也通常采用变回流比操作的方式，即回流比随精馏时间逐步增加，其调节手段与连续精馏一样。

　　(3) 实验精馏装置的安装与调试

　　① 塔的安装　为防止塔内液体偏流、壁流，造成气、液两相接触不良，降低精馏塔的分离效率，精馏塔安装必须保持垂直度。玻璃塔在加工时就应该挑选垂直度较好的材料，安装时应用采用垂线法，仔细调整垂直度。

　　装填填料前必须清洗塔壁和填料。装填料时，塔应斜放操作，避免垂直加入时撞断支承架。填料须少量分多次加入，边装填边用手或软物体轻轻拍打塔体，以避免填料架桥。装填完毕后继续拍打一段时间，直至填料位置不再下移为止。

　　② 系统检漏　不论是玻璃制的填料塔或是不锈钢制的填料塔，在安装完毕后都必须对各接口部分进行检漏。尤其对减压或是有污染介质存在时的操作，泄漏不仅会造成真空度下降，而且会造成安全隐患。某些介质在受热情况下与漏入空气接触，会发生氧化、碳化或聚合反应，不仅降低分离效率，也会影响传热效果。此外，毒物或刺激性物质的泄漏不仅污染

环境，也直接危害实验人员的健康。所以系统检漏必不可少。

③ 回流比的校核　前已述及，实验室的小型精馏装置多采用电磁摆针式回流控制器。由于采用时间控制，回流是不连续的，在相同的停留时间内，实际回流量与上升蒸气量、塔头结构、导流摆针的粗细、摆动的距离以及定时器给定的时间间隔的长短等诸多因素有关，因此，时间继电器给出的时间比与实际的回流比并不完全一致。使用前需要标定，标定方法见1.2.3.4节。

④ 控制仪表的调试　塔釜加热及塔体保温的控制调节仪表，在实验前也应检查调试，检验加热控制仪表、温度、压力检测仪表的稳定性、灵敏度和可靠性。

2.5.2　吸收实验技术

(1) 圆盘塔吸收塔

为了模拟和研究填料塔中的气液反应过程，Stephens 和 Morris 发明了一种实验型吸收塔——圆盘塔。该塔如图 2-49 所示，圆盘塔塔身由带有喷嘴的夹套玻璃管构成，塔内气相占空间 85%，吸收用的圆盘互相交错 90° 串于不锈钢钢丝之上，并用黏结剂粘牢。圆盘材质为陶瓷，表面经 20%HF 水溶液处理。吸收时，液体从盘柱的顶部加入，在串接的圆盘上交替分布混合，类似于填料塔中液体从一个填料流至另一填料。而气相的流动速率比较小，处于滞留状态，因此，圆盘塔只适用于测定液相传质系数和化学吸收的增强因子，不适宜气相传质系数的测定。在圆盘塔实验中，通常采用纯气体以消除气相传质阻力。

圆盘塔的液相传质系数的关联式为：

$$\frac{k_L}{D_L}\left(\frac{\mu_L^2}{g_c \rho_L^2}\right)^{\frac{1}{3}} = 3.22 \times 10^{-3}\left(\frac{4\Gamma}{\mu_L}\right)^{0.7}\left(\frac{\mu_L}{\rho_L D_L}\right)^{0.5}$$

(2-38)

式中，$\Gamma = L/a$，为单位周边的质量流速，kg/(m·s)；L 为喷淋密度，kg/(m²·s)；a 为比表面积，m²/m³。

圆盘塔在进行化学反应吸收测定以前，通常需用 CO_2-H_2O 系统进行校正（实验方法见实验六）。按下式测定得出塔的 A 值和方次 n，即

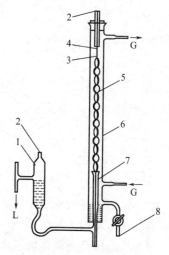

图 2-49　圆盘塔装置图
1—调液位器；2—取样口；
3—串线；4—进液口；
5—串盘；6—套管；
7—泄液管；8—溅散液出口

$$\frac{k_L}{D_L}\left(\frac{\mu_L^2}{g_c \rho_L^2}\right)^{\frac{1}{3}} = A\left(\frac{4\Gamma}{\mu_L}\right)^{n}\left(\frac{\mu_L}{\rho_L D_L}\right)^{0.5}$$

(2-39)

然后，将不同温度、液流速率和液相组成的化学吸收速率与该条件下按上式计算所得物理吸收速率相比较，即可得到化学吸收增强因子。

(2) 湿壁塔

湿壁塔是研究气体吸收传质系数的另一种实验设备。与圆盘塔不同，湿壁塔的气液接触面积相对确定，表面积的大小与湿壁塔的结构和尺寸有关。图 2-50 表示了一种外壁降膜型的湿壁塔。塔体为一根直径为 15mm、长度为 250～300mm 的不锈钢柱，柱下端设计为针状结构，以消除塔的末端效应。吸收液从塔的顶部加入，经过分布盘均匀流入授液槽，授液槽与湿壁塔的外壁之间有 1～2mm 的环隙，槽内吸收液经过环隙沿塔壁呈膜状流动，与夹套内的气体逆流接触，完成吸收过程。内降膜湿壁塔吸收实验装置见图 2-51。

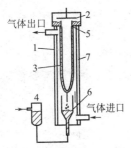

图 2-50 外降膜湿壁塔吸收实验装置

1—塔体；2—液体分布盘；3—液膜；4—液封调节；

5—环隙；6—液封；7—夹套

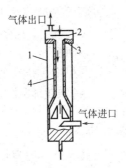

图 2-51 内降膜湿壁塔吸收实验装置

1—塔体；2—液体分布盘；3—溢流堰；4—液膜

湿壁塔测得的液膜传质系数 k_L 与液体的流速有关。如果湿壁塔的塔径 d_c，塔的长度 L，液体的黏度 μ 和密度 ρ，液体的体积流率 ν，则在液膜厚度均匀的理想的情况下，两相的接触时间 t^* 为：

$$t^* = \frac{2}{3}L\left[\left(\frac{\pi d_c}{\nu}\right)^2 \frac{3\mu}{\rho g}\right]^{1/3} \tag{2-40}$$

液相传质系数为：

$$k_L = 2\sqrt{\frac{D}{\pi t^*}} \tag{2-41}$$

2.5.3 超临界流体萃取技术

超临界流体技术是利用流体在临界点附近所具有的特殊性质而形成的一系列应用技术，如超临界流体萃取、重结晶、色谱分离、反应技术等。

超临界流体是指流体的温度和压力同时处于临界温度(T_c)和临界压力(p_c)附近时的状态，常用 SCF(supercritical fluid) 表示超临界流体，如图 2-52 所示。

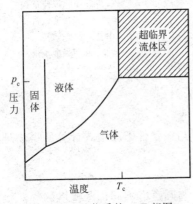

图 2-52 纯物质的 p-T 相图

温度、压力处于临界点附近的超临界流体兼具气体和液体的特性，其黏度和挥发能力类似于气体，黏度仅为液体的 1% 左右，自扩散系数比液体大 100 倍左右；而其密度和溶解能力却类似于液体，与气体相比，对物质具有更大的溶解能力。这些性质表明，如果采用超临界流体作为萃取剂，将比常规有机溶剂萃取具有更快的传质速率，更理想的分离效果。

超临界萃取最大的特点是可以通过调节过程的温度和压力来实现物质的提取和分离，并同步完成萃取剂的再生，因此不仅传质效率高，而且设备简单紧凑。超临界萃取装置主要由萃取器、分离器、压缩机、换热器和阀门等设备组成。如图 2-53 所示，超临界萃取的过程按照操作方式分为变压法、变温法和吸附法。

① 变压法 这是最简便的一种超临界萃取流程，超临界流体在萃取器 A 中完成萃取

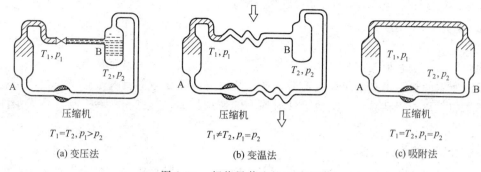

$T_1 = T_2, p_1 > p_2$

(a) 变压法

$T_1 \neq T_2, p_1 = p_2$

(b) 变温法

$T_1 = T_2, p_1 = p_2$

(c) 吸附法

图 2-53　超临界萃取的几种类型

后，携带溶质经减压阀减压后进入分离器 B；在分离器中，减压操作，使溶质从流体中析出，流体则经压缩机增压后返回萃取器 A 循环使用。

② 变温法　与变压法不同，萃取后的超临界流体进入分离器后，通过改变温度使溶质和流体分开。采用此法，可加温萃取、降温分离；也可降温萃取，升温分离。

③ 吸附法　此法是在分离器中放置能吸附溶质的吸附剂，利用吸附作用使溶质和萃取剂分离。整个过程可在等温等压下进行，循环压缩机的功率可大大降低，只需克服循环系统的阻力损失。但吸附剂的再生比较麻烦，因此该过程只适用于萃出物较少或去除少量杂质的情况。

2.6　超细超纯产品的制备技术

2.6.1　超细材料的制备方法

超细颗粒通常泛指尺度为 $1 \sim 10^3 \, nm$ 的微小固体颗粒，其含义包括原子或分子簇（cluster）、颗粒膜（granular）以及纳米材料（nanometer）。它处于微观粒子与宏观物体交界的过渡区域，既非典型的微观系统，亦非典型的宏观系统，具有一系列特殊的物理和化学性质。因此，超细颗粒不仅是一种分散体系，也是一种新型的材料。超细材料的制备有以下几种方法。

2.6.1.1　化学气相淀积法

CVD（chemical vapor deposition）法是以气体为原料，通过气相化学反应生成物质的基本粒子 —— 分子、原子、离子等，经过成核和生长两个阶段合成薄膜、粒子、晶须和晶体等固体材料的工艺过程。在超细材料制备中，CVD 是最有发展潜力的技术之一。

根据加热方式的不同，CVD 法可以分为热 CVD 法、等离子体 CVD 法和激光 CVD 法等多种方法，这些方法各具特点，适于不同的 CVD 体系和不同种类超细颗粒的合成。

（1）热 CVD 法

热 CVD 法是用电炉将反应管（石英玻璃、硅酸铝和氧化铝等）加热至几百度到一千几百度，促使流过反应管的原料发生化学反应。热 CVD 法能在简单廉价的装置中进行，故被用于多种氧化物（TiO_2、SiO_2、Al_2O_3 等）、氮化物超细颗粒的合成，以及有机硅热分解制备 β-SiC 超细颗粒等过程。

（2）等离子体 CVD 法

等离子体 CVD 法是在等离子场中导入反应气体，使反应气体分解，形成活性很高的颗粒（原子、分子、离子、游离基）。该法可分为电弧等离子体法和高频诱导加热等离子体法。

利用等离子体法可合成 SiC 和 Si_3N_4 等超细颗粒。

（3）激光 CVD 法

激光 CVD 法以激光作为能源，激发和加热气体反应物分子，从而引起了化学反应。与其他的间接加热法相比较，激光法是气体分子自身被直接加热，因而具有以下几大优点，其一，反应所需的热量不必通过反应器壁传递，故对反应器材质的要求不高；其二，受热温度和时间均匀，故能得到粒径、组成等性质均一的超细粉体；其三，容易控制，合成条件再现性高。

2.6.1.2 液相合成法

液相法是目前实验室和工业中最为广泛采用的超细材料合成法。与固相法比较，液相法更为灵活，可以制取各种反应活性好的超细颗粒。液相法分为物理法和化学法两大类。

物理法是通过蒸发、升华等物理过程使金属盐从溶液中快速析出。即将溶解度高的盐水溶液雾化成小液滴，使其中盐类呈球状均匀地析出，或者采用冷冻干燥使水成冰，再在低温下减压升华脱水，然后将粉末状的盐类加热分解，得到金属氧化物超细微粒。

化学法是通过溶液中化学反应生成固体沉淀，然后将沉淀的粒子加热分解，制成超细颗粒。由于生成的沉淀化合物种类很多，如氢氧化物、草酸盐、碳酸盐、氧化物、氮化物等，因此该法是最具实用价值的方法。下面介绍几种典型的液相制备方法。

（1）共沉淀法

共沉淀法是在混合的金属盐溶液（含有两种或两种以上的金属离子）中加入合适的反应沉淀剂，生成组成均一的共沉淀物，再将沉淀物进行热分解得到高纯超细颗粒。共沉淀法的优点是通过溶液中的各种化学反应能够直接得到化学成分均一的复合粉料，且容易制备粒度小且较均匀的超细颗粒。

（2）醇盐水解法

醇盐水解法是一种新的合成超细颗粒的方法，它不需要添加碱就能进行加水分解，而且也没有有害阴离子和碱金属离子。其突出的优点是反应条件温和、操作简单，作为高纯度颗粒原料的制备，这是一种最为理想的方法之一，但成本昂贵是这一方法的缺点。醇盐是用金属元素置换醇中羟基的氢所形成的化合物之总称。金属醇盐的通式是 $M(OR)_n$，其中 M 是金属元素，R 是烷基（烃基）。

（3）喷雾干燥法

喷雾干燥法是用喷雾器把原料溶液雾化成 $10 \sim 20\mu m$ 或更细的球状液滴，喷入热气流中快速干燥，得到形同中空球那样的圆粒粉料。喷雾干燥可不经粉磨工序，直接得到所需粉料，只要原料纯净，就能得到化学成分稳定、高纯度、性能优良的超细粉料。这是一种适合工业化大规模生产的超细粉料制备方法。

（4）喷雾热解法

喷雾热解法是将金属盐溶液喷雾至高温气氛中，使溶剂蒸发与金属盐热解同时发生，用一道工序制得氧化物粉末的方法。热解区可以是在高温反应器中或高温火焰中。

2.6.2 超纯试剂制备

2.6.2.1 实验室洁净度要求

对于制备高纯试剂，实验室环境影响是很大的。因此在实验室内，只控制温度和湿度是不够的，还应考虑实验室的洁净度。洁净实验室的等级主要是按大气中微粒的数目和大小来划分的，它是以每立方米空气中 $0.5 \sim 5.0\mu m$ 直径微粒的最大颗粒数目为依据的。

2.6.2.2　试剂分类

（1）普通试剂

普通试剂一般分为三级，即优级纯、分析纯、化学纯，其标准如下。

① 优级纯：为一级品，相当于英美的保证试剂（GR），其纯度高，杂质含量低，主要用于精密的科学研究和痕量分析，标签为绿色。

② 分析纯：为二级品，相当于英美的分析试剂（AR），其纯度略低于优级纯，主要用于一般的科学研究和分析工作，标签为红色。

③ 化学纯：为三级品，相当于英美的化学纯（CP），纯度低于分析纯，用于一般工业分析，标签为蓝色。

（2）基准试剂

基准试剂又可细分为微量分析与有机分析标准试剂、pH 基准试剂和折射率液等品种。

（3）高纯试剂

高纯试剂是指杂质含量很低，并被严格控制的试剂。高纯试剂等级常用纯度等级来表达杂质含量，如用 99%、99.9%、99.999% 表示，"9"的数目越多表示纯度越高，杂质含量越低。

高纯试剂种类繁多，标准也不统一。按纯度分类，可分为高纯、超纯、特纯、光谱纯等。按用途分类，可分为 MOS（metal-oxide-semiconductor）纯、电子纯、荧光纯、分光纯等。所谓光谱纯，就是试剂的杂质含量用光谱分析法已测不出或低于某一限度，此种试剂主要作为光谱分析中的标准物质或作为配制标样的基体。所谓分光纯，就是要求在一定波长范围内，试剂中没有或很少有干扰物质。

在实际工作中，应根据需要选用不同等级的试剂，以满足要求为原则。

2.6.2.3　高纯试剂提纯方法

生产高纯试剂主要的问题就是如何选用提纯技术。目前国内外常用的提纯技术就有十几种之多，它们各有各的特性，各具所长。

（1）还原法

还原法是制备高纯金属的主要方法。随着科学技术的发展，特别是电解技术的进步，使还原技术成为一个新的学科分支。还原法所用的还原剂有氢气、一氧化碳、二氧化硫、草酸、水合肼等。一般说来周期表中副族的大部分元素及ⅥB族、ⅦB族金属的氧化物（除铀外）都能以氢气来还原。如以金属氯化物、碘化物为原料时，则能被氢气还原的元素更多，Ⅴ族以前的元素亦可被还原（碳、硅、硼例外）。实践证明，可用氢气还原氧化物制备的金属有钨、钼、镍、铁、铜、钴、锰、锡、锌、铅等。比如，用还原法制备高纯铁时，是将99.99%的高纯氧化铁，置于石英管内，然后用管式炉将石英管加热至还原温度后，通入氢气，还原后冷却得到的还原铁呈粉状或海绵状，再经过适当回火或加热脱除吸附的氢气，然后进行烧结或熔融，制成棒状或粒状的成品，成品铁的纯度为 99.99%。

用还原法生产高纯试剂时，除了使用高纯原料外，作为还原剂、载气或保护气的气体也必须是高纯度的，因为即使气体中带有少量杂质也会对被还原的物质造成相当大的污染，所以高纯度的还原剂 —— 氢气的制备，也是还原技术研究的重要内容。

（2）电解法

利用电能的作用使物质发生氧化还原反应的过程称为电解。在电解过程中，电解质中的阳离子向阴极移动，在阴极上得到电子，发生还原反应，阳离子所带的正电荷被电极放出的电子所中和而沉积在阴极上；与此同时，电解质中的阴离子向阳极移动，在阳极上失去电

子，发生氧化过程，此即电解的全过程。

电解按电解质种类可分为水溶液电解、熔盐电解和有机溶剂电解三种。在高纯试剂制备中用得最多的是水溶液电解。

在水溶液电解中，选择合适的电解液和电极材料是制取高纯物质的重要条件。电解液不仅要含有合适浓度的金属离子，而且要有合适的 pH 值，以利于金属在阴极的析出，此外溶液的导电性和安全性也是必须考虑的。常用的酸性电解质有硫酸盐、氯化物、硝酸盐，也有高氯酸盐、氢氟酸盐、酒石酸盐和苯磺酸盐等。

水溶液电解所用的阳极材料分为两种情况，其一，可溶性阳极材料，通常用被提纯金属加工制成，具有一定大小和厚度；其二，不溶性阳极材料，通常根据电解液的性能和电解条件来选取，还要综合考虑阳极材料的耐腐蚀和导电性能。电解所用的阴极材料，一般用被提纯金属的高纯产品来制作，以便电解产品可以直接沉积其上，不需要再行分离。当然，有时也用一些稳定性高的其他金属作为阴极片，如钛钢片、不锈钢片和铝片（须涂蜡）等，要求这种阴极片表面光滑，且易与析出金属分离。

（3）真空蒸馏与精馏法

蒸馏是制备高纯酸（硝酸、盐酸、硫酸、氢氟酸）和高纯有机溶剂的有效手段，在化学试剂的提纯中普遍使用。其中，真空蒸馏（或精馏）法可降低蒸馏温度，防止物料分解，尤其适用于高纯物质的制备。

（4）亚沸蒸馏法

亚沸蒸馏是在低于物质沸点的情况下进行蒸馏的一种方法。该法与传统的蒸馏法相比，具有产品纯度高、设备简单、操作方便、占地面小等特点。在国外许多化学试剂厂用于试剂提纯，已获得成效，可将普通蒸馏水和优级纯无机酸中杂质含量降低到 10^{-9} g/L 级。

亚沸蒸馏装置如图 2-54 所示，由高纯石英材料制成。其结构为：在两端封闭的大石英管（直径为 8～10cm）内斜插一冷凝管，大石英管内另有一细的 U 形石英管（内径 7～8mm），细管内有一条 500～600W 的电炉丝。蒸馏器下部有三个小孔，分别作为供料、溢流和收集馏出液用。左边部分为自动供料系统，用塑料或玻璃材料制作。插在供料瓶下口的是一段直径为 14～16mm 的玻璃管，它起到了自动控制蒸馏器内液面高低的作用。

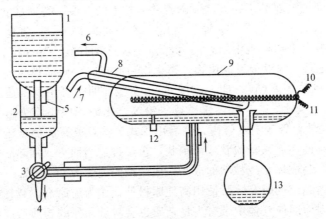

图 2-54　亚沸蒸馏器装置

1—供料瓶；2—水平控制器；3—三通活塞；4—排废液；5—通气孔；6—冷却水出口；7—冷却水进口；
8—冷凝管；9—蒸馏器；10—U 形电热丝；11—接调压器；12—溢流口；13—成品收集器

操作时，将物料加到供料瓶后，打开三通活塞，物料自动进入蒸馏器。接通冷却水，经调压器控制供电。电热丝发出的热量穿过石英管壁，对液体表面加热。在液体蒸发过程中，

混、预混合），以及反应器的热稳定性、参数敏感性等间接影响反应结果的因素，涉及各类反应器中的流动、传热和传质问题。由于工程因素的影响只与设备形式和操作方式有关，与反应的特性无关，因此具有共性化的特征。

在化工过程开发中，除了要掌握反应本身的规律，即反应动力学规律外，还需认真研究可能导致"放大效应"的各种工程因素的影响，掌握各类反应器中工程因素对器内浓度分布和温度分布的影响规律、影响程度及其与设备尺寸的关系，以避免"放大效应"。

研究工程因素的影响可以直接从工业装置上采集数据进行分析和关联，但更科学的方法是通过"冷模实验"进行研究。所谓冷模，就是在无反应参与的条件下，在与工业装置结构尺寸相似的试验设备中，研究各种工程因素的影响规律。

2.4.2 冷模实验的设计

（1）实验物料

前已述及，工程因素的影响与具体的反应特性无关。因此，进行冷模实验时，可直接选用空气、水、砂石等价廉、易得的材料来代替气体、液体和固体物料或催化剂进行试验。无需考虑选用真实物料所带来的储存、分离、提纯和后处理问题，使整个实验过程大为简化。

（2）实验设备的结构和尺寸

冷模实验的目的是针对某种类型的设备，在一定的操作范围内，考察各种工程因素的影响规律，并建立相应的数学模型，为设备放大提供指导。为使实验结果更具可靠性和适用性，在冷模实验中，通常要求实验装置的结构和尺寸尽可能接近工业装置，或者选择结构相似、尺寸大小不同的几套实验设备（有时部分结构也可变化）进行系统考察。虽然冷模实验设备的结构通常是"拷贝"设备原型，但这不是唯一的方法，也可以只取设备原型的局部构件，一般是取相同构件中的一部分，作为冷模实验设备。如在板式塔水力实验中，可以沿液流方向截取一长条；在径向床流体均布实验中，在径向床同心圆环截面上截取一个扇形面等。在确保实验结果能够充分反映设备原型的运行特征的条件下，取局部构件作为实验设备的优点是很显著的。它不仅可以简化实验装置，节省实验费用，尤其是可以大大地减少动力消耗。

（3）研究方法

冷模实验的研究方法通常是首先根据传递过程的原理，建立能够表达对象规律的数学模型，然后，通过实验确定模型参数，并检验模型的准确性和可靠性。因此，冷模实验设备尺寸的确定，除了要考虑与"原型"保持相似外，还要考虑能否有效地检验数学模型的可靠性和准确性，以及实验结果的适用范围。

2.4.3 冷模实验应用实例

（1）轴向固定床反应器流体均布技术

轴向固定床反应器结构简单，在化工生产中广泛应用于气固相催化反应。但是在此类反应器中，由于气流从进口管道进入反应器后，流道突然扩大，容易导致气流分布不均、催化剂负荷不匀。因此，在工业装置中，即便表观气速与小试相同，由于上述原因，工业装置的反应效率也会显著下降，在薄床层中更为突出。因此，解决进口气流的均布问题是反应器的重要内容。

传统的均布措施是增加阻力，如图 2-30 所示，通过设置分布板或填料层来均布气体。近年来开发的扩散锥与整流网格组合的均布装置（图 2-31），既能使气流良好均布，又无过大能量消耗。气流进入反应器，经扩散锥迅速扩张。整流网格的作用是使气流产生偏折，消除径向速率，以均匀的轴向速率进入催化剂床层。这些均布技术的开发都是通过冷模实验来研究的。

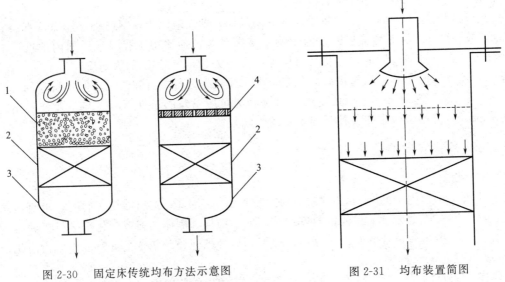

图 2-30　固定床传统均布方法示意图

1— 填料；2— 床层；3— 反应器；4— 多孔板

图 2-31　均布装置简图

（2）径向床流体均布技术

径向床反应器是一种气体沿着半径方向流经催化床层的固定床反应器。该反应器的特点是气体在催化床中的流通面积较大且流动距离短、催化剂床层薄、阻力小，适用于催化剂粒度小、操作压力低的气固相催化反应。

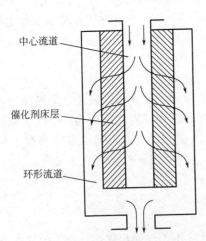

图 2-32　径向床反应器示意图

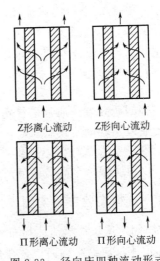

Z形离心流动　　Z形向心流动

Ⅱ形离心流动　　Ⅱ形向心流动

图 2-33　径向床四种流动形式

由于径向流动导致了气体沿轴向的均布问题，这个问题成为影响径向床反应器性能的重要因素，因此该反应器设计的关键是解决流体的均布问题。

如图 2-32 所示，径向固定床反应器由中心流道、环形催化剂床层及环形流道构成。根据流体的运动方向，可分为 Z 形向心式、Z 形离心式、Ⅱ 形向心式、Ⅱ 形离心式四种形式（见图 2-33）。气流从分流管（中心管道或环形管道）沿轴向进入反应器，在沿轴向流动的同时，沿径向分散，穿过环形催化剂床层，汇入合流管（环形管道或中心管道），流出反应器。

由于径向分散，使流体在分流与合流管道中，做变质量流动，导致催化剂床层两侧(中心流道及环形流道)的压差 Δp 沿轴向分布不均，因而使流体分布不匀。因此，如何采取措施，在不增加阻力的条件下，使催化剂床层两侧压差 Δp 沿轴向均匀分布，成为解决问题的关键，也是冷模实验需要研究的问题。目前，成功的解决方案是在中心分流管道中增设导流筒(对 Z 形离心式)，通过改变流道大小来解决变质量流动造成的压差分布问题，以使同平面压差趋于均匀(见图 2-34)。通过冷模实验可以检验均布方案的可靠性。依据的理论模型如下。

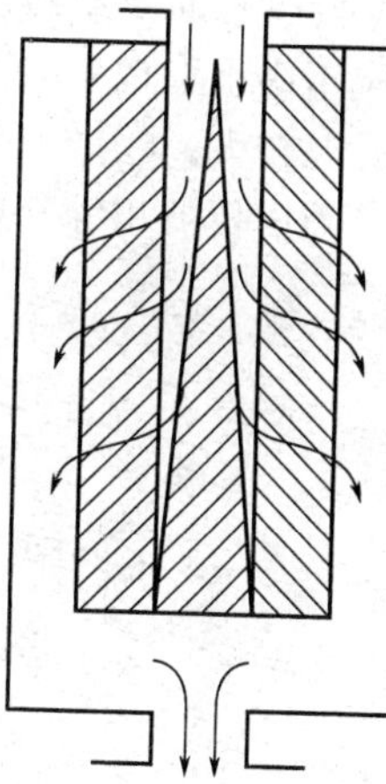

图 2-34　加导流筒实验装置

① 无导流筒的径向床流动方程为：

中心流道：

$$\frac{1}{\rho}\frac{\mathrm{d}p_1}{\mathrm{d}z_1} + (2-\beta_1)w_1\frac{\mathrm{d}w_1}{\mathrm{d}z_1} + \frac{\lambda}{2D_e}w_1^2 = 0 \qquad (2-32)$$

环形流道：

$$\frac{1}{\rho}\frac{\mathrm{d}p_2}{\mathrm{d}z_2} + (2-\beta_2)w_2\frac{\mathrm{d}w_2}{\mathrm{d}z_2} + \frac{\lambda}{2D_e}w_2^2 = 0 \qquad (2-33)$$

② 加导流筒的中心分流径向床流动方程(Z 形离心式)为：

中心流道：

$$\frac{1}{\rho}\frac{\mathrm{d}p}{\mathrm{d}z_1} + \left(2w_1\frac{\mathrm{d}w_1}{\mathrm{d}z_1} + \frac{w_1^2}{A_1}\frac{\mathrm{d}A_1}{\mathrm{d}z_1}\right) + \frac{A_2}{A_1}\beta_1 w_1\frac{\mathrm{d}w_1}{\mathrm{d}z_1} + \frac{\lambda}{2D_e}w_1^2 = 0 \qquad (2-34)$$

通过催化剂床层的流动方程为：

$$\frac{\Delta p}{\Delta r} = 150\frac{(1-\varepsilon)^2}{\varepsilon^3}\times\frac{\mu u}{d_P^2} + 1.75\frac{(1-\varepsilon)}{\varepsilon^3}\times\frac{\rho u^2}{d_P} \qquad (2-35)$$

式中，ε 为床层空隙率；u 为径向速率；d_P 为催化剂粒径。

上述方程中下标为 1 的表示中心流道值，下标为 2 的表示环形流道值；ρ 为流体密度；p 为压力；w 为流道内轴向速率；z 为轴向坐标；λ 为摩阻系数；D_e 为流道的水力当量直径；β 为动量交换系数。可见，只要通过科学的实验设计，设法测定压差 Δp 和流速 w_i 沿轴向的分布，便能了解流体的均布情况，确定流动方程的模型参数，为径向床的设计放大提供依据。冷模实验的方法见实验十六。

如果以压差沿轴向分布的模型计算值与实测值的方差作为比较标准，则加置导流筒后，压力分布测定实验结果表明，催化剂床层两端压差均布情况大大改善。

未加导流筒时：

$$\frac{\sigma_{n-1}}{\sqrt{\Delta p}} = 0.351 \qquad (2-36)$$

加导流筒后：

$$\frac{\sigma_{n-1}}{\sqrt{\Delta p}} = 0.071 \qquad (2-37)$$

(3)导向浮阀塔板性能测试

F1 型(国外称 V1 型)浮阀塔是性能优良的气液传质设备，其特点是操作弹性大、气液接触状况好、传质效率高，自 1950 年左右问世以来，在炼油和化学工业中得到广泛应用。但实际应用中也发现 F1 型浮阀塔板也存在一些问题，主要有：① 液面梯度较大；② 塔板上的液体返混较大；③ 在塔板两侧的弓形区域内存在液体滞留区。为了改进这些问题，各种新型的浮阀塔板被相继开发，其中，最有代表性的新型高效浮阀塔板是导向浮阀塔板。

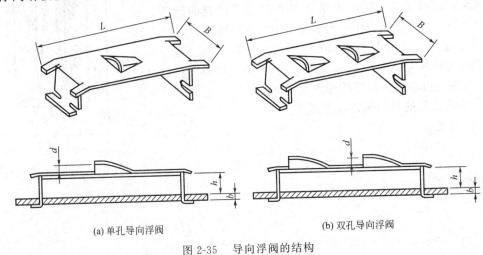

(a) 单孔导向浮阀　　　　　　　　(b) 双孔导向浮阀

图 2-35　导向浮阀的结构

① 导向浮阀塔板的结构特点　导向浮阀的结构如图 2-35 所示。其设计思想是保留 F1 型浮阀塔板的优点，克服其缺点。因此，针对 F1 型浮阀塔板存在的问题作了如下改进。

a. 将浮阀的形状由圆形改为长方形，使气体从浮阀的两侧，沿着与液流垂直的方向流出，克服了圆形浮阀气体从阀隙四面八方流出引起的塔板液流的显著返混现象，使塔板上液体的返混程度明显减小。

b. 在导向浮阀的上方，开设了导向孔，导向孔的开口方向与塔板上的液流方向一致。在操作中，借助从导向孔流出的气体，推动塔板上的液体前进，从而消除液体流动方向上的液位差，使液层厚度趋于均匀。

c. 为了减少塔板两侧的弓形区域内液体循环流动形成的液体滞留区，提高塔板的传质效率，在位于液体滞留区中的导向浮阀上开设 2 只导向孔，如图 2-35(b) 所示。以加速液体流动，使整个塔板上的液体流速趋于均匀。

② 冷模实验装置　为了研究和测定导向浮阀塔板的性能，利用如图 2-36 所示的实验装置进行冷模实验。冷模实验在 1600mm×400mm 的矩形冷模塔内进行，以空气-水为介质，研究导向浮阀塔板的流体力学性能；以 CO_2-水吸收为对象，研究塔板的传质效率。分别测定了导向浮阀塔板的临界阀孔气速、塔板压降、雾沫夹带和液体泄漏。并在同样条件下对导向浮阀塔板与 F1 型浮阀塔板，进行实验比较。

研究结果表明：与 F1 型浮阀塔板相比，导向浮阀塔板具有更好的流体力学和传质性能，塔板效率明显提高。

(4) 填料性能测试

填料塔与板式塔相比，具有传质效率高、能耗小、压降低等优点，在化工产品的分离提纯中得到广泛应用。特别是近 20 年来，金属丝网波纹填料、板波纹填料、网孔波纹填料等各种高效规整填料的相继问世，使填料塔具有效率高、通量大、压降低、持液量小等优点，在高负荷量、热敏性物系的真空精馏，以及高纯度产品的精密精馏中得到日趋广泛的应用，而这些新型填料的设计、开发和性能测试离不开冷模实验。

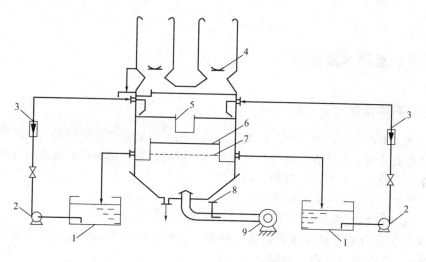

图 2-36 板式塔冷模实验装置图

1—水槽；2—水泵；3—转子流量计；4—捕沫器；5—降液管；6—实验板；7—气体分布板；8—毕托管；9—风机

填料性能测试的实验装置及流程如图 2-37 所示。实验塔为 $\phi 400mm \times 6mm$ 的有机玻璃塔，为便于装卸，整个塔分为四个部分，即塔顶除沫器与液体分布器、上塔体、下塔体和塔底支承部分。在塔体上开有引压孔，以连接 U 形压差计，用于测量填料层压降。实验中，空气由鼓风机输送，气体流速由毕托管测定，水由离心泵输送，液体由转子流量计计量后经塔顶液体分布器进入塔内，由塔底流出的液体返回水槽循环使用。

实验内容包括流体力学实验和传质实验。在流体力学实验中，采用空气 - 水系统，测取不同喷淋密度下的液泛气速和填料层压降等数据。

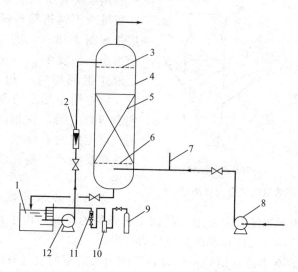

图 2-37 填料性能测试实验流程图

1—水槽；2—转子流量计；3—液体分布器；4—塔体；5—填料；6—支承板；7—毕托管；
8—风机；9—钢瓶；10—稳压器；11—CO_2 转子流量计；12—离心泵

在传质实验中，采用空气 - 水 -CO_2 系统，将 CO_2 溶解于水中，用空气解吸水中的 CO_2，以测定 CO_2 解吸的传质效率。所用 CO_2 由钢瓶减压后进入稳压器，经气体转子流量计计量后，加到离心泵进口，与水混合后，经液体转子流量计进入塔内。在液体的进出口均设有取样口。

2.5 分离实验技术及设备

2.5.1 液体精馏

精馏是化工生产中分离液体混合物最常用的方法。普通精馏是以能量为分离剂的清洁分离技术，只要被分离对象具有一定的相对挥发度，就可以通过精馏达到理想的分离。因此，该技术在化学工业、石油工业中得到广泛应用。

精馏过程的实验研究主要有如下目的。

① 探索采用精馏技术分离某种新物系的可行性。

② 研究精馏条件对分离效果的影响，确定达到规定分离要求的适宜回流比和塔板数，优选工艺条件，为工业设计提供数据。

③ 模拟工业精馏装置的工况，进行校核实验，为装置的技术改造和优化提供依据。

④ 检验计算机模拟计算结果的准确性，选择相平衡模型或确定模型参数。

⑤ 制备高纯物质，提供产品或中间产品的纯样，供分析评价使用。

⑥ 研究物系性质对精馏塔效率以及流体力学性能的影响。

2.5.1.1 精馏实验设备

精馏实验设备主要是精馏塔。可根据不同的实验要求，选取不同的塔型、尺寸与结构。

(1) 塔型的选择

与工业精馏塔一样，实验室中采用的精馏塔也分为板式塔和填料塔两种类型。

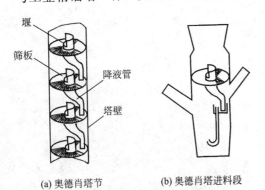

(a) 奥德肖塔节　　(b) 奥德肖塔进料段

图 2-38　奥德肖塔萃取精馏塔主要部件

热模实验所用的板式塔，通常是玻璃筛板塔或不锈钢筛板塔。常用的玻璃筛板塔是如图 2-38 所示的"奥德肖塔"。该塔直径很小，一般在 $\phi25mm$，因此可以认为板上液体组成均匀，相当于大塔中的一个点，故常用于测定精馏塔的点效率。大量实验研究表明，在相同的泛点百分率下，用该塔测定的点效率与工业塔的点效率相当或稍微偏小，是比较公认的点效率测定方法。

实验用的不锈钢筛板塔一般直径在 50mm 左右，部分塔板带视镜，主要用于精馏工艺条件的研究。由于板式塔的持液量比较高，也可用于研究具有中等反应速率的反应精馏过程。

玻璃填料塔是实验室中最常用的精馏设备。因为实验室的空间有限，塔高一般为 1～3m，因此，提高理论塔板数的方法是选择等板高度小的高效精密填料。实验用填料也分为散堆填料(见图 2-39)和整装填料(见图 2-40)两类。散堆填料塔包括拉西环、金属丝弹簧、玻璃丝弹簧、压延刺孔 θ 环等，整堆填料主要有金属丝网波纹填料和塑料丝网波纹填料。因为填料可供选择的类型多，塔体制作简单，拆装方便，实验室常用玻璃填料塔来测定填料性能、分离效率和流体力学性能，确定塔高、进料位置、回流比、加热速率等设备参数或操作条件。

(a) 金属丝弹簧　　　　　(b) 玻璃丝弹簧　　　　　(c) 拉西瓷环

图 2-39　实验用散堆填料

（2）塔体尺寸的选择

由于实验研究处理的物料量通常比较小，因此，精馏塔的尺寸也不大，一般塔径在 25 ～ 100mm，塔高为 1 ～ 3m。尺寸设计的原则是：① 物料能够准确计量，满足稳定操作、分析测试的要求；② 设备加工容易、保温方便、控制灵敏。

（3）塔头的选择

回流装置（又称塔头）是精馏塔的重要部件，回流装置通常由冷凝器、回流分配器、测温点及控制阀门组成，其功能是冷凝气体、收集馏出液、调控回流量、调节操作压力。由于

图 2-40　实验用整装填料

实验室用的精馏塔多使用玻璃材质，且尺寸和物料处理量很小，为了有效地冷凝气体，方便地收集产品，准确地测量温度，灵活地控制回流，根据分离需要的回流状态，塔头的形式多种多样。根据气体冷凝状态，大致分为部分冷凝和全凝型两类。部分冷凝塔头如图 2-41、图 2-42 所示，气体在冷凝器内部分冷凝，凝液流回塔内，未凝气体直接离开系统，从溶液中分离。全凝型塔头如图 2-43 ～ 图 2-46 所示，气体全部冷凝，通过回流分配器的调节，部分回流，部分采出。

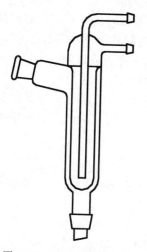　　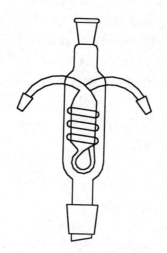　　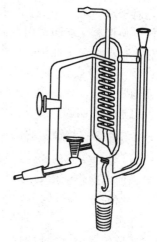

图 2-41　直形回流冷凝管　　　图 2-42　蛇形回流冷凝管　　　图 2-43　封闭式分馏头

由于塔头具有上述的多种功能，对精馏塔的操作稳定性影响很大，因此选择合适的塔头至关重要。塔头选择的基本原则是：① 回流比便于控制和调节；② 塔头内滞留液体量应尽量少；③ 结构简单紧凑，拆装方便；④ 能用于常压或减压操作。

回流分配器是塔头的核心部件。工业装置上使用的回流分配器一般是通过专门设计的溢流或切换装置，在液体连续流动的状态下通过阀门控制回流比。但在实验室中，由于设备小、物料少，很难在连续状态下调节回流比。因此，实验室小型玻璃精馏塔常采用电磁摆针式回流控制器。如图 2-45 所示，其原理是通过时间继电器控制电磁线圈的通断电时间，使电磁导流摆针在出料口或回流口停留，以停留时间的分配比来控制回流比。电磁摆针是在玻璃短管内封入铁针制成。当电磁线圈通电时，摆针被吸向线圈侧，断电时，恢复原位，从而在出料或回流口间摆动。

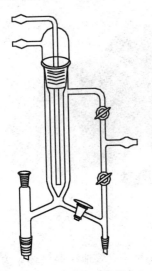
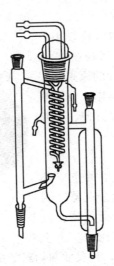
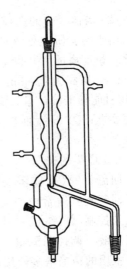

图 2-44　活塞式分馏头　　　　图 2-45　电磁漏斗分馏头　　　　图 2-46　电磁活塞分馏头

（4）塔体保温

由于小型精馏塔的比表面积较大，热损失比较明显，往往导致蒸气无法到达塔顶，内回流严重，甚至引起塔内液泛，实验无法进行，沸点较高的物系尤其严重。因此为减少热损失，一般在蒸气上升部位，以及塔体外壁采取物理保温或电热保温的措施。如图 2-47 所示，对于玻璃塔采用的保温措施主要有：① 在塔身外加设表面镀银的真空夹套，此法使用方便，但保温性能随使用寿命的增长而变差，观察塔内气、液接触状况不方便；② 在塔身外包裹保温材料，此法实施简单，但保温效果无法控制调节，且不能观察塔内气、液接触状况；③ 在塔身或玻璃夹套外缠绕电热丝，此法可通过改变保温电流调节保温效果，且可以方便地观察塔内气、液接触状况；④ 在塔身外镀导电膜，通过改变保温电压调节保温效果，可选择透明膜，方便观察塔内气、液接触状况，此方法适用于高度不超过 1m 的塔段。

2.5.1.2　精馏实验的操作与控制

（1）精馏实验的操作方式

精馏塔操作一般分为间歇与连续两种方式。实验研究通常根据研究的目的、控制的难易、精馏的方式，以及物料的特性来选择操作方式。

如果实验目的是检验连续精馏模拟计算的可靠性、校核工业连续精馏装置的分离效率或研究萃取精馏等特殊精馏方式，则必须选择连续精馏。由于实验塔容量小、进出料量小、热损失相对较大，因此，实验室小塔连续精馏的操作控制比大塔要困难。

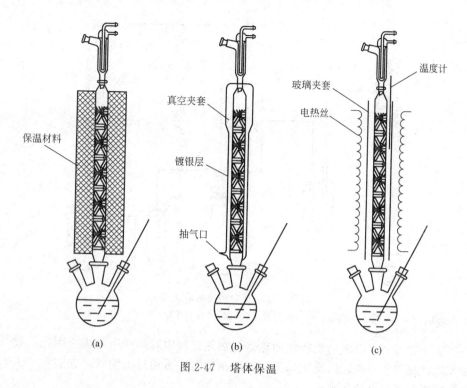

图 2-47　塔体保温

　　如果实验目的是探索分离的可行性，分离热敏性物质，测定填料或塔板传质效率，研究反应精馏、共沸精馏等特殊精馏过程，高真空精密精馏制备高纯度物质等，一般应选择间歇精馏。因为间歇精馏塔操作比较灵活，不需配备精密和昂贵的控制仪表。对于小批量、多品种的物料的研究非常适用。间歇操作有两种方式，即恒定回流比和恒定馏出液组成。一般实验室多采用恒定回流比的方式操作，收集不同时间的馏分。

　　(2) 精馏实验装置的控制

　　① 操作压力控制　按操作压力，精馏可分为加压精馏、常压精馏和真空精馏。加压精馏主要用于液化气体的分离，真空精馏常用于热敏性物料、易氧化、分解或聚合结焦的物系的分离。对于非常压操作的精馏塔，实验前必须首先检测系统的密闭性。特别真空精馏时，系统对压力的波动非常敏感，真空度降低，塔釜会停止沸腾，塔内上升蒸气量会骤减；真空度增大，塔釜会沸腾剧烈，上升蒸气量骤增，因而使气、液两相的流量非常不稳定。真空精馏的实验流程如图 2-48 所示。可见真空抽气口和测压点均设在塔头的气相空间，因此，装置设计和操作时应注意三个问题，其一，应尽量选用阻力小的塔板或填料，以免阻力过大，导致塔釜真空度不达标，一般要求全塔的总压降 ≤ 塔顶绝对压力；其二，不仅要严格控制塔顶的真空度，而且要关注塔顶和塔釜间的压差，以免压差过大，导致塔釜温度过高，物料分解或结焦；其三，当馏出物结晶温度较高时，应控制塔顶冷却水的温度，以免物料结晶堵塞抽气管路。

　　无论是加压、常压或真空精馏，塔釜压力都是需要监控的参数，釜压直接反映塔内的流体力学状况。一旦釜压出现明显的波动，说明塔内有局部液泛发生。

　　② 塔釜加热控制　精馏塔釜的温度由物料组成及操作压力确定。间歇操作时塔釜温度随釜液组成的变化而变化。塔釜加热的作用是产生足够的气相蒸气量。由于不同性质、不同组成的物料汽化潜热不同，因此产生单位蒸气所需的加热量也不一样。在实验研究中，由于小塔的热损失相对较大，难以准确估计，所以塔釜加热量通常不是通过理论计算确定，而是靠实验摸索。

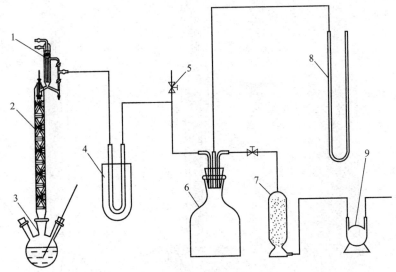

图 2-48　真空精馏实验流程

1—分馏头；2—填料塔；3—蒸馏釜；4—冷阱；5—阀；6—稳压瓶；7—干燥瓶；8—压差计；9—真空泵

精馏实验装置多采用玻璃烧瓶作加热釜，加热过程中容易产生暴沸。因此，投料前应在釜中加入沸石或陶瓷碎粒，以避免暴沸。真空精馏时，可通过毛细管，在釜液中引入少量的空气或氮气鼓泡，以避免暴沸。

③　回流比控制　回流比是影响精馏塔分离效率的重要参数。在塔高一定，汽化量(V)一定的条件下，回流比越大，塔的分离效率越高。因此，回流比的调节与控制是精馏塔操作的重要手段。

在连续精馏中，塔顶的采出量(D)是根据分离要求，由物料衡算决定的，不能随意改变，调节回流比($R = L/D$)实际上是调节液体回流量(L)，因此，连续精馏回流比的调节是通过改变塔釜加热量来实现的，即通过调节加热量来改变上升蒸气量(V)，从而改变回流量($L = V - D$)。如果实验用的精馏塔是采用电磁摆针回流控制器，操作时，应首先将控制电磁摆针的时间继电器的时间比设定到期望的回流比值，然后，调节塔釜加热量，测定塔顶采出量，直至采出量达到回流比调节前的数值为止。若采用计量管或分级冷凝器手动调节，则只要控制塔顶采出量不变，调节塔釜加热量即可。对于间歇精馏，为保证塔顶产品质量，也通常采用变回流比操作的方式，即回流比随精馏时间逐步增加，其调节手段与连续精馏一样。

（3）实验精馏装置的安装与调试

①　塔的安装　为防止塔内液体偏流、壁流，造成气、液两相接触不良，降低精馏塔的分离效率，精馏塔安装必须保持垂直度。玻璃塔在加工时就应该挑选垂直度较好的材料，安装时应用采用垂线法，仔细调整垂直度。

装填填料前必须清洗塔壁和填料。装填料时，塔应斜放操作，避免垂直加入时撞断支承架。填料须少量分多次加入，边装填边用手或软物体轻轻拍打塔体，以避免填料架桥。装填完毕后继续拍打一段时间，直至填料位置不再下移为止。

②　系统检漏　不论是玻璃制的填料塔或是不锈钢制的填料塔，在安装完毕后都必须对各接口部分进行检漏。尤其对减压或是有污染介质存在时的操作，泄漏不仅会造成真空度下降，而且会造成安全隐患。某些介质在受热情况下与漏入空气接触，会发生氧化、碳化或聚合反应，不仅降低分离效率，也会影响传热效果。此外，毒物或刺激性物质的泄漏不仅污染

环境，也直接危害实验人员的健康。所以系统检漏必不可少。

③ 回流比的校核　前已述及，实验室的小型精馏装置多采用电磁摆针式回流控制器。由于采用时间控制，回流是不连续的，在相同的停留时间内，实际回流量与上升蒸气量、塔头结构、导流摆针的粗细、摆动的距离以及定时器给定的时间间隔的长短等诸多因素有关，因此，时间继电器给出的时间比与实际的回流比并不完全一致。使用前需要标定，标定方法见 1.2.3.4 节。

④ 控制仪表的调试　塔釜加热及塔体保温的控制调节仪表，在实验前也应检查调试，检验加热控制仪表、温度、压力检测仪表的稳定性、灵敏度和可靠性。

2.5.2　吸收实验技术

（1）圆盘塔吸收塔

为了模拟和研究填料塔中的气液反应过程，Stephens 和 Morris 发明了一种实验型吸收塔——圆盘塔。该塔如图 2-49 所示，圆盘塔塔身由带有喷嘴的夹套玻璃管构成，塔内气相占空间 85%，吸收用的圆盘互相交错 90° 串于不锈钢钢丝之上，并用黏结剂粘牢。圆盘材质为陶瓷，表面经 20%HF 水溶液处理。吸收时，液体从盘柱的顶部加入，在串接的圆盘上交替分布混合，类似于填料塔中液体从一个填料流至另一填料。而气相的流动速率比较小，处于滞留状态，因此，圆盘塔只适用于测定液相传质系数和化学吸收的增强因子，不适宜气相传质系数的测定。在圆盘塔实验中，通常采用纯气体以消除气相传质阻力。

圆盘塔的液相传质系数的关联式为：

$$\frac{k_L}{D_L}\left(\frac{\mu_L^2}{g_c\rho_L^2}\right)^{\frac{1}{3}} = 3.22 \times 10^{-3}\left(\frac{4\varGamma}{\mu_L}\right)^{0.7}\left(\frac{\mu_L}{\rho_L D_L}\right)^{0.5}$$

$$(2\text{-}38)$$

式中，$\varGamma = L/a$，为单位周边的质量流速，$kg/(m\cdot s)$；L 为喷淋密度，$kg/(m^2\cdot s)$；a 为比表面积，m^2/m^3。

圆盘塔在进行化学反应吸收测定以前，通常需用 CO_2-H_2O 系统进行校正（实验方法见实验六）。按下式测定得出塔的 A 值和方次 n，即

$$\frac{k_L}{D_L}\left(\frac{\mu_L^2}{g_c\rho_L^2}\right)^{\frac{1}{3}} = A\left(\frac{4\varGamma}{\mu_L}\right)^{n}\left(\frac{\mu_L}{\rho_L D_L}\right)^{0.5}$$

$$(2\text{-}39)$$

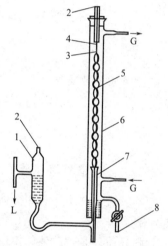

图 2-49　圆盘塔装置图
1—调液位器；2—取样口；
3—串线；4—进液口；
5—串盘；6—套管；
7—泄液管；8—溅散液出口

然后，将不同温度、液流速率和液相组成的化学吸收速率与该条件下按上式计算所得物理吸收速率相比较，即可得到化学吸收增强因子。

（2）湿壁塔

湿壁塔是研究气体吸收传质系数的另一种实验设备。与圆盘塔不同，湿壁塔的气液接触面积相对确定，表面积的大小与湿壁塔的结构和尺寸有关。图 2-50 表示了一种外壁降膜型的湿壁塔。塔体为一根直径为 15mm、长度为 250～300mm 的不锈钢柱，柱下端设计为针状结构，以消除塔的末端效应。吸收液从塔的顶部加入，经过分布盘均匀流入授液槽，授液槽与湿壁塔的外壁之间有 1～2mm 的环隙，槽内吸收液经过环隙沿塔壁呈膜状流动，与夹套内的气体逆流接触，完成吸收过程。内降膜湿壁塔吸收实验装置见图 2-51。

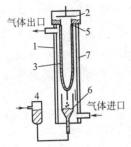

图 2-50 外降膜湿壁塔吸收实验装置

1—塔体；2—液体分布盘；3—液膜；4—液封调节；

5—环隙；6—液封；7—夹套

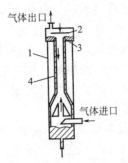

图 2-51 内降膜湿壁塔吸收实验装置

1—塔体；2—液体分布盘；3—溢流堰；4—液膜

湿壁塔测得的液膜传质系数 k_L 与液体的流速有关。如果湿壁塔的塔径 d_c，塔的长度 L，液体的黏度 μ 和密度 ρ，液体的体积流率 ν，则在液膜厚度均匀的理想的情况下，两相的接触时间 t^* 为：

$$t^* = \frac{2}{3}L\left[\left(\frac{\pi d_c}{\nu}\right)^2 \frac{3\mu}{\rho g}\right]^{1/3} \qquad (2\text{-}40)$$

液相传质系数为：

$$k_L = 2\sqrt{\frac{D}{\pi t^*}} \qquad (2\text{-}41)$$

2.5.3 超临界流体萃取技术

超临界流体技术是利用流体在临界点附近所具有的特殊性质而形成的一系列应用技术，如超临界流体萃取、重结晶、色谱分离、反应技术等。

超临界流体是指流体的温度和压力同时处于临界温度（T_c）和临界压力（p_c）附近时的状态，常用 SCF（supercritical fluid）表示超临界流体，如图 2-52 所示。

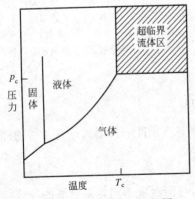

图 2-52 纯物质的 p-T 相图

温度、压力处于临界点附近的超临界流体兼具气体和液体的特性，其黏度和挥发能力类似于气体，黏度仅为液体的 1% 左右，自扩散系数比液体大 100 倍左右；而其密度和溶解能力却类似于液体，与气体相比，对物质具有更大的溶解能力。这些性质表明，如果采用超临界流体作为萃取剂，将比常规有机溶剂萃取具有更快的传质速率，更理想的分离效果。

超临界萃取最大的特点是可以通过调节过程的温度和压力来实现物质的提取和分离，并同步完成萃取剂的再生，因此不仅传质效率高，而且设备简单紧凑。超临界萃取装置主要由萃取器、分离器、压缩机、换热器和阀门等设备组成。如图 2-53 所示，超临界萃取的过程按照操作方式分为变压法、变温法和吸附法。

① 变压法　这是最简便的一种超临界萃取流程，超临界流体在萃取器 A 中完成萃取

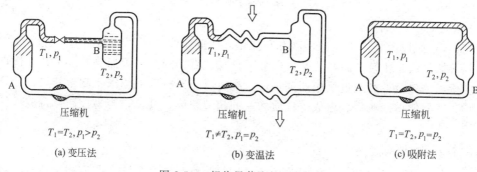

图 2-53　超临界萃取的几种类型

后，携带溶质经减压阀减压后进入分离器 B；在分离器中，减压操作，使溶质从流体中析出，流体则经压缩机增压后返回萃取器 A 循环使用。

② 变温法　与变压法不同，萃取后的超临界流体进入分离器后，通过改变温度使溶质和流体分开。采用此法，可加温萃取、降温分离；也可降温萃取，升温分离。

③ 吸附法　此法是在分离器中放置能吸附溶质的吸附剂，利用吸附作用使溶质和萃取剂分离。整个过程可在等温等压下进行，循环压缩机的功率可大大降低，只需克服循环系统的阻力损失。但吸附剂的再生比较麻烦，因此该过程只适用于萃出物较少或去除少量杂质的情况。

2.6　超细超纯产品的制备技术

2.6.1　超细材料的制备方法

超细颗粒通常泛指尺度为 $1 \sim 10^3 \mathrm{nm}$ 的微小固体颗粒，其含义包括原子或分子簇（cluster）、颗粒膜（granular）以及纳米材料（nanometer）。它处于微观粒子与宏观物体交界的过渡区域，既非典型的微观系统，亦非典型的宏观系统，具有一系列特殊的物理和化学性质。因此，超细颗粒不仅是一种分散体系，也是一种新型的材料。超细材料的制备有以下几种方法。

2.6.1.1　化学气相淀积法

CVD(chemical vapor deposition) 法是以气体为原料，通过气相化学反应生成物质的基本粒子 —— 分子、原子、离子等，经过成核和生长两个阶段合成薄膜、粒子、晶须和晶体等固体材料的工艺过程。在超细材料制备中，CVD 是最有发展潜力的技术之一。

根据加热方式的不同，CVD 法可以分为热 CVD 法、等离子体 CVD 法和激光 CVD 法等多种方法，这些方法各具特点，适于不同的 CVD 体系和不同种类超细颗粒的合成。

（1）热 CVD 法

热 CVD 法是用电炉将反应管（石英玻璃、硅酸铝和氧化铝等）加热至几百度到一千几百度，促使流过反应管的原料发生化学反应。热 CVD 法能在简单廉价的装置中进行，故被用于多种氧化物（TiO_2、SiO_2、Al_2O_3 等）、氮化物超细颗粒的合成，以及有机硅热分解制备 β-SiC 超细颗粒等过程。

（2）等离子体 CVD 法

等离子体 CVD 法是在等离子场中导入反应气体，使反应气体分解，形成活性很高的颗粒（原子、分子、离子、游离基）。该法可分为电弧等离子体法和高频诱导加热等离子体法。

利用等离子体法可合成 SiC 和 Si_3N_4 等超细颗粒。

（3）激光 CVD 法

激光 CVD 法以激光作为能源，激发和加热气体反应物分子，从而引起了化学反应。与其他的间接加热法相比较，激光法是气体分子自身被直接加热，因而具有以下几大优点，其一，反应所需的热量不必通过反应器壁传递，故对反应器材质的要求不高；其二，受热温度和时间均匀，故能得到粒径、组成等性质均一的超细粉体；其三，容易控制，合成条件再现性高。

2.6.1.2　液相合成法

液相法是目前实验室和工业中最为广泛采用的超细材料合成法。与固相法比较，液相法更为灵活，可以制取各种反应活性好的超细颗粒。液相法分为物理法和化学法两大类。

物理法是通过蒸发、升华等物理过程使金属盐从溶液中快速析出。即将溶解度高的盐水溶液雾化成小液滴，使其中盐类呈球状均匀地析出，或者采用冷冻干燥使水成冰，再在低温下减压升华脱水，然后将粉末状的盐类加热分解，得到金属氧化物超细微粒。

化学法是通过溶液中化学反应生成固体沉淀，然后将沉淀的粒子加热分解，制成超细颗粒。由于生成的沉淀化合物种类很多，如氢氧化物、草酸盐、碳酸盐、氧化物、氮化物等，因此该法是最具实用价值的方法。下面介绍几种典型的液相制备方法。

（1）共沉淀法

共沉淀法是在混合的金属盐溶液（含有两种或两种以上的金属离子）中加入合适的反应沉淀剂，生成组成均一的共沉淀物，再将沉淀物进行热分解得到高纯超细颗粒。共沉淀法的优点是通过溶液中的各种化学反应能够直接得到化学成分均一的复合粉料，且容易制备粒度小且较均匀的超细颗粒。

（2）醇盐水解法

醇盐水解法是一种新的合成超细颗粒的方法，它不需要添加碱就能进行加水分解，而且也没有有害阴离子和碱金属离子。其突出的优点是反应条件温和、操作简单，作为高纯度颗粒原料的制备，这是一种最为理想的方法之一，但成本昂贵是这一方法的缺点。醇盐是用金属元素置换醇中羟基的氢所形成的化合物之总称。金属醇盐的通式是 $M(OR)_n$，其中 M 是金属元素，R 是烷基（烃基）。

（3）喷雾干燥法

喷雾干燥法是用喷雾器把原料溶液雾化成 $10 \sim 20 \mu m$ 或更细的球状液滴，喷入热气流中快速干燥，得到形同中空球那样的圆粒粉料。喷雾干燥可不经粉磨工序，直接得到所需粉料，只要原料纯净，就能得到化学成分稳定、高纯度、性能优良的超细粉料。这是一种适合工业化大规模生产的超细粉料制备方法。

（4）喷雾热解法

喷雾热解法是将金属盐溶液喷雾至高温气氛中，使溶剂蒸发与金属盐热解同时发生，用一道工序制得氧化物粉末的方法。热解区可以是在高温反应器中或高温火焰中。

2.6.2　超纯试剂制备

2.6.2.1　实验室洁净度要求

对于制备高纯试剂，实验室环境影响是很大的。因此在实验室内，只控制温度和湿度是不够的，还应考虑实验室的洁净度。洁净实验室的等级主要是按大气中微粒的数目和大小来划分的，它是以每立方米空气中 $0.5 \sim 5.0 \mu m$ 直径微粒的最大颗粒数目为依据的。

2.6.2.2 试剂分类

（1）普通试剂

普通试剂一般分为三级，即优级纯、分析纯、化学纯，其标准如下。

① 优级纯：为一级品，相当于英美的保证试剂（GR），其纯度高，杂质含量低，主要用于精密的科学研究和痕量分析，标签为绿色。

② 分析纯：为二级品，相当于英美的分析试剂（AR），其纯度略低于优级纯，主要用于一般的科学研究和分析工作，标签为红色。

③ 化学纯：为三级品，相当于英美的化学纯（CP），纯度低于分析纯，用于一般工业分析，标签为蓝色。

（2）基准试剂

基准试剂又可细分为微量分析与有机分析标准试剂、pH基准试剂和折射率液等品种。

（3）高纯试剂

高纯试剂是指杂质含量很低，并被严格控制的试剂。高纯试剂等级常用纯度等级来表达杂质含量，如用 99%、99.9%、99.999% 表示，"9"的数目越多表示纯度越高，杂质含量越低。

高纯试剂种类繁多，标准也不统一。按纯度分类，可分为高纯、超纯、特纯、光谱纯等。按用途分类，可分为 MOS（metal-oxide-semiconductor）纯、电子纯、荧光纯、分光纯等。所谓光谱纯，就是试剂的杂质含量用光谱分析法已测不出或低于某一限度，此种试剂主要作为光谱分析中的标准物质或作为配制标样的基体。所谓分光纯，就是要求在一定波长范围内，试剂中没有或很少有干扰物质。

在实际工作中，应根据需要选用不同等级的试剂，以满足要求为原则。

2.6.2.3 高纯试剂提纯方法

生产高纯试剂主要的问题就是如何选用提纯技术。目前国内外常用的提纯技术就有十几种之多，它们各有各的特性，各具所长。

（1）还原法

还原法是制备高纯金属的主要方法。随着科学技术的发展，特别是电解技术的进步，使还原技术成为一个新的学科分支。还原法所用的还原剂有氢气、一氧化碳、二氧化硫、草酸、水合肼等。一般说来周期表中副族的大部分元素及ⅥB族、ⅦB族金属的氧化物（除铀外）都能以氢气来还原。如以金属氯化物、碘化物为原料时，则能被氢气还原的元素更多，Ⅴ族以前的元素亦可被还原（碳、硅、硼例外）。实践证明，可用氢气还原氧化物制备的金属有钨、钼、镍、铁、铜、钴、锰、锡、锌、铅等。比如，用还原法制备高纯铁时，是将 99.99% 的高纯氧化铁，置于石英管内，然后用管式炉将石英管加热至还原温度后，通入氢气，还原后冷却得到的还原铁呈粉状或海绵状，再经过适当回火或加热脱除吸附的氢气，然后进行烧结或熔融，制成棒状或粒状的成品，成品铁的纯度为 99.99%。

用还原法生产高纯试剂时，除了使用高纯原料外，作为还原剂、载气或保护气的气体也必须是高纯度的，因为即使气体中带有少量杂质也会对被还原的物质造成相当大的污染，所以高纯度的还原剂——氢气的制备，也是还原技术研究的重要内容。

（2）电解法

利用电能的作用使物质发生氧化还原反应的过程称为电解。在电解过程中，电解质中的阳离子向阴极移动，在阴极上得到电子，发生还原反应，阳离子所带的正电荷被电极放出的电子所中和而沉积在阴极上；与此同时，电解质中的阴离子向阳极移动，在阳极上失去电

子，发生氧化过程，此即电解的全过程。

电解按电解质种类可分为水溶液电解、熔盐电解和有机溶剂电解三种。在高纯试剂制备中用得最多的是水溶液电解。

在水溶液电解中，选择合适的电解液和电极材料是制取高纯物质的重要条件。电解液不仅要含有合适浓度的金属离子，而且要有合适的 pH 值，以利于金属在阴极的析出，此外溶液的导电性和安全性也是必须考虑的。常用的酸性电解质有硫酸盐、氯化物、硝酸盐，也有高氯酸盐、氢氟酸盐、酒石酸盐和苯磺酸盐等。

水溶液电解所用的阳极材料分为两种情况，其一，可溶性阳极材料，通常用被提纯金属加工制成，具有一定大小和厚度；其二，不溶性阳极材料，通常根据电解液的性能和电解条件来选取，还要综合考虑阳极材料的耐腐蚀和导电性能。电解所用的阴极材料，一般用被提纯金属的高纯产品来制作，以便电解产品可以直接沉积其上，不需要再行分离。当然，有时也用一些稳定性高的其他金属作为阴极片，如钛钢片、不锈钢片和铝片（须涂蜡）等，要求这种阴极片表面光滑，且易与析出金属分离。

（3）真空蒸馏与精馏法

蒸馏是制备高纯酸（硝酸、盐酸、硫酸、氢氟酸）和高纯有机溶剂的有效手段，在化学试剂的提纯中普遍使用。其中，真空蒸馏（或精馏）法可降低蒸馏温度，防止物料分解，尤其适用于高纯物质的制备。

（4）亚沸蒸馏法

亚沸蒸馏是在低于物质沸点的情况下进行蒸馏的一种方法。该法与传统的蒸馏法相比，具有产品纯度高、设备简单、操作方便、占地面小等特点。在国外许多化学试剂厂用于试剂提纯，已获得成效，可将普通蒸馏水和优级纯无机酸中杂质含量降低到 10^{-9} g/L 级。

亚沸蒸馏装置如图 2-54 所示，由高纯石英材料制成。其结构为：在两端封闭的大石英管（直径为 $8 \sim 10$cm）内斜插一冷凝管，大石英管内另有一细的 U 形石英管（内径 $7 \sim 8$mm），细管内有一条 $500 \sim 600$W 的电炉丝。蒸馏器下部有三个小孔，分别作为供料、溢流和收集馏出液用。左边部分为自动供料系统，用塑料或玻璃材料制作。插在供料瓶下口的是一段直径为 $14 \sim 16$mm 的玻璃管，它起到了自动控制蒸馏器内液面高低的作用。

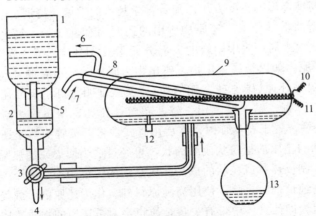

图 2-54　亚沸蒸馏器装置

1—供料瓶；2—水平控制器；3—三通活塞；4—排废液；5—通气孔；6—冷却水出口；7—冷却水进口；
8—冷凝管；9—蒸馏器；10—U 形电热丝；11—接调压器；12—溢流口；13—成品收集器

操作时，将物料加到供料瓶后，打开三通活塞，物料自动进入蒸馏器。接通冷却水，经调压器控制供电。电热丝发出的热量穿过石英管壁，对液体表面加热。在液体蒸发过程中，

混、预混合），以及反应器的热稳定性、参数敏感性等间接影响反应结果的因素，涉及各类反应器中的流动、传热和传质问题。由于工程因素的影响只与设备形式和操作方式有关，与反应的特性无关，因此具有共性化的特征。

在化工过程开发中，除了要掌握反应本身的规律，即反应动力学规律外，还需认真研究可能导致"放大效应"的各种工程因素的影响，掌握各类反应器中工程因素对器内浓度分布和温度分布的影响规律、影响程度及其与设备尺寸的关系，以避免"放大效应"。

研究工程因素的影响可以直接从工业装置上采集数据进行分析和关联，但更科学的方法是通过"冷模实验"进行研究。所谓冷模，就是在无反应参与的条件下，在与工业装置结构尺寸相似的试验设备中，研究各种工程因素的影响规律。

2.4.2 冷模实验的设计

（1）实验物料

前已述及，工程因素的影响与具体的反应特性无关。因此，进行冷模实验时，可直接选用空气、水、砂石等价廉、易得的材料来代替气体、液体和固体物料或催化剂进行试验。无需考虑选用真实物料所带来的储存、分离、提纯和后处理问题，使整个实验过程大为简化。

（2）实验设备的结构和尺寸

冷模实验的目的是针对某种类型的设备，在一定的操作范围内，考察各种工程因素的影响规律，并建立相应的数学模型，为设备放大提供指导。为使实验结果更具可靠性和适用性，在冷模实验中，通常要求实验装置的结构和尺寸尽可能接近工业装置，或者选择结构相似、尺寸大小不同的几套实验设备（有时部分结构也可变化）进行系统考察。虽然冷模实验设备的结构通常是"拷贝"设备原型，但这不是唯一的方法，也可以只取设备原型的局部构件，一般是取相同构件中的一部分，作为冷模实验设备。如在板式塔水力实验中，可以沿液流方向截取一长条；在径向床流体均布实验中，在径向床同心圆环截面上截取一个扇形面等。在确保实验结果能够充分反映设备原型的运行特征的条件下，取局部构件作为实验设备的优点是很显著的。它不仅可以简化实验装置，节省实验费用，尤其是可以大大地减少动力消耗。

（3）研究方法

冷模实验的研究方法通常是首先根据传递过程的原理，建立能够表达对象规律的数学模型，然后，通过实验确定模型参数，并检验模型的准确性和可靠性。因此，冷模实验设备尺寸的确定，除了要考虑与"原型"保持相似外，还要考虑能否有效地检验数学模型的可靠性和准确性，以及实验结果的适用范围。

2.4.3 冷模实验应用实例

（1）轴向固定床反应器流体均布技术

轴向固定床反应器结构简单，在化工生产中广泛应用于气固相催化反应。但是在此类反应器中，由于气流从进口管道进入反应器后，流道突然扩大，容易导致气流分布不均、催化剂负荷不匀。因此，在工业装置中，即便表观气速与小试相同，由于上述原因，工业装置的反应效率也会显著下降，在薄床层中更为突出。因此，解决进口气流的均布问题是反应器的重要内容。

传统的均布措施是增加阻力，如图2-30所示，通过设置分布板或填料层来均布气体。近年来开发的扩散锥与整流网格组合的均布装置（图2-31），既能使气流良好均布，又无过大能量消耗。气流进入反应器，经扩散锥迅速扩张。整流网格的作用是使气流产生偏折，消除径向速率，以均匀的轴向速率进入催化剂床层。这些均布技术的开发都是通过冷模实验来研究的。

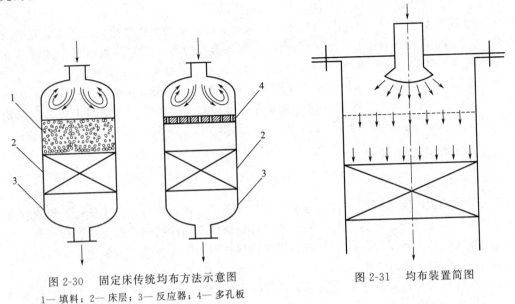

图 2-30　固定床传统均布方法示意图
1—填料；2—床层；3—反应器；4—多孔板

图 2-31　均布装置简图

(2) 径向床流体均布技术

径向床反应器是一种气体沿着半径方向流经催化床层的固定床反应器。该反应器的特点是气体在催化床中的流通面积较大且流动距离短、催化剂床层薄、阻力小，适用于催化剂粒度小、操作压力低的气固相催化反应。

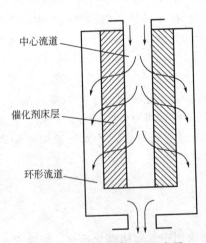

图 2-32　径向床反应器示意图

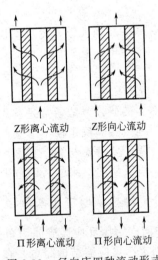

图 2-33　径向床四种流动形式

由于径向流动导致了气体沿轴向的均布问题，这个问题成为影响径向床反应器性能的重要因素，因此该反应器设计的关键是解决流体的均布问题。

如图 2-32 所示，径向固定床反应器由中心流道、环形催化剂床层及环形流道构成。根据流体的运动方向，可分为 Z 形向心式、Z 形离心式、Π 形向心式、Π 形离心式四种形式（见图 2-33）。气流从分流管（中心管道或环形管道）沿轴向进入反应器，在沿轴向流动的同时，沿径向分散，穿过环形催化剂床层，汇入合流管（环形管道或中心管道），流出反应器。

由于径向分散，使流体在分流与合流管道中，做变质量流动，导致催化剂床层两侧（中心流道及环形流道）的压差 Δp 沿轴向分布不均，因而使流体分布不匀。因此，如何采取措施，在不增加阻力的条件下，使催化剂床层两侧压差 Δp 沿轴向均匀分布，成为解决问题的关键，也是冷模实验需要研究的问题。目前，成功的解决方案是在中心分流管道中增设导流筒（对 Z 形离心式），通过改变流道大小来解决变质量流动造成的压差分布问题，以使同平面压差趋于均匀（见图 2-34）。通过冷模实验可以检验均布方案的可靠性。依据的理论模型如下。

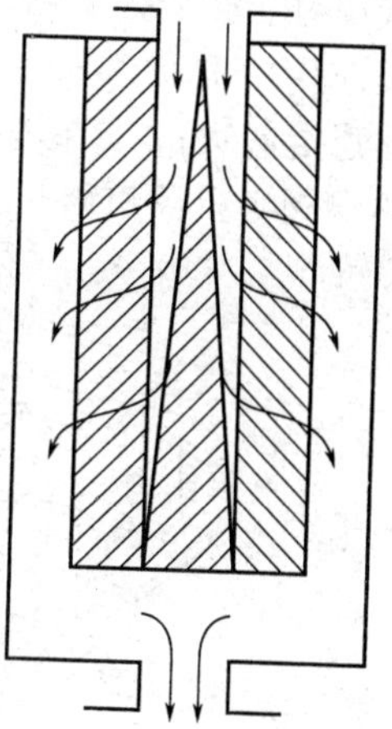

图 2-34　加导流筒实验装置

① 无导流筒的径向床流动方程为：

中心流道：

$$\frac{1}{\rho}\frac{\mathrm{d}p_1}{\mathrm{d}z_1}+(2-\beta_1)w_1\frac{\mathrm{d}w_1}{\mathrm{d}z_1}+\frac{\lambda}{2D_e}w_1^2=0 \qquad (2\text{-}32)$$

环形流道：

$$\frac{1}{\rho}\frac{\mathrm{d}p_2}{\mathrm{d}z_2}+(2-\beta_2)w_2\frac{\mathrm{d}w_2}{\mathrm{d}z_2}+\frac{\lambda}{2D_e}w_2^2=0 \qquad (2\text{-}33)$$

② 加导流筒的中心分流径向床流动方程（Z 形离心式）为：

中心流道：

$$\frac{1}{\rho}\frac{\mathrm{d}p}{\mathrm{d}z_1}+\left(2w_1\frac{\mathrm{d}w_1}{\mathrm{d}z_1}+\frac{w_1^2}{A_1}\frac{\mathrm{d}A_1}{\mathrm{d}z_1}\right)+\frac{A_2}{A_1}\beta_1 w_1\frac{\mathrm{d}w_1}{\mathrm{d}z_1}+\frac{\lambda}{2D_e}w_1^2=0 \qquad (2\text{-}34)$$

通过催化剂床层的流动方程为：

$$\frac{\Delta p}{\Delta r}=150\frac{(1-\varepsilon)^2}{\varepsilon^3}\times\frac{\mu u}{d_P^2}+1.75\frac{(1-\varepsilon)}{\varepsilon^3}\times\frac{\rho u^2}{d_P} \qquad (2\text{-}35)$$

式中，ε 为床层空隙率；u 为径向速率；d_P 为催化剂粒径。

上述方程中下标为 1 的表示中心流道值，下标为 2 的表示环形流道值；ρ 为流体密度；p 为压力；w 为流道内轴向速率；z 为轴向坐标；λ 为摩阻系数；D_e 为流道的水力当量直径；β 为动量交换系数。可见，只要通过科学的实验设计，设法测定压差 Δp 和流速 w_i 沿轴向的分布，便能了解流体的均布情况，确定流动方程的模型参数，为径向床的设计放大提供依据。冷模实验的方法见实验十六。

如果以压差沿轴向分布的模型计算值与实测值的方差作为比较标准，则加置导流筒后，压力分布测定实验结果表明，催化剂床层两端压差均布情况大大改善。

未加导流筒时：

$$\frac{\sigma_{n-1}}{\sqrt{\Delta p}}=0.351 \qquad (2\text{-}36)$$

加导流筒后：

$$\frac{\sigma_{n-1}}{\sqrt{\Delta p}}=0.071 \qquad (2\text{-}37)$$

(3) 导向浮阀塔板性能测试

F1 型（国外称 V1 型）浮阀塔是性能优良的气液传质设备，其特点是操作弹性大、气液接触状况好、传质效率高，自1950年左右问世以来，在炼油和化学工业中得到广泛应用。但实际应用中也发现F1型浮阀塔板也存在一些问题，主要有：① 液面梯度较大；② 塔板上的液体返混较大；③ 在塔板两侧的弓形区域内存在液体滞留区。为了改进这些问题，各种新型的浮阀塔板被相继开发，其中，最有代表性的新型高效浮阀塔板是导向浮阀塔板。

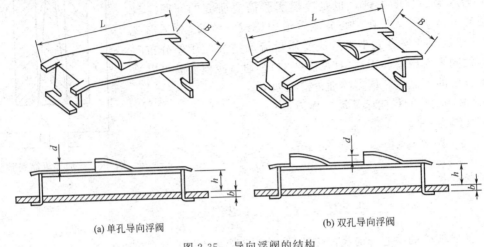

(a) 单孔导向浮阀 (b) 双孔导向浮阀

图 2-35　导向浮阀的结构

① 导向浮阀塔板的结构特点　导向浮阀的结构如图2-35所示。其设计思想是保留F1型浮阀塔板的优点，克服其缺点。因此，针对F1型浮阀塔板存在的问题作了如下改进。

a. 将浮阀的形状由圆形改为长方形，使气体从浮阀的两侧，沿着与液流垂直的方向流出，克服了圆形浮阀气体从阀隙四面八方流出引起的塔板液流的显著返混现象，使塔板上液体的返混程度明显减小。

b. 在导向浮阀的上方，开设了导向孔，导向孔的开口方向与塔板上的液流方向一致。在操作中，借助从导向孔流出的气体，推动塔板上的液体前进，从而消除液体流动方向上的液位差，使液层厚度趋于均匀。

c. 为了减少塔板两侧的弓形区域内液体循环流动形成的液体滞留区，提高塔板的传质效率，在位于液体滞留区中的导向浮阀上开设2只导向孔，如图2-35(b)所示。以加速液体流动，使整个塔板上的液体流速趋于均匀。

② 冷模实验装置　为了研究和测定导向浮阀塔板的性能，利用如图2-36所示的实验装置进行冷模实验。冷模实验在1600mm×400mm的矩形冷模塔内进行，以空气-水为介质，研究导向浮阀塔板的流体力学性能；以CO_2-水吸收为对象，研究塔板的传质效率。分别测定了导向浮阀塔板的临界阀孔气速、塔板压降、雾沫夹带和液体泄漏。并在同样条件下对导向浮阀塔板与F1型浮阀塔板，进行实验比较。

研究结果表明：与F1型浮阀塔板相比，导向浮阀塔板具有更好的流体力学和传质性能，塔板效率明显提高。

(4) 填料性能测试

填料塔与板式塔相比，具有传质效率高、能耗小、压降低等优点，在化工产品的分离提纯中得到广泛应用。特别是近20年来，金属丝网波纹填料、板波纹填料、网孔波纹填料等各种高效规整填料的相继问世，使填料塔具有效率高、通量大、压降低、持液量小等优点，在高负荷量、热敏性物系的真空精馏，以及高纯度产品的精密精馏中得到日趋广泛的应用，而这些新型填料的设计、开发和性能测试离不开冷模实验。

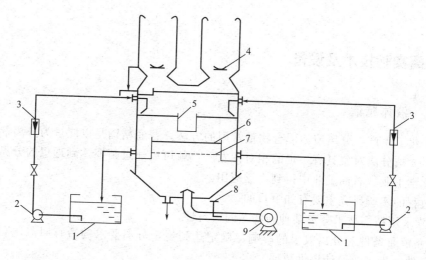

图 2-36　板式塔冷模实验装置图

1—水槽；2—水泵；3—转子流量计；4—捕沫器；5—降液管；6—实验板；7—气体分布板；8—毕托管；9—风机

　　填料性能测试的实验装置及流程如图 2-37 所示。实验塔为 $\phi 400\text{mm} \times 6\text{mm}$ 的有机玻璃塔，为便于装卸，整个塔分为四个部分，即塔顶除沫器与液体分布器、上塔体、下塔体和塔底支承部分。在塔体上开有引压孔，以连接 U 形压差计，用于测量填料层压降。实验中，空气由鼓风机输送，气体流速由毕托管测定，水由离心泵输送，液体由转子流量计计量后经塔顶液体分布器进入塔内，由塔底流出的液体返回水槽循环使用。

　　实验内容包括流体力学实验和传质实验。在流体力学实验中，采用空气-水系统，测取不同喷淋密度下的液泛气速和填料层压降等数据。

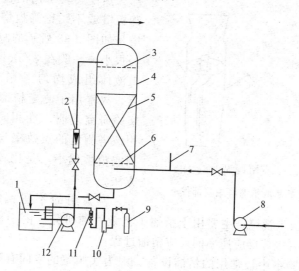

图 2-37　填料性能测试实验流程图

1—水槽；2—转子流量计；3—液体分布器；4—塔体；5—填料；6—支承板；7—毕托管；
8—风机；9—钢瓶；10—稳压器；11—CO_2 转子流量计；12—离心泵

　　在传质实验中，采用空气-水-CO_2 系统，将 CO_2 溶解于水中，用空气解吸水中的 CO_2，以测定 CO_2 解吸的传质效率。所用 CO_2 由钢瓶减压后进入稳压器，经气体转子流量计计量后，加到离心泵进口，与水混合后，经液体转子流量计进入塔内。在液体的进出口均设有取样口。

2.5　分离实验技术及设备

2.5.1　液体精馏

精馏是化工生产中分离液体混合物最常用的方法。普通精馏是以能量为分离剂的清洁分离技术，只要被分离对象具有一定的相对挥发度，就可以通过精馏达到理想的分离。因此，该技术在化学工业、石油工业中得到广泛应用。

精馏过程的实验研究主要有如下目的。

① 探索采用精馏技术分离某种新物系的可行性。

② 研究精馏条件对分离效果的影响，确定达到规定分离要求的适宜回流比和塔板数，优选工艺条件，为工业设计提供数据。

③ 模拟工业精馏装置的工况，进行校核实验，为装置的技术改造和优化提供依据。

④ 检验计算机模拟计算结果的准确性，选择相平衡模型或确定模型参数。

⑤ 制备高纯物质，提供产品或中间产品的纯样，供分析评价使用。

⑥ 研究物系性质对精馏塔效率以及流体力学性能的影响。

2.5.1.1　精馏实验设备

精馏实验设备主要是精馏塔。可根据不同的实验要求，选取不同的塔型、尺寸与结构。

（1）塔型的选择

与工业精馏塔一样，实验室中采用的精馏塔也分为板式塔和填料塔两种类型。

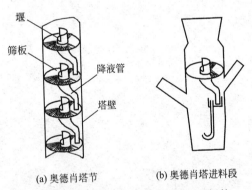

(a) 奥德肖塔节　　(b) 奥德肖塔进料段

图 2-38　奥德肖塔萃取精馏塔主要部件

热模实验所用的板式塔，通常是玻璃筛板塔或不锈钢筛板塔。常用的玻璃筛板塔是如图 2-38 所示的"奥德肖塔"。该塔直径很小，一般在 $\phi25mm$，因此可以认为板上液体组成均匀，相当于大塔中的一个点，故常用于测定精馏塔的点效率。大量实验研究表明，在相同的泛点百分率下，用该塔测定的点效率与工业塔的点效率相当或稍微偏小，是比较公认的点效率测定方法。

实验用的不锈钢筛板塔一般直径在50mm 左右，部分塔板带视镜，主要用于精馏工艺条件的研究。由于板式塔的持液量比较高，也可用于研究具有中等反应速率的反应精馏过程。

玻璃填料塔是实验室中最常用的精馏设备。因为实验室的空间有限，塔高一般为 1～3m，因此，提高理论塔板数的方法是选择等板高度小的高效精密填料。实验用填料也分为散堆填料（见图 2-39）和整装填料（见图 2-40）两类。散堆填料塔包括拉西环、金属丝弹簧、玻璃丝弹簧、压延刺孔 θ 环等，整堆填料主要有金属丝网波纹填料和塑料丝网波纹填料。因为填料可供选择的类型多，塔体制作简单，拆装方便，实验室常用玻璃填料塔来测定填料性能、分离效率和流体力学性能，确定塔高、进料位置、回流比、加热速率等设备参数或操作条件。

(a) 金属丝弹簧

(b) 玻璃丝弹簧

(c) 拉西瓷环

图 2-39　实验用散堆填料

（2）塔体尺寸的选择

由于实验研究处理的物料量通常比较小，因此，精馏塔的尺寸也不大，一般塔径在 25 ～ 100mm，塔高为 1～3m。尺寸设计的原则是：① 物料能够准确计量，满足稳定操作、分析测试的要求；② 设备加工容易、保温方便、控制灵敏。

图 2-40　实验用整装填料

（3）塔头的选择

回流装置（又称塔头）是精馏塔的重要部件，回流装置通常由冷凝器、回流分配器、测温点及控制阀门组成，其功能是冷凝气体、收集馏出液、调控回流量、调节操作压力。由于实验室用的精馏塔多使用玻璃材质，且尺寸和物料处理量很小，为了有效地冷凝气体，方便地收集产品，准确地测量温度，灵活地控制回流，根据分离需要的回流状态，塔头的形式多种多样。根据气体冷凝状态，大致分为部分冷凝和全凝型两类。部分冷凝塔头如图 2-41、图 2-42 所示，气体在冷凝器内部分冷凝，凝液流回塔内，未凝气体直接离开系统，从溶液中分离。全凝型塔头如图 2-43 ～ 图 2-46 所示，气体全部冷凝，通过回流分配器的调节，部分回流，部分采出。

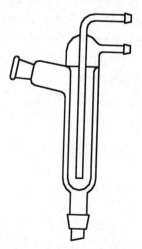

图 2-41　直形回流冷凝管

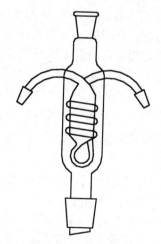

图 2-42　蛇形回流冷凝管

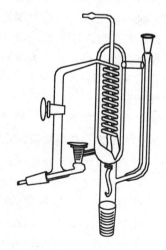

图 2-43　封闭式分馏头

由于塔头具有上述的多种功能，对精馏塔的操作稳定性影响很大，因此选择合适的塔头至关重要。塔头选择的基本原则是：① 回流比便于控制和调节；② 塔头内滞留液体量应尽量少；③ 结构简单紧凑，拆装方便；④ 能用于常压或减压操作。

　　回流分配器是塔头的核心部件。工业装置上使用的回流分配器一般是通过专门设计的溢流或切换装置，在液体连续流动的状态下通过阀门控制回流比。但在实验室中，由于设备小、物料少，很难在连续状态下调节回流比。因此，实验室小型玻璃精馏塔常采用电磁摆针式回流控制器。如图 2-45 所示，其原理是通过时间继电器控制电磁线圈的通断电时间，使电磁导流摆针在出料口或回流口停留，以停留时间的分配比来控制回流比。电磁摆针是在玻璃短管内封入铁针制成。当电磁线圈通电时，摆针被吸向线圈侧，断电时，恢复原位，从而在出料或回流口间摆动。

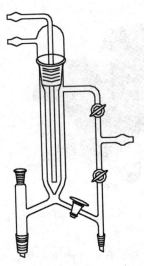
图 2-44　活塞式分馏头

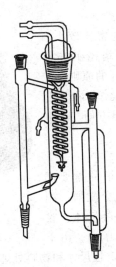
图 2-45　电磁漏斗分馏头

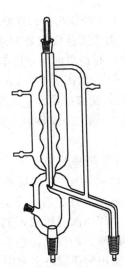
图 2-46　电磁活塞分馏头

（4）塔体保温

　　由于小型精馏塔的比表面积较大，热损失比较明显，往往导致蒸气无法到达塔顶，内回流严重，甚至引起塔内液泛，实验无法进行，沸点较高的物系尤其严重。因此为减少热损失，一般在蒸气上升部位，以及塔体外壁采取物理保温或电热保温的措施。如图 2-47 所示，对于玻璃塔采用的保温措施主要有：① 在塔身外加设表面镀银的真空夹套，此法使用方便，但保温性能随使用寿命的增长而变差，观察塔内气、液接触状况不方便；② 在塔身外包裹保温材料，此法实施简单，但保温效果无法控制调节，且不能观察塔内气、液接触状况；③ 在塔身或玻璃夹套外缠绕电热丝，此法可通过改变保温电流调节保温效果，且可以方便地观察塔内气、液接触状况；④ 在塔身外镀导电膜，通过改变保温电压调节保温效果，可选择透明膜，方便观察塔内气、液接触状况，此方法适用于高度不超过 1m 的塔段。

2.5.1.2　精馏实验的操作与控制

（1）精馏实验的操作方式

　　精馏塔操作一般分为间歇与连续两种方式。实验研究通常根据研究的目的、控制的难易、精馏的方式，以及物料的特性来选择操作方式。

　　如果实验目的是检验连续精馏模拟计算的可靠性、校核工业连续精馏装置的分离效率或研究萃取精馏等特殊精馏方式，则必须选择连续精馏。由于实验塔容量小、进出料量小、热损失相对较大，因此，实验室小塔连续精馏的操作控制比大塔要困难。

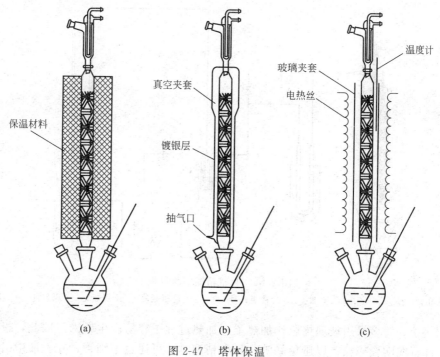

图 2-47　塔体保温

　　如果实验目的是探索分离的可行性，分离热敏性物质，测定填料或塔板传质效率，研究反应精馏、共沸精馏等特殊精馏过程，高真空精密精馏制备高纯度物质等，一般应选择间歇精馏。因为间歇精馏塔操作比较灵活，不需配备精密和昂贵的控制仪表。对于小批量、多品种的物料的研究非常适用。间歇操作有两种方式，即恒定回流比和恒定馏出液组成。一般实验室多采用恒定回流比的方式操作，收集不同时间的馏分。

　　(2) 精馏实验装置的控制

　　① 操作压力控制　按操作压力，精馏可分为加压精馏、常压精馏和真空精馏。加压精馏主要用于液化气体的分离，真空精馏常用于热敏性物料、易氧化、分解或聚合结焦的物系的分离。对于非常压操作的精馏塔，实验前必须首先检测系统的密闭性。特别真空精馏时，系统对压力的波动非常敏感，真空度降低，塔釜会停止沸腾，塔内上升蒸气量会骤减；真空度增大，塔釜会沸腾剧烈，上升蒸气量骤增，因而使气、液两相的流量非常不稳定。真空精馏的实验流程如图 2-48 所示。可见真空抽气口和测压点均设在塔头的气相空间，因此，装置设计和操作时应注意三个问题，其一，应尽量选用阻力小的塔板或填料，以免阻力过大，导致塔釜真空度不达标，一般要求全塔的总压降 ≤ 塔顶绝对压力；其二，不仅要严格控制塔顶的真空度，而且要关注塔顶和塔釜间的压差，以免压差过大，导致塔釜温度过高，物料分解或结焦；其三，当馏出物结晶温度较高时，应控制塔顶冷却水的温度，以免物料结晶堵塞抽气管路。

　　无论是加压、常压或真空精馏，塔釜压力都是需要监控的参数，釜压直接反映塔内的流体力学状况。一旦釜压出现明显的波动，说明塔内有局部液泛发生。

　　② 塔釜加热控制　精馏塔釜的温度由物料组成及操作压力确定。间歇操作时塔釜温度随釜液组成的变化而变化。塔釜加热的作用是产生足够的气相蒸气量。由于不同性质、不同组成的物料汽化潜热不同，因此产生单位蒸气所需的加热量也不一样。在实验研究中，由于小塔的热损失相对较大，难以准确估计，所以塔釜加热量通常不是通过理论计算确定，而是靠实验摸索。

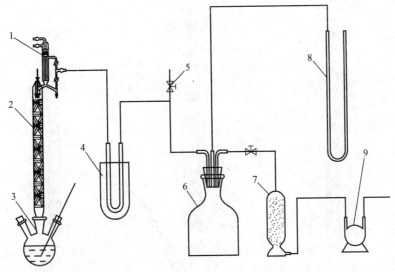

图 2-48　真空精馏实验流程

1—分馏头；2—填料塔；3—蒸馏釜；4—冷阱；5—阀；6—稳压瓶；7—干燥瓶；8—压差计；9—真空泵

精馏实验装置多采用玻璃烧瓶作加热釜，加热过程中容易产生暴沸。因此，投料前应在釜中加入沸石或陶瓷碎粒，以避免暴沸。真空精馏时，可通过毛细管，在釜液中引入少量的空气或氮气鼓泡，以避免暴沸。

③ 回流比控制　回流比是影响精馏塔分离效率的重要参数。在塔高一定，汽化量(V)一定的条件下，回流比越大，塔的分离效率越高。因此，回流比的调节与控制是精馏塔操作的重要手段。

在连续精馏中，塔顶的采出量(D)是根据分离要求，由物料衡算决定的，不能随意改变，调节回流比($R = L/D$)实际上是调节液体回流量(L)，因此，连续精馏回流比的调节是通过改变塔釜加热量来实现的，即通过调节加热量来改变上升蒸气量(V)，从而改变回流量($L = V - D$)。如果实验用的精馏塔是采用电磁摆针回流控制器，操作时，应首先将控制电磁摆针的时间继电器的时间比设定到期望的回流比值，然后，调节塔釜加热量，测定塔顶采出量，直至采出量达到回流比调节前的数值为止。若采用计量管或分级冷凝器手动调节，则只要控制塔顶采出量不变，调节塔釜加热量即可。对于间歇精馏，为保证塔顶产品质量，也通常采用变回流比操作的方式，即回流比随精馏时间逐步增加，其调节手段与连续精馏一样。

（3）实验精馏装置的安装与调试

① 塔的安装　为防止塔内液体偏流、壁流，造成气、液两相接触不良，降低精馏塔的分离效率，精馏塔安装必须保持垂直度。玻璃塔在加工时就应该挑选垂直度较好的材料，安装时应用采用垂线法，仔细调整垂直度。

装填料前必须清洗塔壁和填料。装填料时，塔应斜放操作，避免垂直加入时撞断支承架。填料须少量分多次加入，边填边用手或软物体轻轻拍打塔体，以避免填料架桥。装填完毕后继续拍打一段时间，直至填料位置不再下移为止。

② 系统检漏　不论是玻璃制的填料塔或是不锈钢制的填料塔，在安装完毕后都必须对各接口部分进行检漏。尤其对减压或是有污染介质存在时的操作，泄漏不仅会造成真空度下降，而且会造成安全隐患。某些介质在受热情况下与漏入空气接触，会发生氧化、碳化或聚合反应，不仅降低分离效率，也会影响传热效果。此外，毒物或刺激性物质的泄漏不仅污染

环境，也直接危害实验人员的健康。所以系统检漏必不可少。

③ 回流比的校核　前已述及，实验室的小型精馏装置多采用电磁摆针式回流控制器。由于采用时间控制，回流是不连续的，在相同的停留时间内，实际回流量与上升蒸气量、塔头结构、导流摆针的粗细、摆动的距离以及定时器给定的时间间隔的长短等诸多因素有关，因此，时间继电器给出的时间比与实际的回流比并不完全一致。使用前需要标定，标定方法见 1.2.3.4 节。

④ 控制仪表的调试　塔釜加热及塔体保温的控制调节仪表，在实验前也应检查调试，检验加热控制仪表、温度、压力检测仪表的稳定性、灵敏度和可靠性。

2.5.2　吸收实验技术

（1）圆盘塔吸收塔

为了模拟和研究填料塔中的气液反应过程，Stephens 和 Morris 发明了一种实验型吸收塔——圆盘塔。该塔如图 2-49 所示，圆盘塔塔身由带有喷嘴的夹套玻璃管构成，塔内气相占空间 85%，吸收用的圆盘互相交错 90° 串于不锈钢丝之上，并用黏结剂粘牢。圆盘材质为陶瓷，表面经 20%HF 水溶液处理。吸收时，液体从盘柱的顶部加入，在串接的圆盘上交替分布混合，类似于填料塔中液体从一个填料流至另一填料。而气相的流动速率比较小，处于滞留状态，因此，圆盘塔只适用于测定液相传质系数和化学吸收的增强因子，不适宜气相传质系数的测定。在圆盘塔实验中，通常采用纯气体以消除气相传质阻力。

圆盘塔的液相传质系数的关联式为：

$$\frac{k_L}{D_L}\left(\frac{\mu_L^2}{g_c \rho_L^2}\right)^{\frac{1}{3}} = 3.22 \times 10^{-3}\left(\frac{4\Gamma}{\mu_L}\right)^{0.7}\left(\frac{\mu_L}{\rho_L D_L}\right)^{0.5} \tag{2-38}$$

式中，$\Gamma = L/a$，为单位周边的质量流速，$kg/(m \cdot s)$；L 为喷淋密度，$kg/(m^2 \cdot s)$；a 为比表面积，m^2/m^3。

圆盘塔在进行化学反应吸收测定以前，通常需用 CO_2-H_2O 系统进行校正（实验方法见实验六）。按下式测定得出塔的 A 值和方次 n，即

$$\frac{k_L}{D_L}\left(\frac{\mu_L^2}{g_c \rho_L^2}\right)^{\frac{1}{3}} = A\left(\frac{4\Gamma}{\mu_L}\right)^{n}\left(\frac{\mu_L}{\rho_L D_L}\right)^{0.5} \tag{2-39}$$

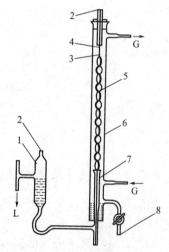

图 2-49　圆盘塔装置图
1—调液位器；2—取样口；
3—串线；4—进液口；
5—串盘；6—套管；
7—泄液管；8—溅散液出口

然后，将不同温度、液流速率和液相组成的化学吸收速率与该条件下按上式计算所得物理吸收速率相比较，即可得到化学吸收增强因子。

（2）湿壁塔

湿壁塔是研究气体吸收传质系数的另一种实验设备。与圆盘塔不同，湿壁塔的气液接触面积相对确定，表面积的大小与湿壁塔的结构和尺寸有关。图 2-50 表示了一种外壁降膜型的湿壁塔。塔体为一根直径为 15mm、长度为 250～300mm 的不锈钢柱，柱下端设计为针状结构，以消除塔的末端效应。吸收液从塔的顶部加入，经过分布盘均匀流入授液槽，授液槽与湿壁塔的外壁之间有 1～2mm 的环隙，槽内吸收液经过环隙沿塔壁呈膜状流动，与夹套内的气体逆流接触，完成吸收过程。内降膜湿壁塔吸收实验装置见图 2-51。

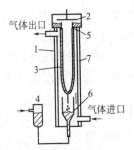

图 2-50　外降膜湿壁塔吸收实验装置

1—塔体；2—液体分布盘；3—液膜；4—液封调节；

5—环隙；6—液封；7—夹套

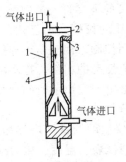

图 2-51　内降膜湿壁塔吸收实验装置

1—塔体；2—液体分布盘；3—溢流堰；4—液膜

湿壁塔测得的液膜传质系数 k_L 与液体的流速有关。如果湿壁塔的塔径 d_c，塔的长度 L，液体的黏度 μ 和密度 ρ，液体的体积流率 ν，则在液膜厚度均匀的理想的情况下，两相的接触时间 t^* 为：

$$t^* = \frac{2}{3} L \left[\left(\frac{\pi d_c}{\nu} \right)^2 \frac{3\mu}{\rho g} \right]^{1/3} \tag{2-40}$$

液相传质系数为：

$$k_L = 2 \sqrt{\frac{D}{\pi t^*}} \tag{2-41}$$

2.5.3　超临界流体萃取技术

超临界流体技术是利用流体在临界点附近所具有的特殊性质而形成的一系列应用技术，如超临界流体萃取、重结晶、色谱分离、反应技术等。

超临界流体是指流体的温度和压力同时处于临界温度（T_c）和临界压力（p_c）附近时的状态，常用 SCF(supercritical fluid) 表示超临界流体，如图 2-52 所示。

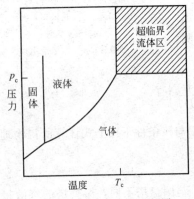

图 2-52　纯物质的 p-T 相图

温度、压力处于临界点附近的超临界流体兼具气体和液体的特性，其黏度和挥发能力类似于气体，黏度仅为液体的 1% 左右，自扩散系数比液体大100 倍左右；而其密度和溶解能力却类似于液体，与气体相比，对物质具有更大的溶解能力。这些性质表明，如果采用超临界流体作为萃取剂，将比常规有机溶剂萃取具有更快的传质速率，更理想的分离效果。

超临界萃取最大的特点是可以通过调节过程的温度和压力来实现物质的提取和分离，并同步完成萃取剂的再生，因此不仅传质效率高，而且设备简单紧凑。超临界萃取装置主要由萃取器、分离器、压缩机、换热器和阀门等设备组成。如图 2-53 所示，超临界萃取的过程按照操作方式分为变压法、变温法和吸附法。

① 变压法　这是最简便的一种超临界萃取流程，超临界流体在萃取器 A 中完成萃取

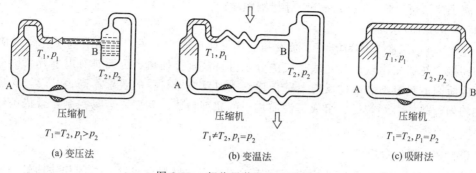

(a) 变压法	(b) 变温法	(c) 吸附法
T_1, p_1	T_1, p_1	T_1, p_1
B T_2, p_2	B T_2, p_2	T_2, p_2
压缩机	压缩机	压缩机
$T_1 = T_2, p_1 > p_2$	$T_1 \neq T_2, p_1 = p_2$	$T_1 = T_2, p_1 = p_2$

图 2-53　超临界萃取的几种类型

后，携带溶质经减压阀减压后进入分离器 B；在分离器中，减压操作，使溶质从流体中析出，流体则经压缩机增压后返回萃取器 A 循环使用。

② 变温法　与变压法不同，萃取后的超临界流体进入分离器后，通过改变温度使溶质和流体分开。采用此法，可加温萃取、降温分离；也可降温萃取，升温分离。

③ 吸附法　此法是在分离器中放置能吸附溶质的吸附剂，利用吸附作用使溶质和萃取剂分离。整个过程可在等温等压下进行，循环压缩机的功率可大大降低，只需克服循环系统的阻力损失。但吸附剂的再生比较麻烦，因此该过程只适用于萃出物较少或去除少量杂质的情况。

2.6　超细超纯产品的制备技术

2.6.1　超细材料的制备方法

超细颗粒通常泛指尺度为 $1 \sim 10^3 \, nm$ 的微小固体颗粒，其含义包括原子或分子簇（cluster）、颗粒膜（granular）以及纳米材料（nanometer）。它处于微观粒子与宏观物体交界的过渡区域，既非典型的微观系统，亦非典型的宏观系统，具有一系列特殊的物理和化学性质。因此，超细颗粒不仅是一种分散体系，也是一种新型的材料。超细材料的制备有以下几种方法。

2.6.1.1　化学气相淀积法

CVD(chemical vapor deposition) 法是以气体为原料，通过气相化学反应生成物质的基本粒子 —— 分子、原子、离子等，经过成核和生长两个阶段合成薄膜、粒子、晶须和晶体等固体材料的工艺过程。在超细材料制备中，CVD 是最有发展潜力的技术之一。

根据加热方式的不同，CVD 法可以分为热 CVD 法、等离子体 CVD 法和激光 CVD 法等多种方法，这些方法各具特点，适于不同的 CVD 体系和不同种类超细颗粒的合成。

（1）热 CVD 法

热 CVD 法是用电炉将反应管(石英玻璃、硅酸铝和氧化铝等)加热至几百度到一千几百度，促使流过反应管的原料发生化学反应。热 CVD 法能在简单廉价的装置中进行，故被用于多种氧化物(TiO_2、SiO_2、Al_2O_3 等)、氮化物超细颗粒的合成，以及有机硅热分解制备 β-SiC 超细颗粒等过程。

（2）等离子体 CVD 法

等离子体 CVD 法是在等离子场中导入反应气体，使反应气体分解，形成活性很高的颗粒(原子、分子、离子、游离基)。该法可分为电弧等离子体法和高频诱导加热等离子体法。

利用等离子体法可合成 SiC 和 Si_3N_4 等超细颗粒。

（3）激光 CVD 法

激光 CVD 法以激光作为能源，激发和加热气体反应物分子，从而引起了化学反应。与其他的间接加热法相比较，激光法是气体分子自身被直接加热，因而具有以下几大优点，其一，反应所需的热量不必通过反应器壁传递，故对反应器材质的要求不高；其二，受热温度和时间均匀，故能得到粒径、组成等性质均一的超细粉体；其三，容易控制，合成条件再现性高。

2.6.1.2　液相合成法

液相法是目前实验室和工业中最为广泛采用的超细材料合成法。与固相法比较，液相法更为灵活，可以制取各种反应活性好的超细颗粒。液相法分为物理法和化学法两大类。

物理法是通过蒸发、升华等物理过程使金属盐从溶液中快速析出。即将溶解度高的盐水溶液雾化成小液滴，使其中盐类呈球状均匀地析出，或者采用冷冻干燥使水成冰，再在低温下减压升华脱水，然后将粉末状的盐类加热分解，得到金属氧化物超细微粒。

化学法是通过溶液中化学反应生成固体沉淀，然后将沉淀的粒子加热分解，制成超细颗粒。由于生成的沉淀化合物种类很多，如氢氧化物、草酸盐、碳酸盐、氧化物、氮化物等，因此该法是最具实用价值的方法。下面介绍几种典型的液相制备方法。

（1）共沉淀法

共沉淀法是在混合的金属盐溶液（含有两种或两种以上的金属离子）中加入合适的反应沉淀剂，生成组成均一的共沉淀物，再将沉淀物进行热分解得到高纯超细颗粒。共沉淀法的优点是通过溶液中的各种化学反应能够直接得到化学成分均一的复合粉料，且容易制备粒度小且较均匀的超细颗粒。

（2）醇盐水解法

醇盐水解法是一种新的合成超细颗粒的方法，它不需要添加碱就能进行加水分解，而且也没有有害阴离子和碱金属离子。其突出的优点是反应条件温和、操作简单，作为高纯度颗粒原料的制备，这是一种最为理想的方法之一，但成本昂贵是这一方法的缺点。醇盐是用金属元素置换醇中羟基的氢所形成的化合物之总称。金属醇盐的通式是 $M(OR)_n$，其中 M 是金属元素，R 是烷基（烃基）。

（3）喷雾干燥法

喷雾干燥法是用喷雾器把原料溶液雾化成 $10 \sim 20 \mu m$ 或更细的球状液滴，喷入热气流中快速干燥，得到形同中空球那样的圆粒粉料。喷雾干燥可不经粉磨工序，直接得到所需粉料，只要原料纯净，就能得到化学成分稳定、高纯度、性能优良的超细粉料。这是一种适合工业化大规模生产的超细粉料制备方法。

（4）喷雾热解法

喷雾热解法是将金属盐溶液喷雾至高温气氛中，使溶剂蒸发与金属盐热解同时发生，用一道工序制得氧化物粉末的方法。热解区可以是在高温反应器中或高温火焰中。

2.6.2　超纯试剂制备

2.6.2.1　实验室洁净度要求

对于制备高纯试剂，实验室环境影响是很大的。因此在实验室内，只控制温度和湿度是不够的，还应考虑实验室的洁净度。洁净实验室的等级主要是按大气中微粒的数目和大小来划分的，它是以每立方米空气中 $0.5 \sim 5.0 \mu m$ 直径微粒的最大颗粒数目为依据的。

2.6.2.2 试剂分类

（1）普通试剂

普通试剂一般分为三级，即优级纯、分析纯、化学纯，其标准如下。

① 优级纯：为一级品，相当于英美的保证试剂（GR），其纯度高，杂质含量低，主要用于精密的科学研究和痕量分析，标签为绿色。

② 分析纯：为二级品，相当于英美的分析试剂（AR），其纯度略低于优级纯，主要用于一般的科学研究和分析工作，标签为红色。

③ 化学纯：为三级品，相当于英美的化学纯（CP），纯度低于分析纯，用于一般工业分析，标签为蓝色。

（2）基准试剂

基准试剂又可细分为微量分析与有机分析标准试剂、pH基准试剂和折射率液等品种。

（3）高纯试剂

高纯试剂是指杂质含量很低，并被严格控制的试剂。高纯试剂等级常用纯度等级来表达杂质含量，如用99%、99.9%、99.999%表示，"9"的数目越多表示纯度越高，杂质含量越低。

高纯试剂种类繁多，标准也不统一。按纯度分类，可分为高纯、超纯、特纯、光谱纯等。按用途分类，可分为MOS（metal-oxide-semiconductor）纯、电子纯、荧光纯、分光纯等。所谓光谱纯，就是试剂的杂质含量用光谱分析法已测不出或低于某一限度，此种试剂主要作为光谱分析中的标准物质或作为配制标样的基体。所谓分光纯，就是要求在一定波长范围内，试剂中没有或很少有干扰物质。

在实际工作中，应根据需要选用不同等级的试剂，以满足要求为原则。

2.6.2.3 高纯试剂提纯方法

生产高纯试剂主要的问题就是如何选用提纯技术。目前国内外常用的提纯技术就有十几种之多，它们各有各的特性，各具所长。

（1）还原法

还原法是制备高纯金属的主要方法。随着科学技术的发展，特别是电解技术的进步，使还原技术成为一个新的学科分支。还原法所用的还原剂有氢气、一氧化碳、二氧化硫、草酸、水合肼等。一般说来周期表中副族的大部分元素及ⅥB族、ⅦB族金属的氧化物（除铀外）都能以氢气来还原。如以金属氯化物、碘化物为原料时，则能被氢气还原的元素更多，Ⅴ族以前的元素亦可被还原（碳、硅、硼例外）。实践证明，可用氢气还原氧化物制备的金属有钨、钼、镍、铁、铜、钴、锰、锡、锌、铅等。比如，用还原法制备高纯铁时，是将99.99%的高纯氧化铁，置于石英管内，然后用管式炉将石英管加热至还原温度后，通入氢气，还原后冷却得到的还原铁呈粉状或海绵状，再经过适当回火或加热脱除吸附的氢气，然后进行烧结或熔融，制成棒状或粒状的成品，成品铁的纯度为99.99%。

用还原法生产高纯试剂时，除了使用高纯原料外，作为还原剂、载气或保护气的气体也必须是高纯度的，因为即使气体中带有少量杂质也会对被还原的物质造成相当大的污染，所以高纯度的还原剂——氢气的制备，也是还原技术研究的重要内容。

（2）电解法

利用电能的作用使物质发生氧化还原反应的过程称为电解。在电解过程中，电解质中的阳离子向阴极移动，在阴极上得到电子，发生还原反应，阳离子所带的正电荷被电极放出的电子所中和而沉积在阴极上；与此同时，电解质中的阴离子向阳极移动，在阳极上失去电

子，发生氧化过程，此即电解的全过程。

电解按电解质种类可分为水溶液电解、熔盐电解和有机溶剂电解三种。在高纯试剂制备中用得最多的是水溶液电解。

在水溶液电解中，选择合适的电解液和电极材料是制取高纯物质的重要条件。电解液不仅要含有合适浓度的金属离子，而且要有合适的 pH 值，以利于金属在阴极的析出，此外溶液的导电性和安全性也是必须考虑的。常用的酸性电解质有硫酸盐、氯化物、硝酸盐，也有高氯酸盐、氢氟酸盐、酒石酸盐和苯磺酸盐等。

水溶液电解所用的阳极材料分为两种情况，其一，可溶性阳极材料，通常用被提纯金属加工制成，具有一定大小和厚度；其二，不溶性阳极材料，通常根据电解液的性能和电解条件来选取，还要综合考虑阳极材料的耐腐蚀和导电性能。电解所用的阴极材料，一般用被提纯金属的高纯产品来制作，以便电解产品可以直接沉积其上，不需要再行分离。当然，有时也用一些稳定性高的其他金属作为阴极片，如钛钢片、不锈钢片和铝片（须涂蜡）等，要求这种阴极片表面光滑，且易与析出金属分离。

（3）真空蒸馏与精馏法

蒸馏是制备高纯酸（硝酸、盐酸、硫酸、氢氟酸）和高纯有机溶剂的有效手段，在化学试剂的提纯中普遍使用。其中，真空蒸馏（或精馏）法可降低蒸馏温度，防止物料分解，尤其适用于高纯物质的制备。

（4）亚沸蒸馏法

亚沸蒸馏是在低于物质沸点的情况下进行蒸馏的一种方法。该法与传统的蒸馏法相比，具有产品纯度高、设备简单、操作方便、占地面小等特点。在国外许多化学试剂厂用于试剂提纯，已获得成效，可将普通蒸馏水和优级纯无机酸中杂质含量降低到 10^{-9} g/L 级。

亚沸蒸馏装置如图 2-54 所示，由高纯石英材料制成。其结构为：在两端封闭的大石英管（直径为 8～10cm）内斜插一冷凝管，大石英管内另有一细的 U 形石英管（内径 7～8mm），细管内有一条 500～600W 的电炉丝。蒸馏器下部有三个小孔，分别作为供料、溢流和收集馏出液用。左边部分为自动供料系统，用塑料或玻璃材料制作。插在供料瓶下口的是一段直径为 14～16mm 的玻璃管，它起到了自动控制蒸馏器内液面高低的作用。

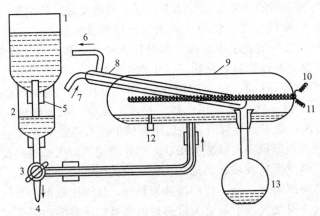

图 2-54　亚沸蒸馏器装置

1— 供料瓶；2— 水平控制器；3— 三通活塞；4— 排废液；5— 通气孔；6— 冷却水出口；7— 冷却水进口；
8— 冷凝管；9— 蒸馏器；10— U 形电热丝；11— 接调压器；12— 溢流口；13— 成品收集器

操作时，将物料加到供料瓶后，打开三通活塞，物料自动进入蒸馏器。接通冷却水，经调压器控制供电。电热丝发出的热量穿过石英管壁，对液体表面加热。在液体蒸发过程中，

液体始终不沸腾，不会产生气泡，所以蒸发的蒸气不含有大颗粒的雾粒。另外，由于 U 形加热管的作用，而保持了蒸馏器四周的干燥，使液体不会沿器壁上浸。这样蒸出的无机酸或水，其杂质含量极低。蒸气在冷凝管上冷凝，沿管壁流向尖端，滴落在收集蒸出液的漏斗中，再进入石英储液瓶。经亚沸蒸馏获得(杂质含量 10^{-9} g/L)级高纯酸。如制备高纯水时，将普通的蒸馏水经过离子交换后加入到供料瓶中，调节水平控制器的位置后，打开电源加热蒸馏器。弃去开始 10min 馏出的蒸馏水，收集成品，即得高纯水。

(5) 共沉淀法

所谓共沉淀就是指当有一种难溶性物质沉淀时，杂质会附着在沉淀表面或夹入沉淀内部共同沉淀的现象。在化学试剂提纯中，常利用共沉淀现象除去用其他方法难以除去的杂质，提纯产品。例如当制备高纯锌及其化合物时，杂质铅离子很难除去，可用锶作铅的共沉淀剂，在硫酸锌溶液中加入一定量的氯化锶，铅与锶可产生共沉淀，而氯离子可与微量杂质银离子结合生成氯化银沉淀而使其分离，一举两得。

(6) 络合法

在制备高纯试剂时，经常会遇到前述方法难以除去的微量阳离子杂质，此时，可采用络合法来除杂。络合法是利用络合离子的稳定性来达到除杂目的的一种方法。络合剂可以通过如下方式提纯产品。

① 作为沉淀剂，沉淀目标组分。如制备高纯氧化镍时可用络合剂丁二肟沉淀镍。

② 作为溶解剂，溶解目标产物的沉淀粗制品，以便重结晶。如制备高纯氯化银时可用氨水溶解粗制品中的氯化银。

③ 作为络合剂，与杂质生成溶解度更大的络合物，使之从目标产品的沉淀物中分离。如制备高纯硫酸铝铵时，可用 EDTA 络合粗制品中的钙离子。

(7) 制备色谱

制备色谱的原理与普通气相色谱法相同，都是利用原料中不同组分在色谱流动相和固定相中分配系数的差异，而实现的分离过程。当样品随载气进入色谱柱后，由于样品中各组分在两相中分配系数不同，在固定相中的保留时间长短不一，经过反复多次的分配平衡，使得分配系数只有微小差异的各组分之间产生显著的分离效果。

制备色谱与普通气相色谱法的不同之处在于前者的目的是通过色谱分离获得高纯度的产品，而后者是利用色谱分离作用来定性和定量分析混合物的组成。制备色谱利用色谱柱平衡级数(或称理论板数)极高的特点，有效地将有机试剂提纯到 99.99% 以上，同时还能把那些物理化学性质极为接近的混合物和同分异构体顺利的分离开来，已成为提纯高纯有机试剂的主要方法之一。

由于制备色谱的目的是制备高纯产品，所以样品处理量和担体用量比普通分析色谱大的多，因此在色谱条件的选择上也有一些特殊要求。如对于固定液，除了要求在操作温度范围内、蒸气压低、热稳定性好、对组分溶解能力大、选择性高之外，还应尽可能选用价廉易得的物质。对于担体的选择，除了考虑稳定性和机械强度外，应尽可能选用粒度范围窄、容量较大(即有较大的比表面)的物质。

2.7　计算机在线或远程控制实验技术

随着计算机技术的迅猛发展，计算机在各行各业的应用越来越广。在过程控制及各种智能仪器、仪表中，多由计算机进行实时控制及实时数据处理。由于计算机所加工的信息总是数字量，而被检测的对象往往是一些连续变化的模拟量(如温度、压力、速率和流量等)，因此必须先将这些模拟量转换成数字量，以便输送到计算机内进行加工处理，这就是模/数(A/D)转换，实现模拟量转换为数字量的电路系统就是数据采集系统。另外，由计算机加工处理的数字量往往需要再转换成模拟量，以便计算机对某些特征量进行实时控制，这就是数/模（D/A）转换，实现数字量转换成模拟量的电路系统就是数据分配系统。图 2-55 为计算机控制的一个输入输出系统的原始结构图。随着仪器仪表技术的快速发展，上述数据采集与转换的功能已能在各种智能仪表、模块或板卡中集成完成。计算机只需按一定的通信协议与智能仪表、模块或板卡进行数据交换，便可方便地获取现场检测信息并对执行机构发出控制命令，实现对装置的操控。

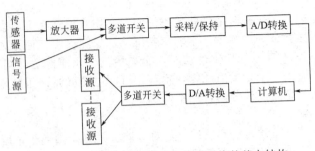

图 2-55　计算机数据采集与转换系统的基本结构

在实验装备中引入计算机在线控制与数据采集处理技术，一方面可以提高实验装备的控制水平，提高实验数据采集的实时性和准确性，另一方面可以有效利用数学模型，通过计算机快速准确地处理实验数据，给实验者提供及时的信息，为后续实验提供指导，提高实验的效率，减少人为误差。

随着计算机技术的迅猛发展，计算机在线监控技术在现代化工生产中得到广泛应用，大型工业装置均采用计算机集散控制系统进行操控，使生产装置的自动化控制水平显著提高。因此，在化学工程与工艺专业实验中引入计算机控制与数据采集处理技术，也为学生了解现代化工生产的控制系统，提供了简易直观的窗口。

2.7.1　计算机在线控制的实验系统

2.7.1.1　系统的功能

与工业生产装置不同，实验装置的作用是服务于教学与科研的，因此，计算机在线控制系统用于实验装置，在设计思想上应充分体现教学与科研的基本属性和要求，应具有灵活性、开放性、容错性和指导性。在系统设计上应强化如下功能。

（1）监测指导的功能

实验教学装置是培养学生观察能力、动手能力和分析解决问题能力的手段，过高的自动控制水平往往会掩盖一些实验现象，使学生产生依赖心理，而惰于观察和思考。因此，与工业装置相比，计算机在线监测技术应用于实验教学装置时，应适当弱化其自控功能，强化在线监测和信息反馈功能，帮助学生发现问题，引导学生观察、分析、判断和解决的实验问题。

（2）容错纠正功能

实验教学装置的使用对象是学生，学生在实验过程中发生差错乃至失误是常事。因此，应用于实验教学装置的计算机监控系统必须具有在线识别、防止错误操作的容错功能，以及提示正确操作方式的纠错功能，帮助学生避免误操作，掌握正确的操作方法。

（3）接口切换功能

实验装置不同于工业生产装置，其用途具有多变性。比如在同一个精馏实验装置上，既可针对不同物系进行精馏操作，又可采用不同的方式进行精馏操作，如简单蒸馏、普通精馏、真空精馏、反应精馏、萃取精馏等。因此，用于实验装置的计算机控制系统，应具有通用性和灵活性，所用的仪器仪表、转换模块，以及计算机的接口能够共享和切换，以便与一些专用的计算机应用程序或辅助设备挂接，满足特定的实验需要。

（4）数据采集与处理功能

计算机在线控制的实验系统，应具有在线采集、记录、保存和显示实验信息，以及运用数学模型实时处理实验数据、关联和显示实验结果的功能，以帮助学生及时了解和掌握实验进程与结果，调整实验参数，帮助教师对学生实验的情况进行检查、指导和评估。

2.7.1.2　系统的构成

工业生产装置的计算机监控系统多数由管控一体化的 DCS 系统所构成（图 2-56）。这类 DCS 自成体系，具有专用的软硬件设备。如果将这类 DCS 直接用于实验教学装置，不仅经济代价太大，而且大材小用，显然是不适宜的。

近年来，一些用于快速构造和生成计算机监控系统的工控组态软件发展很快。这些工控组态软件自身只是一个软件平台，通过驱动程序与现场智能仪表和数据模块链接，对实际过程进行监控，通过标准总线如 232/485 实现计算机与现场仪表的通信，用户只需根据对象特点与要求，按组态规则进行画面、控制、系统组态，便可生成计算机监控系统，十分适于构建实验装置的计算机监控系统。

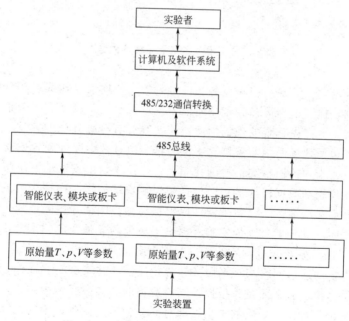

图 2-56　实验装置计算机在线系统构成框图

2.7.2　基于网络的远程实验系统

2.7.2.1　系统的构成

随着网络技术的飞速发展，网络带宽显著提高，为实施网上远程实验提供了基础平台，因此，一种基于网络的远程实验系统正在用于实验教学。计算机远程控制实验系统是基于客户机／服务器（client/server）模型，通过工控专业软件控制实验装备的运行，通过网络视频以及内嵌于工控软件的 IE 客户端与实验者进行交互。实验过程通过工控软件终端，以实时的视频文件显示于计算机终端。

　　该系统将计算机在线控制技术与网络技术相结合，利用网络平台，实现实验装置的远程控制。系统拓扑结构如图 2-57 所示，由现场实验装置、现场通信系统和客户端计算机三大块构成。

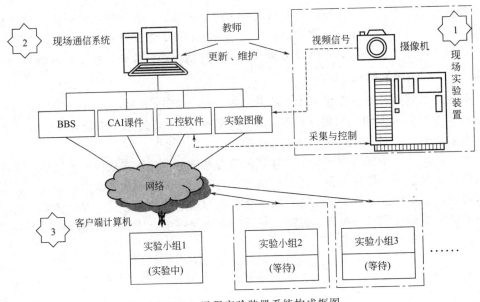

图 2-57　远程实验装置系统构成框图

　　现场实验装置由实验设备、视频设备和信号采集与传输仪表构成。实验设备由现场计算机服务器在线控制，控制信号传输到现场通信系统；视频设备设备用于采集和传输装置运行的图像，给远程实验者提供直观的现场画面，使实验者有身临其境的感觉。

　　现场通信系统包括现场网络服务器、工控软件、CAI 教学课件和 BBS 交互平台构成。现场服务器是接受、控制和传输各类信号的控制平台，该平台上安装的网络版工控软件通过驱动程序与现场智能仪表和数据模块链接，根据来自客户端的指令操控实验设备，同时对实验数据进行记录、处理和反馈；CAI 教学课件以模拟动画，图文并茂的形式为远程实验者提供实时的实验指导；BBS 交互平台则为实验者提供了与现场教师交流的平台，实验指导教师可通过现场服务器的 BBS 系统与远程实验者进行实时交流、答疑并指导实验。

　　客户端的计算机均通过网络与现场服务器进行通信，并实施实验操作。由于这种基于网络的远程实验不是虚拟实验，而是直接操控实验装备的真实实验，因此，在同一时段，客户端的计算机与实验设备有一一对应的关系，即对同一台实验设备，不同的客户端的计算机必须错时操作。

2.7.2.2　系统的功能

　　基于网络的远程实验系统具有前述计算机在线控制实验系统的所有功能。但是它既不同于远程虚拟实验，又不同于计算机在线控制的现场实验。与远程虚拟实验相比，它可以真实地操作实验装备，真实地反映实验现象，不是模拟的或理想化的，因此，可以培养学生观察和解决实验问题的能力。与现场实验相比，它摆脱了实验场地和距离的限制，学生可以通过网络在异地进行远程实验，有利于实现不同学校、不同地区教学资源的共享，是拓展实验教学功能的有效手段。

2.7.3 应用实例

2.7.3.1 氧化碳中温-低温串联变换反应远程实验

现以华东理工大学开发的一氧化碳中温-低温串联变换反应实验为例，介绍计算机在线控制的实验系统。

（1）实验简介

图 2-58 为一氧化碳中温-低温串联变换反应的实验流程，以及计算机在线控制系统的主控界面。实验装置由脱氧槽，水饱和器，中变、低变反应器，冷凝器，色谱分析仪等主要设备组成。实验流程为来自钢瓶的原料气体，经脱氧槽脱氧净化后，进入水饱和器，在一定温度下饱和水蒸气后，依次进入中温变换和低温变换反应器，经过中、低变反应的气体冷却后，分别进入色谱柱在线分析。实验主要操作步骤如下。

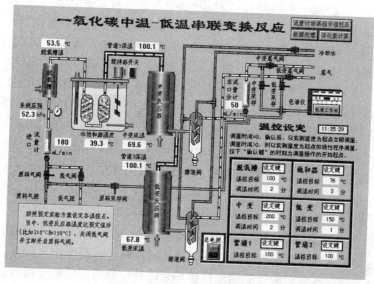

图 2-58　一氧化碳中温-低温串联变换反应实验流程及主控界面图

① 通氮，置换装置中的残留空气。

② 系统程序升温，至预定温度后，关闭氮气，开启原料气。

③ 系统再次程序升温，至预定温度后，分别进行中、低变反应产物的在线色谱分析。

④ 调整反应温控设定，测取不同反应条件下的实验数据。

⑤ 按一定的降温程序和切换步骤操作，结束实验。

（2）计算机控制系统的软、硬件构成

本实验控制系统借助于专业工控组态软件平台，构建了友好的人机界面，并实现了对实验设备的驱动和控制。全系统共有 6 个温度闭环控制回路，7 个温度、压强检测显示点，10 个开关量分别控制电源开关和设备阀门。所有模拟量和开关量信号均由智能仪表、智能模块进行检测或控制，通过 485/232 总线与计算机进行通信。计算机可在线改变温度闭环控制回路的设定值，实现程序调温或即时调温。

色谱分析仪的采样由计算机在线操作，色谱分析信号由色谱工作站处理并通过 232 总线将处理过程及结果传送给计算机。

（3）实验控制系统的特点

① 可控性　按照分散控制以提高系统可靠性的思想，6 个温度控制点分别由智能仪表组

成各自的 PID 闭环控制回路，温控平稳；而温控的设定值则由计算机的控制策略，依据系统当时工况和操作员的输入信息进行自动调整。

为了训练学生对反应装置开、停车步骤的正确操作，本系统弱化了通氮、程序调温设定、阀门自动切换等操作的逻辑自控功能。

② 指导性　整个实验过程中，该系统通过两种方式对学生进行实时的实验指导，其一，在主控画面的左下角设有操作指导留言板，它随着操作阶段的不同，指出当时的操作要点和注意事项；其二，操作提示或失误提示。这两类提示是在某些条件成立时出现，比如，进行了错误操作、输入了错误数据、储槽液满提示排液等。

③ 容错性　所谓容错性，就是能否最大限度地减少操作者的误操作，能否最大限度地减少误操作发生后，对系统的不利影响。本实验系统的设计具有良好的容错性，主要表现在三个方面，其一，具有"问讯确认"的功能。计算机控制程序接到主要开关或阀门的操作指令后，会自动发出请求"确认"的信息，得到"确认"后再行操作，给实验者一个纠错的机会，有效防止了误操作。其二，具有循环检测、逻辑限制的功能。装置运行过程中，主控程序不断检测相关条件的状态，若条件不成立，则限制某些按钮、阀门、开关的功能。其三，设限功能。限制输入数据的取值上、下限，一旦越限，系统不响应并发出出错提示。

④ 开放性　本系统的主控程序可方便地与外接程序挂接，具有可拓展性。比如气体在线色谱分析的参数设定和数据处理，可通过现有色谱工作站的专用程序来完成，不必另行编制处理程序；用于处理一氧化碳中温 - 低温串联变换反应的数据，计算反应活化能的程序是用 VB 自编的应用程序，如果实验物系改变，新编的应用程序同样可正常运行于本系统内。

2.7.3.2　连续均相循环反应器返混状况测定远程实验

现以华东理工大学开发的连续均相循环反应器返混状况测定实验为例，介绍远程控制实验系统。

(1) 实验简介

图 2-62 为连续循环反应器返混状况测定实验的流程及计算机远程控制系统的主控界面。实验装置主要由内置填料的管式反应器、液体循环泵、示踪剂注入装置、液体电导率在线测定仪等部件构成。该实验装置利用液体循环泵将反应器出口的部分物料返回到入口，造成进出口物料的返混，以此模拟具有循环回路的工业管式反应器的返混状况。实验中，通过调节循环泵的流量，改变反应器物流的循环比，同时利用 KCl 作为示踪剂，通过检测溶液电导率的变化，跟踪示踪剂的轨迹，分析判断不同循环比下反应器内的返混状况，其实验原理可参见实验十四。

(2) 实验系统的构成与功能

该远程控制实验系统由实验登录网站、视频监控系统、现场实验装置、现场通信系统、数据处理软件构成。现分别见图 2-59 ～ 图 2-63。

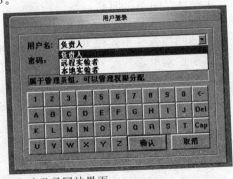

图 2-59　化工远程控制实验登录网站界面

① 实验登录网站　为了方便远程实验者登陆实验系统，有序管理实验运行，专门设计了远程实验登录网站，网站界面如图 2-59 所示。所有远程实验项目均通过该网站进行管理，本例实验为其中一个实验项目。实验者可以通过用户端计算机登录本实验网站，进行身份认证，获得系统确认后，可选择实验内容，并直接在网上通过控制程序操控现场实验设备，完成实验任务。

② 视频监控　为满足远程实验者参与实验过程、观察实验现象、及时获取控制变量的反馈信息的需要，远程实验室专门配备了网络视频监控系统。将实验装置运行情况信息通过图像同步、直观地反馈给实验者。实验者可通过画面切换，方便地从主控界面进入视频界面。图 2-60 展示了远程实验室的整体监控画面，图 2-61 为本例实验装置的现场画面。

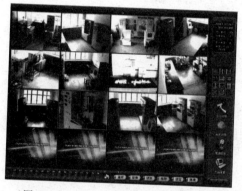

图 2-60　化工专业实验视频监控系统

图 2-61　本例实验装置视频监控图像

③ 实验主控界面　图 2-62 为本例实验项目的主控界面。可见，实验者通过用户端计算机，可直接调节循环泵的流量，控制示剂的注入量和时间，并从屏幕上同步看到实验结果随时间的变化曲线。实验结束后，可通过操作按钮，调看实验的原始数据记录以及数据处理的计算结果(见图 2-63)。此外，界面上还设有信息交换对话框，远程实验者可随时与现场教师交流信息。

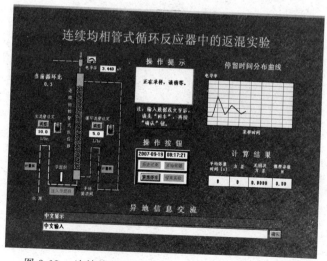

图 2-62　连续均相循环反应器返混测定实验主控界面

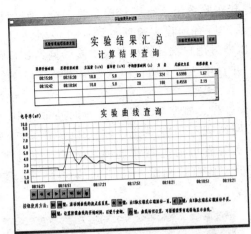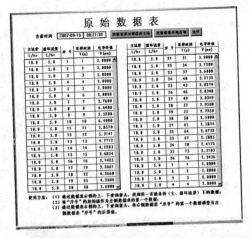

图 2-63　数据实时采集及处理结果

参 考 文 献

[1] 范玉久. 化工测量与仪表. 北京：化学工业出版社，1991.

[2] 杜维. 过程检测技术及仪表. 北京：化学工业出版社，1999.

[3] 邓善熙，吕国强. 在线检测技术. 北京：机械工业出版社，1995.

[4] 杨振江. A/D、D/A 转换器接口技术与实用. 西安：西安电子科技大学出版社，1996.

[5] 苏彦勋. 流量计量与测试. 北京：中国计量出版社，1992.

[6] 朱炳辰. 化学反应工程. 北京：化学工业出版社，1993.

3　化工实验安全知识

3.1　化工实验的特点

3.1.1　化工实验的危险性

化工实验过程的危险性主要来源于三个方面。第一，化学品危险性：实验使用的大多数物质属于易燃、易爆、有毒、有害或者具有腐蚀性的危险化学品，实验者在操作或存储危险化学品时蕴含着一定风险；实验过程中，会产生一定中间产物或者副产物，也会产生废气、废液、废固，如果操作不及时或处理不当，会对人身安全和环境造成严重的影响。第二，化学反应危险性：不同的化学反应，具有不同的原料、产品、工艺流程、控制参数，其危险性也呈现不同的水平，一般情况下，中和反应、复分解反应、酯化反应较少危险性，操作较易控制；氧化、还原、硝化反应等就存在火灾和爆炸的危险，一些情况下，操作稍有不慎将引发严重安全事故，例如原料、中间产物或副产物中存在不稳定物质；高温、高压条件下易燃物料参与的化学反应；接近爆炸极限运行的化学反应；高毒、强腐蚀性物料存在的化学反应等。第三，操作过程危险性：化工实验室中，一些推进科研成果转化的综合性实验装置往往流程长、工艺复杂、操作变量多，又存在高温、高压、高速搅拌等苛刻实验条件，实验操作过程的危险性高。如"一氧化碳中温-低温串联变换实验"，该装置包含了气体钢瓶、原料气净化器、混合器、脱氧槽、水饱和器、反应器、分离器、气相色谱等部件；实验过程包含了气体流量控制与检测、反应器温度控制与检测、压力检测、气体样品含量分析等环节；操作参数高度依赖测控仪表、自控系统，因此，不确定因素多，实验过程存在较高的操作风险。

3.1.2　化工实验室常见事故

（1）触电

在水控、换热、有机合成、分析等化工实验室中一般空气湿度较大，潮湿的空气凝结成的水滴容易附着在老化的用电线路、绝缘层破损处，容易发生触电事故。实验室中乱拉电线、实验设备的损坏等引起的触电事故常有发生。

（2）灼烫

化工实验室中很多实验需要高温或者加热环境，实验过程中高温设备、物料容易烫伤实验人员。

（3）火灾

实验人员误操作、实验设备损坏、危险化学品存放不当、仪器设备过热以及消防设备的不足等因素均容易引起实验室火灾，造成人员伤亡和财产损失。

（4）物理爆炸

在某些合成、反应等实验室中存在很多的高温高压容器，若实验设备材料质量不合格、腐蚀导致壁厚变薄、设备发生脆性变化以及人为损坏等，设备在高温高压的环境下很容易发生爆炸。在化工实验室中存在的氧气罐、氮气罐、氢气罐，若没有安装防护设施均容易发生爆炸事故。另外空气压缩机长期超负荷运行，使压缩空气的温度、压力波动大，导致储气罐的交变应力增加；压力容器本体、压力表、安全阀未定期校验，失去安全附件的作用等都是实验室发生物理爆炸的原因。

（5）化学爆炸

实验室中存在静电放电，如果与易燃易爆化学品接触容易发生化学爆炸；禁忌物品的存放不合理也是导致发生爆炸的主要原因；很多实验在高温高压环境下进行，因工艺条件不当、误操作等发生爆炸。

（6）中毒和窒息

合成实验、有毒气体吸收实验、分解实验等化工实验大多数都涉及有毒有害物质，如果通风不畅或者未正确佩戴防护面罩很容易发生中毒和窒息事故；化学品储存室中储存有上百甚至几百种化学品，如果毒性气体泄漏、易挥发性有毒液体挥发也会导致中毒和窒息事故发生。

（7）冻伤

实验室中的液氮、液氧以及一些低温反应，如果管线破裂或操作不当导致低温物质泄漏，对实验室人员可能造成冻伤。

3.1.3　典型事故分析

（1）事故 1：石油醚爆炸

2005 年 7 月，某高校实验人员对合成的产品进行后处理，用石油醚提纯产品。反应瓶 2L，石油醚 1000mL（30 ～ 60℃），电热套加热回流，冷凝水冷却，至中午 11 时左右突然发现通风柜内有火花闪烁，接着发生爆炸。爆炸引燃了电热套和周围的纸张，当事人立即拔下电热套插座，并使用灭火器将火扑灭。

原因分析：石油醚沸点为 30 ～ 60℃，因夏天连续高温，当天自来水温度达 33℃，因此石油醚未能冷却而大量挥发。当石油醚蒸气与空气混合达到一定比例，遇火星即发生爆炸。这是一个常规的回流实验，虽然简单，但必须保证良好的冷凝效果，天气炎热时应避免大量使用溶剂，尤其是低沸点溶剂。任何一个实验过程都是一个综合信息系统，包括从事实验活动的人员、设备，也包括环境，应当运用系统工程的理论和方法，辨识、分析、评价、控制实验过程中的危害性。

（2）事故 2：氧化法制备石墨烯爆炸

2016 年 9 月，某高校实验室 3 位研究生进行氧化法制备石墨烯的实验，在一个敞口大锥形瓶中放了 750mL 的浓硫酸，并与石墨粉混合，接着放入了一勺未称量的高锰酸钾，在放入高锰酸钾之前，操作者还告诫其他人，放入有可能有爆炸危险，但不幸的是，话音刚落，爆炸就发生了。事故中两名正对实验装置的学生受重伤，其中实验操作者双眼失明。

按照 Hummers 法，石墨粉中加入浓硫酸搅拌均匀后再加入高锰酸钾，高锰酸钾将转变为 Mn_2O_7，Mn_2O_7 常温下是液体，分解温度 55℃。

原因分析：①该反应是自放热过程，浓硫酸标准加入量是 46mL，实验中加入了 750mL 浓硫酸与未知量的高锰酸钾反应，实验剂量过大，放热量过大；②由于反应过程中不可避免的会产生气体，在大量试剂的前提下，锥形瓶比烧杯危险，如果装得太满就更危险了，容器选择不合适；③针对强放热反应，要求在充分搅拌、冰水浴的前提下，缓慢加入高锰酸钾，如果高锰酸钾添加速率过快，局部过热引起爆炸；④实验过程中学生未穿实验服未戴护目镜，缺乏基本防范措施。实验者虽然知道实验过程有风险，但并没有进行合理分析与评价，没有制定合理的措施来规避风险，没有按照标准操作规程完成实验。

上述分析说明，化工实验室各类风险汇集，实属"不折不扣的事故高压锅"。随着我国高等教育的发展，高校实验室规模不断扩大，教学科研活动密集，高校实验室，特别是化学化工类实验室，安全事故频发且破坏程度大，火灾性和爆炸性事故给社会带来了严重的财产损失、危及人身安全。有调查分析证明，2001～2013年间我国发生的100件起典型实验室安全事故，87.6%的实验室安全事故是人为原因造成的，如违反标准操作规程、操作不慎或使用不当、试剂存储不规范、废弃物处置不当等。因此，建立制度化的安全防范措施，提高安全意识和自我保护能力，显得尤为重要。

化学化工实验室的安全监管和防范的问题，也是一个全球关注的问题。2008年，美国化学安全委员会(Chemical Safety Board，CSB)注意到实验室安全监管是个空白，专门制订发行了一份有关实验室危害识别与评估的指导手册(《Identifying and Evaluating Hazards in Research Laboratories》)，指导实验人员如何识别和评价实验室危害，熟悉危害控制措施，掌握实验标准操作规程(standard operating procedures)，通过采取合适的安全措施将危害控制和消灭在萌芽状态。综上所述，实验室安全不仅是个理念和意识问题，也是个需要掌握的技术问题。

3.2 实验过程危害识别

危害识别就是识别可能导致系统发生事故的危险因素，即采用特定的辨识方法对系统、工艺进行调查和分析，确定系统中哪些位置、区域、设备、材料等存在危险性。危害识别是实验室安全管理和防范工作的基础，在此基础上，可进行风险分析，即采用定性、定量或者两者相结合的方法分析各种危险因素，确定其危险程度、危险性质、可能发生的事故。通过危险识别和风险分析指导安全管理工作，可有效地控制危险因素使其不能转化为事故，制定有效的安全管理与风险控制措施。

3.2.1 确定范围

开展危害识别与风险分析之前，首先要确定范围，需要明确以下几点。
① 进行哪一步实验？
② 哪些人参与？
③ 需要什么类型的设备？
④ 在哪里进行实验？
⑤ 需要哪些化学物质或材料？
⑥ 从文献或已有经验获得关于实验的哪些信息？

3.2.2 危害识别

危害识别是最核心的工作，危害就是一种潜在的伤害。在一定条件下，如果对化学品、实验条件、实验操作失去控制或防范不周，就会发生事故，造成人员伤亡和财产损失以及环境污染。

就化工实验过程而言，不论其规模大小、复杂与否，不外乎包含两个规程：一类是以化学反应为主，通常在特定反应器中进行，如石油裂解炉、催化加氢反应器、高分子聚合反应釜等，由于化学反应性质不同，反应器的差别很大；另一类是以物理变化为主，通常是利用专门设备完成的过程，如流体输送、传热、精馏、结晶等操作，此类操作通常涉及温度、压力、浓度等参数的变化，称为化工单元操作过程。因此，化工实验过程的危害识别主要关注三个方面：化学品、化学反应过程、单元操作。危险化学品的识别重点包括具有爆炸危险的物料、可引起爆炸和火灾的活性物料(不稳定物料)、可燃气体及易燃物料,以及能通过呼吸或皮肤吸收引起中毒的高毒和剧毒物料。危险化学反应过程的识别重点是具有不稳定活性物料参与或产生的化学反应,能释放大量反应热且在高温、高压和气液两相状态下进行的化学反应。对此类反应风险分析的重点是反应失控的条件、反应失控的后果及防止反应失控的措施。表 3-1 中列出了国家安全监管总局公布的重点监管的 18 类化工工艺。

表 3-1   化工实验研究活动中常见的危害种类

危害类型	举例
化学品	易燃、易爆、毒性、氧化性、还原性、自催化或不稳定、自燃性、潜在爆炸性、与水易反应、敏感性、生成过氧化物、催化性、化学性窒息、致癌、致畸、刺激性、致突变、非电离辐射、生物学危害
18 类危险性化工工艺	加氢、氧化、聚合、烷基化、光气及光气化、电解、氯化、硝化、合成氨、裂解、氟化、重氮化、过氧化、氨基化、磺化、新型煤化工、电石生产、偶氮化
操作过程	加热、冷却、冷凝、冷冻、筛分、过滤、粉碎、混合、输送、干燥、蒸发、蒸馏、吸收、液 - 液萃取、结晶、熔融

3.2.2.1 化学品危害

(1) 化学品分类

化工实验室都少不了和各种化学品打交道,实验人员必须了解化学品的分类规则。最通用的规则是全球化学品统一分类和标签制度(globally harmonized system of classification and labeling of chemical,GHS),这是对危险化学品的危害性进行分类定级的标准方法,旨在世界范围内建立一种公认、全面、科学的化学品危险识别和分类方法,促进信息交流,加强化学品风险管理。GHS 充分考虑危险品在对健康和环境存在着潜在的有害影响,按照物理危害(16)、健康危害(10)及环境危害(3)三个方面,将危险化学品分为 26 类,如表 3-2 所示。我国颁布了 2015 版《危险化学品目录》,分类标准与国际接轨,同时,按照国家《危险化学品安全管理条例》,生产企业应当依据标准对化学品进行强制分类标签。

表 3-2   危险化学品分类

		物理危害
1	爆炸物	指在外界作用下(如受热、受压、撞击等),能发生剧烈的化学反应,瞬时产生大量的气体和热量,使周围压力急骤上升,发生爆炸,对周围环境造成破坏的物品,也包括无整体爆炸危险,但具有燃烧、抛射及较小爆炸危险的物品
2	易燃气体	指在 20℃ 和 101.3kPa 标准压力下,与空气有易燃范围的气体
3	易燃气溶胶	指气溶胶喷雾罐,系任何不可重新灌装的容器,该容器由金属、玻璃或塑料制成,内装强制压缩、液化或溶解的气体,包含或不包含液体、膏剂和粉末,配有释放装置,可使所装物质喷射出来,形成在气体中悬浮的固态或液态微粒或形成泡沫、膏剂或者粉末
4	氧化性气体	指一般通过提供氧气,比空气更能导致或促进其他物质燃烧的任何气体
5	高压气体	指压力等于或大于 200kPa(表压)下装入贮器的气体,或是液化气体或是冷冻液化气体。高压气体包括压缩气体、液化气体、溶解气体、冷冻液化气体
6	易燃液体	指闪点不高于 93℃ 的液体
7	易燃固体	指容易燃烧或通过摩擦可能引燃或助燃的固体
8	自反应物质和混合物	指即使没有氧气(空气)也容易发生激烈放热分解的热不稳定液态或固态物质或者混合物
9	自燃液体	指即使数量小也能与空气接触后 5min 之内引燃的液体
10	自燃固体	指即使数量小也能与空气接触后 5min 之内引燃的固体
11	自热物质和混合物	指除发火液体或固体以外,与空气反应不需要能源供应就能够自己发热的固体或液体物质或混合物。这类物质或混合物不同于发火液体或固体,因为这类物质只有数量很大(千克级)并经过长时间(几个小时或几天)才会燃烧

	物理危害	
12	遇水放出易燃气体的物质和混合物	指通过与水作用,容易具有自燃性或放出危险数量的易燃气体的固态或液态物质或混合物
13	氧化性液体	指本身未必燃烧,但通常因放出氧气可能引起或促使其他物质燃烧的液体
14	氧化性固体	指本身未必燃烧,但通常因放出氧气可能引起或促使其他物质燃烧的固体
15	有机过氧化物	指含有二价过氧结构(—O—O—)的液态或固态有机物质,可以看作是一个或者两个氢原子被有机基代替的过氧化氢衍生物,也包括有机过氧化物配方(混合物)。有机过氧化物是热不稳定物质或混合物,容易放热自加速分解,可能具有下列一种或几种性质:① 易于爆炸分解;② 迅速燃烧;③ 对撞击或摩擦敏感;④ 与其他物质发生危险反应
16	金属腐蚀剂	指通过化学作用显著损坏或毁坏金属的物质或混合物

	健康危害	
1	急性中毒	指在单剂量或在24h内多剂量口服或皮肤接触一种物质,或吸入接触4h之后出现的有害效应
2	皮肤腐蚀/刺激	皮肤腐蚀是对皮肤造成不可逆损伤,即施用试验物质达到4h后,可观察到表皮和真皮坏死。腐蚀反应的特征是溃疡、出血、有血的结痂,而且观察期14d结束时,皮肤、完全脱发区域和结痂处于漂白而褪色。皮肤刺激是施用试验物质达到4h后对皮肤造成的可逆损伤
3	严重眼损伤/眼刺激	严重眼损伤是在眼前部表面施加试验物质之后,对眼部造成在施用21d内并不完全可逆的组织损伤,或严重的视觉物理衰退。眼刺激是指21d内完全可逆的变化
4	呼吸或皮肤过敏	呼吸过敏物质是吸入后会导致气管超过过敏反应的物质。皮肤过敏物是皮肤接触后会导致过敏反应的物质
5	生殖细胞致突变性	主要指可能导致人类生殖细胞发生可传播给后代的突变的化学品
6	致癌性	指可导致癌症或增加癌症发生率的化学物质或化学混合物
7	生殖毒性	生殖毒性包括对成年雄性和雌性性功能和生育能力的有害影响,以及在后代中的发育毒性
8	特定目标器官系统毒性——单次接触	由一次接触产生特异性的、非致死性靶器官系统毒性的物质
9	特定目标器官系统毒性——反复接触	由反复接触而引起特异性的、非致死性靶器官系统毒性的物质
10	吸入危险	"吸入"指液态或固态化学品通过口腔或鼻腔直接进入或者因呕吐间接进入气管和下呼吸系统。吸入毒性包括化学性肺炎、不同程度的肺损伤或吸入后死亡等严重急性效应

	环境危害	
1	危害水生——急性危害	指物质对短期接触它的水生生物造成伤害的固有物质
2	危害水生——长期危害	指物质在与生物体生命周期相关的接触期间对水生生物产生有害影响的潜在性质或实际性质
3	危害臭氧层	

(2) 危险化学品标志

危险化学品安全标志是通过图案、文字说明、颜色等信息,简单地表征危险化学品的特性和类别,向使用者传递安全信息的警示性资料。当一种危险化学品具有一种以上的危险特性时,应同时用多个标志表示其危险性类别。按照国家标准《危险货物包装标志》(GB 190—2009),根据常用危险化学品的危险特性和类别,设主标志16种,副标志11种,主标志由表示危险特性的图案、文字说明、底色和危险品类别号四个部分组成的菱形标志,副标志图形中没有危险品类别号,当一种危险化学品具有一种以上的危险性时,应用主标志表示主要危险性类别,并用副标志来表示其他重要的危险性类别。危险化学品的16种主标志及图案说明，如表3-3所示。

表 3-3　危险化学品的 16 种主标志及图案说明

标志 1 爆炸品	标志 2 易燃气体	标志 3 不燃气体	标志 4 有毒气体
底色:橙红色 图形:正在爆炸的炸弹 文字:黑色	底色:正红色 图形:火焰(黑色或白色) 文字:黑色或白色	底色:绿色 图形:气瓶(黑色或白色) 文字:黑色或白色	底色:白色 图形:骷髅头和交叉骨形(黑色) 文字:黑色
标志 5 易燃液体	标志 6 易燃固体	标志 7 自燃物品	标志 8 遇湿易燃物品
底色:红色 图形:火焰(黑色或白色) 文字:黑色或白色	底色:红白相间的垂直宽条 图形:火焰(黑色) 文字:黑色	底色:上半部白色 图形:火焰(黑色或白色) 文字:黑色或白色	底色:蓝色,下半部红色 图形:火焰(黑色) 文字:黑色
标志 9 氧化剂	标志 10 有机过氧化物	标志 11 有毒品	标志 12 剧毒品
底色:柠檬黄色 图形:从圆圈中冒出的焰(黑色) 文字:黑色	底色:柠檬黄色 图形:从圆圈中冒出的火焰(黑色) 文字:黑色	底色:白色 图形:骷髅头和交叉骨形(黑色) 文字:黑色	底色:白色 图形:骷髅头和交叉骨形(黑色) 文字:黑色
标志 13 一级放射性物品	标志 14 二级放射性物品	标志 15 三级放射性物品	标志 16 腐蚀品
底色:上半部黄色,下半部白色 图形:上半部三叶形(黑色),下半部一条垂直的红色宽条 文字:黑色	底色:上半部黄色,下半部白色 图形:上半部三叶形(黑色),下半部两条垂直的红色宽条 文字:黑色	底色:上半部黄色,下半部白色 图形:上半部三叶形(黑色),下半部三条垂直的红色宽条 文字:黑色	底色:上半部白色,下半部黑色 图形:上半部两个试管中液体分别向金属板和手上滴落(黑色) 文字:(下半部)白色

（3）化学品安全说明书

化学品安全说明书（safety data sheet for chemicals，SDS）是化学品生产商和经销商按法律要求必须提供的化学品理化特性（如 pH 值、闪点、易燃度、反应活性等）、毒性、环境危害，以及对使用者健康（如致癌、致畸等）可能产生危害的一份综合性文件，国际上称作化学品安全信息卡。按照要求，每种化学品都应该编制一份 SDS，一份合格的 SDS 应该包括化学品 16 个方面的信息：① 化学品及企业标示；② 成分/组成信息；③ 危险性概述；④ 急救措施；⑤ 消防措施；⑥ 泄漏应急处理；⑦ 操作处置与储运；⑧ 基础控制/个人防护；⑨ 理化特性；⑩ 稳定性与反应活性；⑪ 毒理学资料；⑫ 生态学资料；⑬ 废弃处置；⑭ 运输信息；⑮ 法规信息；⑯ 其他信息。使用者根据 SDS 提供的信息，可以充分考虑化学品在具体使用条件下的风险评估结果，采取必要的预防措施。化学品 SDS 信息由化学试剂供应商提供，也可以上网查询，以下是三个公共网站：

http：//www. somsds. com/

http：//www. ichemistry. cn/cas/SDS

http：//www. 51ghs. cn/msds _ list/index. htm

3.2.2.2　反应过程危害

化学反应过程常常由于一些非预期的因素，如进料错误、杂质、反应器过热、冷却系统故障、外部火灾和搅拌失效等原因，使反应偏离正常操作范围，造成异常放热。若此时无法将所产生的热量迅速移除，则可能导致加速放热反应，有可能达到物料热分解温度，并引发二次分解反应的发生，造成体系温度和压力的升高，最终导致灾难性事故的发生。某高校实验室氧化法制备石墨烯爆炸正是反应过程强放热引发二次分解反应的发生，因而造成爆炸事故。放热化学反应的冷却失效相当于反应体系处于绝热环境中，在冷却完全失效的条件下，目标反应发生失控，体系达到反应最高温度 MTSR（maximum temperature of the synthetic reaction），引发二次分解反应发生，整个过程如图 3-1"冷却失效模型"所示。因此，热危险性是可能造成反应失控的最典型表现，掌握热危险性的规律是实现化学反应过程安全的关键。开展化学反应危害识别，应注重以下方面。

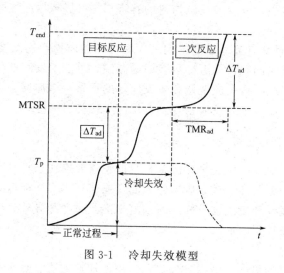

图 3-1　冷却失效模型

① 测算反应热　包括主化学反应和可能发生的副反应，都应进行反应热测量或计算。测量或计算反应热的方法很多，既可以利用工艺过程中的各种测量仪表进行测量和计算，也

可利用化学反应过程进行推算，或查阅相关文献资料获得这类数据。应当识别反应混合物中的所有潜在反应，取得反应热数据。

② 测算最大绝热温度 在假定没有反应热移除的情况下，使用测量或计算的方法确定反应体系的最大绝热温升。比较反应体系的最高温度和反应混合物的沸点，如果最大绝热温度超过沸点，就需要考虑反应体系的紧急泄放问题。目前已经有很多商业化了的装置及方法测定反应热及热释放速率，例如密闭池式差示扫描量热（SC-DSC）、绝热加速量热（ARC）、绝热热流速反应量热（C-80D）、反应量热仪（RCI）等。

③ 确定各组分的稳定性 可以通过查阅文献、咨询供应商或通过实验确定各组分的稳定性。单组分稳定性并不代表反应混合物的稳定性。因为单组分稳定不能说明组分间是否存在某种反应，也不能说明各组分结合在一起是否会促使某一组分分解。如果在最大绝热反应温度下某组分发生分解，或者产生气态产物，或者与其他组分间存在某种反应，就必须掌握该组分的稳定性，并且评估是否需要增加安全控制措施，包括紧急泄放装置。

④ 掌握化学反应的速率 对于一个反应系统来讲，必须了解反应物的消耗速率和化学反应速率随温度变化而发生的变化。热量测定试验可用来评估热危害，热量测定试验数据可用于动力学模型的建立。

⑤ 识别潜在的反应污染物 可能混入反应体系的污染物不容忽视，空气、水、铁锈、油和油脂等都可能成为污染物。不管是在正常条件下还是在最大绝热反应温度下，确定这些物质是否会对某一反应产生催化作用，对于系统安全都是很重要的。

⑥ 识别反应器的所有热源，测算其最高温度 假定反应器加热系统的所有控制装置都失灵，致使反应系统达到了最高温度。如果此温度高于最大绝热反应温度，就得考虑反应器内容物由容器热源加热到最高温度时反应系统的稳定性和反应性信息。

⑦ 确定实验装置的传热能力，考虑操作偏差带来的影响 反应器物料液位、搅拌、内外传热表面的污垢、冷热传递介质温度的变化、冷热传递流体流率的变化等因素都会影响实验装置的传热能力；充分考虑操作偏差对实验装置传热能力带来的影响及相应的控制措施。

⑧ 确定反应冷却系统的最低冷却温度 过度冷却会导致反应混合物组分凝固、传热表面脏污、反应混合物黏度增加，从而降低混合效果和热传递效果；过度冷却还会导致反应混合物已溶解固体的再沉积，以及未反应物料的有害积累，导致反应速率降低，应考虑过度冷却带来的潜在危害。

⑨ 考虑大型反应器反应温度梯度影响 大型反应器内易产生温度梯度，不管是局部高温还是局部低温都可能出问题，靠近加热表面的高温，可能引发其他化学反应或分解反应，靠近冷却盘管的低温可能导致反应变慢和未反应物的积累，增加反应器中产生潜在反应化学能。由于存在意想不到的大量未反应物，就有反应失控的可能性。

3.2.2.3 操作过程危害

在化工实验中，大多数的单元操作因其自身的特点或操作条件的影响存在不安全因素，为保证单元操作过程的安全性，首先应当熟悉安全操作技术，才能做到风险防范。某高校石油醚爆炸，正是因为夏季环境温度升高，石油醚未能及时冷却导致。因此，实验前应充分了解操作特点、分析操作过程的危害。

（1）加热过程

实验室化工装置的加热应杜绝明火加热，常用的加热方法有热水、过热蒸汽、导热油、熔盐，以及载热体加热和电加热。采用水蒸气或热水加热时，应定期检查蒸汽夹套和管道的耐压强度，并安装压力计和安全阀，与水会发生反应的物料不宜采用水蒸气或热水加热；采用充油夹套加热时，油循环系统应严格密闭，防止热油泄漏。为了提高电感应加热设备的安全可靠程度，可采用较大截面的导线，以防过负荷；电感应线圈应密封起来，防止与可燃物接触。电加热器的电炉丝与被加热设备的器壁之间应有良好的绝缘，以防短路引起电火花，将器壁击穿，绝缘层应防潮、防腐蚀、耐高温；导线的负荷能力应能满足加热器的要求；加热或烘干易燃物质，以及受热能挥发可燃气体或蒸气的物质，应采用封闭式电加热器；电加热器应设置单独的电路，并安装适合的快速熔断器。

（2）干燥过程

干燥是利用热能使固体物料中的水分（或溶剂）除去的单元操作。干燥的热源有热空气、过热蒸气、烟道气等，所用的介质有空气、烟道气、氮气或其他惰性气体。干燥过程的危险性来自于被干燥的物料。易燃易爆物料干燥时，采用真空干燥比较安全；加热时放热分解并释放大量气体的物质，应采用真空干燥或使用惰性气体保护；溶剂中含有易燃液体，应严格禁止明火加热并采用适当的防爆措施；在空气中加热发生放热氧化的物质，应控制加热温度。

（3）精馏过程

精馏过程涉及热源加热、液体沸腾、气液分离、冷却冷凝等过程，热平衡安全问题和相态变化安全问题是精馏过程安全的关键。精馏操作的控制目标是在保证产品质量合格的前提下，使塔的回收率最高、能耗最低。在精馏操作中会有多方面原因影响它的正常进行：① 塔的温度和压力；② 进料状态；③ 进料量；④ 进料组成；⑤ 进料温度；⑥ 回流量；⑦ 塔釜加热量；⑧ 塔顶冷却水的温度和压力；⑨ 塔顶采出量；⑩ 塔釜采出量。精馏过程中，应该对以上因素进行实时监控，保证这些指标在正常范围内。实验室精馏操作最重要的安全隐患有三个，其一，常压精馏塔顶冷却水忘记开通或中途断水，导致易燃有害的化学物质的蒸气从精馏塔顶逸出；其二，塔釜加热量过大，塔顶冷却量不够，导致常压精馏塔易燃有害的化学物质的蒸气从塔顶逸出，或导致加压精馏塔塔压骤升，引起塔体爆炸；其三，实验设备常用玻璃材质，不耐压且易碎，控制不当或操作不当，均会导致塔体崩裂，伤及人员。因此，从安全角度，在精馏操作过程中应关注物料和热量的平衡、操作条件与设备材质的匹配，严格规范的操作。

（4）吸收过程

气体吸收是利用气体混合物各组分在液体溶剂中溶解度的差异来分离气体混合物的单元操作，其逆过程是解吸。吸收过程实质是气液两相在吸收塔内充分接触表面，使得两相间传热与传质过程能够充分有效地进行，两相接触后又能及时分开，互不夹带。气体吸收过程的危险性来自于不同危险性的吸收剂和气体。吸收操作的主要安全隐患包括三方面：其一，吸收尾气中的有毒物质没有设置合适的排放通道，聚集在实验室内；其二，有害吸收剂的蒸气裹挟在气体中在空气中扩散；其三，溶剂在高速流动过程中产生大量静电，导致静电火花的危险。因此，吸收过程安全运行必须做好预先的防范措施。

（5）萃取过程

溶剂的选择是萃取操作的关键，萃取剂的性质决定了萃取过程的危险性大小和特点。萃取剂的选择性、物理性质（密度、界面张力、黏度）、化学性质（稳定性、热稳定性和抗氧化稳定性）、萃取剂回收的难易和萃取的安全问题（毒性、易燃性、易爆性）是选择萃取剂时需要特别考虑的问题。

（6）结晶过程

结晶是固体物质以晶体状态从蒸气、溶液或熔融物中析出的过程，也是个放热过程。结晶常见的安全隐患，一是来自于外力，即结晶过程常采用搅拌装置，当结晶设备内存在易燃液体蒸气和空气的爆炸性混合物时，摩擦容易产生静电，引发火灾和爆炸，或搅拌不稳定引起的反应结晶放热不稳定，物料暴沸伤人；二是来自于内力，即强放热的快速反应结晶控制不当引起飞温爆炸。

3.3 实验过程风险分析

化工实验室危险因素繁多，人、物（设备、危险化学品等）、环境、管理等因素都可能引发事故；引起化工实验室事故的各种潜在危险因素是相互关联、相互影响的；在进行风险评价时应该运用安全系统工程原理和方法，以系统安全为目的，对系统中存在的危险因素进行辨识与分析，判断系统发生事故和职业危害的可能性及其严重程度，从而为制定防范措施和管理决策提供科学依据。新开发实验项目或对于现有实验项目做技术改进时，应当对具体实验过程开展风险分析、制定适宜的管理措施，如：取消或者替代某物质；优化工艺流程；加强通风橱、吸风罩等工程控制手段；加强危险性气体监控手段；增加个人防护用品等。

常用的风险分析方法有安全检查表法（safety check list，SCL）、预先危险性分析（preliminary hazard analysis，PHA）法、故障类型与影响分析（failure model and effects analysis，FMEA）法、危险与可操作性分析法（hazard and operability analysis）、事件树分析（event tree analysis，ETA）法、事故树分析（failure tree analysis，FTA）法和因果分析（cause-consequence analysis，CCA）法。此外，还有故障假设分析（what if）、管理疏忽与危险树（management oversight and risk tree，MORT）等方法，可用于特定目的的危险因素辨识。各种评价方法都有各自的特点和使用范围，当系统的危险性较低时，一般采用经验的、不太详细的分析方法，如安全检查表法等；当系统的危险性较高时，通常采用系统、严格、预测性的方法，如危险性与可操作件研究、故障类型和影响分析、事件树分析、事故树分析等方法。下面分别介绍三种适用于实验室风险分析的常用定性评价方法。

3.3.1 安全检查表法

安全检查表法是运用安全系统工程的原理，为发现设备、系统、工艺、管理以及操作中的各种可能导致事故的不安全因素而制作的分析表格；安全检查表的内容包括周边环境、设备、设施、操作、管理等各个方面；安全检查表不仅可以用于系统安全设计的审查，也可用于实验中危险因素的辨识、评价和控制，以及用于标准化作业和安全教育等方面，是实验室进行科学化管理、简单易行的基本方法。表 3-4 列举了化工实验室安全检查表的内容。

3.3.2 预先危险性分析法

预先危险性分析方法是在项目设计、实施之前，对存在的危险有害因素、事故后果、危险等级进行分析，找出主要危险因素，通过修改设计、加强安全措施来控制或消除识别的主要危险因素，使危险因素不致发展为事故，达到防患于未然的效果。表 3-5 和表 3-6 分别是危险因素和事故等级划分，表 3-7 是采用预先危险性分析法对"一氧化碳中温 - 低温串联变换反应实验"进行危害分析。

表 3-4　化工实验室安全检查表

序号	检查项目	检查内容	是 / 否
1	通风、照明	（1）实验室应保持照明充足、均匀； （2）有通风排烟方案，配有排风设施	

序号	检查项目	检查内容	是/否
2	电器	(1)电线电缆完好,无破损; (2)电闸保险丝符合规格; (3)有无超负荷用电、乱拉电线等现象	
3	安全教育	(1)安全管理部门对师生、工作人员进行实验室安全教育; (2)对初次进入实验的人员进行安全教育情况; (3)定期对实验室师生和工作人员进行安全教育; (4)关键和贵重仪器设备的操作者进行安全教育情况	
4	安全制度	(1)按规程操作仪器; (2)大型精密仪器设备履历表的填写; (3)毒害品、易制毒品等专人专锁; (4)实验室防盗、防火、易燃易爆、放射源、有毒有害等危化品的各项安全管理制度健全,措施明确有效; (5)落实实验室的安全负责人和安全检查制度; (6)落实实验室安全责任,明确实验室安全检查内容	
5	防火措施	(1)易燃易爆危险化学品要有专人保管; (2)消防器材按标准配备,有效安全、方便、应急通道无障碍; (3)消防器材布置合理; (4)各种易燃、压缩、液化气体有专人保管; (5)有易燃物质的场所禁止吸烟; (6)仪器设备是否有漏电现象,电线是否有破损现象; (7)废弃纸箱、泡沫不得堆放于实验室内	
6	环境卫生	(1)无漏水、漏气、漏油现象; (2)实验室整齐划一、清洁卫生; (3)实验台有无积尘	
7	危化品管理	(1)危险品(易燃、易爆、剧毒、病原物和放射源等)的储存、使用、搬运等符合规定; (2)严控实验室危险品的出入; (3)特种品(剧毒品、放射性物质)领取、使用手续严格,做到可根据记录追溯; (4)特殊危险品库房严密监控,特殊危险品品要双人双锁保管; (5)妥善、科学处置实验室废弃物; (6)未经许可,无关人员不得进入药品库房	
8	高压容器及管道	(1)高压容器存放安全合理; (2)易燃与助燃气瓶分开放置,容器阀门紧闭; (3)实验室气瓶放置于气瓶架上或气瓶柜中; (4)水、气管道完好不泄漏; (5)高压容器注意安全使用	

表 3-5　危险因素等级划分表

危险等级	影响程度	定义
I	安全的	暂时不会发生事故
II	临界的	事故处于边缘状态,暂时还不至于造成人员伤亡和财产损失,应予以措施控制
III	危险的	必然会造成人员伤亡和财产损失,要立即采取措施
IV	灾难的	会造成灾难性事故(伤亡事故、系统破坏),必须立即排除

表 3-6　事故等级划分表

危险等级	影响程度	定义
I	安全的	不造成人员和系统损伤
II	临界的	造成轻伤和次要系统损失
III	危险的	造成一定程度伤害和主要系统损失
IV	灾难的	造成人员伤亡或系统损坏

表 3-7　预先危险性分析表

系统名称	CO 与水变换反应生成 CO_2，由钢瓶提供含有 CO 17%（体积分数）原料气，经由减压阀调节，以一定气速进入水饱和器，再进入固定床催化反应器进行变换反应
故障状态（触发事件）	(1)CO 气体浓度超标； (2)通风不良； (3)实验人员缺乏 CO 危险性及其应急预防方法的知识； (4)实验人员不清楚 CO 可能泄漏，应急处理不当； (5)有毒现场无相应的防毒过滤器、面具、空气呼吸器以及其他相关防护用品； (6)因故未戴防护用品； (7)防护用品选型不当或使用不当； (8)救护不当
危险描述	(1)CO 气体超过允许浓度； (2)CO 摄入体内； (3)缺氧
危险因素等级	危险 Ⅲ 级
后果	(1)人员中毒； (2)CO 泄漏
事故等级	危险 Ⅲ 级
防范措施	(1)严格控制设备及其安装质量，消除泄漏的可能性； (2)良好的通风设施； (3)泄漏后应采取相应措施： ①查明泄漏源点，切断相关阀门，消除泄漏源，及时报告； ②如泄漏量大，应疏散有关人员至安全处； (4)定期检修、维护保养，保持设备完好； (5)要有应急预案，正确使用防毒过滤器、氧气呼吸器及其他个人防护用品； (6)组织管理措施 ①加强检查、监测有毒有害物质有否泄漏； ②教育、培训实验人员掌握预防中毒、窒息的方法及其急救法； ③要求实验人员严格遵守各种规章制度、操作规程； ④张贴危险、有毒、窒息性标识； ⑤设立急救点，配备相应的急救药品、器材

3.3.3　故障假设分析法

故障假设分析方法是一种对系统工艺过程或操作过程的创造性分析方法。使用该方法的人员应对实验过程或设备熟悉，通过提问（故障假设）的方式来发现可能的、潜在的事故隐患，实际上是假想系统中一旦发生严重事故，找出促成事故的潜在因素，在最坏的条件下，导致事故的可能性。按照假设分析方法，首先要对实验过程提出各种假设问题，比如，如果原料用错……如果原料浓度不合适……如果原料含有杂质等等。通常，将所有的问题都记录下来，然后将问题分门别类，例如：按照电气安全、消防、人员安全等问题分类，再分别进行讨论。表 3-8 是采用故障假设分析法对已经接入排风系统的"一氧化碳中温 - 低温串联变换反应实验"过程进行危害分析。

表 3-8　故障假设分析表

部门：	操作过程描述： 由钢瓶提供含有 CO17%（体积分数）的原料气，经减压阀，以一定流速通过玻璃水饱和器，再进入固定床催化反应器进行变换反应，气体钢瓶柜、实验装置已接入通风系统			检查日期：
假设	结果	可能性	严重性	措施
排风系统断电	人会接触、暴露于高浓度 CO 气体中	很高	严重	提供应急电源并正常关闭钢瓶气体阀门

假设	结果	可能性	严重性	措施
钢瓶减压阀失灵或直通	反应器或者管道破损,漏气	低	严重	在钢瓶减压阀出口处安装气体节流阀或者故障关闭阀,安装CO浓度监测报警及安全联锁系统
钢瓶减压阀压力表炸开	高压气体泄漏,人员暴露于高浓度CO气体中	低	严重	
减压阀下游原料气泄漏	低压气体泄漏,潜在风险,随流速增加,人员暴露于CO气体中	中	严重	
钢瓶内气体受污染	潜在放热反应,损坏反应器	低	严重	仔细检查钢瓶标签
钢瓶压力表指示不正确	压力表损坏,高压气体快速释放,玻璃水饱和器破裂	低	严重	在钢瓶减压阀出口处安装气体节流阀或者故障关闭阀,安装CO浓度监测报警及安全联锁系统
在接入CO气体前,反应器、管路中仍有一定氧气未置换干净	CO达到可燃范围,若存在点火源,将引起爆炸;氧气使得催化剂中毒	中	严重	使用惰性气体置换,确保置换时间与效果
反应器、管路中有残余气体时拆卸或打开	人暴露于有毒气体中	中	严重	监测空气质量或者配套自给式呼吸器

3.4 实验室危害控制措施

识别实验危害、开展风险分析的目的是建立不同层次的控制措施,如通风橱、应急计划、个人防护用品,以及确立必要的标准操作规程,将危险扼杀在摇篮中。不同的措施有不同的控制效果,从根本上避免实验危害才是上策,按照防范有效性从高到低依次为:消除、替代、改进、隔离、工程控制、行政管理、个人防护;可以分为三个层次:消除危害、减小危害、辅助控制,如图3-2所示。

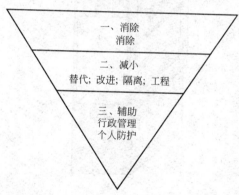

图3-2 危害控制措施的三个层次

(1)层次一:消除危害

在新技术、新产品的开发过程中尽量避免使用具有危险性的物质、工艺和设备,即用不燃和难燃物质替代可燃物质,用无毒和低毒代替有毒物质,这样可以大大降低火灾、爆炸、中毒事故发生的可能。这种消除潜在危害因素的方法是预防事故的根本措施。

(2)层次二:减小危害

这一层次主要包括以下4类措施。

① 替代危险 用危害更小,更安全的物质或设备替代现有的危害物质与设备。

② 改进设计 改进实验流程、操作条件、投料量的设计,使得危害物质在实验室的强度减小或使得危害因素得到有效控制。

③ 隔离危险 隔离产生危害因素的设备、物料等,如使用计算机在线控制、远程控制的方法,使得实验人员与危害因素之间形成物理上的分离。

④ 工程手段　运用各种工程技术控制手段降低各类事故的危害程度，降低有毒有害因素在实验室的暴露强度，如消防器材、化学通风橱、防溅护罩、手套箱、压力消毒柜、气体泄漏报警器、紧急冲淋、洗眼器等。

（3）层次三：辅助控制

主要是指行政管理和个人防护两大类。

① 行政管理　通过行政手段加强实验室安全管理、加强人员安全教育，利用完善的管理制度及有效措施的实施来避免各类危害事故的发生。如成立 HSE（健康、安全、环境）管理办公室、建立科学规范的安全管理制度、建设安全教育网站做好人员培训、建立实验室准入制度等。

② 个人防护　利用防护设备使得实验人员避免接触物理、化学、生物等危害因素，从而保护人员安全。常用的个体防护分为眼面部防护、呼吸防护、听力防护、手足防护等。

3.4.1　实验室安全设施

（1）通风橱

通风橱是通风系统中的关键部分，如图 3-3，能够防止易燃有毒或有危害的蒸气、异味进入实验室普通区域，从而防止化学品暴露；钢化玻璃活动门拉至低位时，通风橱可为实验人员提供物理隔离；当发生化学品泄漏时可以提供一定的溢出容积。为保障其发挥正常功能，实验者应当掌握正确的使用方法和维护方法。

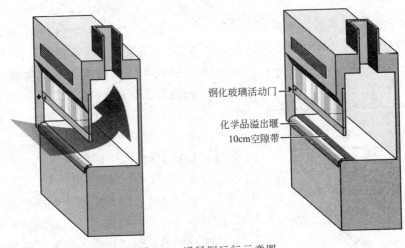

钢化玻璃活动门
化学品溢出堰
10cm空隙带

图 3-3　通风橱运行示意图

① 操作点应距离活动门边缘至少 10cm。

② 活动门应始终保持在最低允许位置以减小通风面开度及暴露风险。

③ 拆装设备或其他任何操作时，实验人员头部决不能伸进通风橱的活动门平面以内。

④ 尽量减少在通风橱前面走动，避免干扰通风橱的气流。

⑤ 针对不同污染物，通风橱风速要求不一样：对人体无害但有污染 $0.3 \sim 0.4 m/s$，轻、中度危害物 $0.4 \sim 0.5 m/s$，极度危害或少量有放射性危害物要求 $0.5 \sim 0.7 m/s$。

⑥ 使用 TLV（8h 日时量平均容许浓度）小于 50×10^{-6} 的挥发性物质时，应当配备通风橱或者其他现场通风设施。

⑦ 安装实时气流监控装置，监控通风橱风速，通风橱至少每年完整检查一次以确保其运行。

⑧ 当通风系统停止，所有实验必须停止，盖好原料瓶，并将所有通风橱活动门关闭。

（2）气体监测系统及报警器

实验室的监测报警系统主要考虑以下情况，即缺氧环境、易燃气体、毒性气体和火警报警，通常针对三种危害气体进行监测：易燃气体(氢气、甲烷、乙炔等)、有毒气体(一氧化碳、硫化氢等)和窒息性气体(氮气、氦气等)。监测环境中的气体浓度，如果超过报警限值，则报警信号将启动，表现形式为蜂鸣器响、指示灯亮。为保障警报系统发挥正常功能，实验者应当掌握正确的使用方法和维护方法。

① 各种气体的报警装置使用有强制性要求，报警值应根据气体性质从安全使用角度设置，例如：可燃性气体可设置 25%LFL(燃烧下限) 为低位报警点，50%LFL 为高位报警点；氧气检测装置，设置 19.5% 为缺氧低位报警点，22.5% 为富氧高位报警点。

② 气体监测器的安装位置应遵循以下原则：若蒸气密度比空气大，安装在离地面0.45m 以下的位置，特别注意蒸气可能在较低的区域积聚；若蒸气密度比空气小，安装在离地面 1.8～2.4m 的位置，特别注意屋顶区域积聚；对于整个实验区域，监测探头之间距离建议不要超过 15m。

③ 气体监测系统及报警器至少每年检查一次以确保其运行。

（3）安全淋浴设备及洗眼器

当实验人员发生化学品暴露时，安全喷淋设备或者洗眼器可提供紧急防护。为保障其发挥正常功能，实验者应当掌握正确的使用方法和维护方法。

① 彻底冲洗 15min，若眼睛发生化学品暴露，应当撑开眼皮确保水冲淋到了眼睛，若衣物等受污染，应当边冲淋边脱去所有防护用品和衣物；紧急情况下呼救，持续冲淋直到救护人员到达现场。

② 定期检查，做好记录，建议每周一次。

③ 安全喷淋、洗眼器与化学品之间的最大距离不应该超过 10s 路程，距离应当不超过 30m。

④ 安全喷淋、洗眼器应使用亮黄色或红色，便于实验人员或急救人员识别。

⑤ 安全喷淋附近应配有报警系统。

⑥ 洗眼器的阀门应当容易操作，打开时间不超过 1s，阀门具有防腐蚀功能。

3.4.2 个人防护计划

（1）预先了解实验室应急计划

① 熟悉实验室内最近的火警报警地点、报警电话。

② 掌握灭火器材的放置位置、类别和使用方法。

③ 了解安全设备的放置位置、使用方法，如安全喷淋、紧急洗眼器等，保持周围无阻挡物。

④ 熟悉逃生通道，并保持安全出口畅通。

（2）选择正确的个人防护用品

① 在实验室里面工作时应始终穿好实验服，扣好实验服扣子，不要将袖管卷起；保持实验服清洁干净，如果沾染有害化学品，将其脱污或者丢弃。

② 鞋子应当包跟、包趾、防渗漏、遮盖脚面 3/4 面积。

③ 佩戴合适的安全眼镜，防护眼镜用来保护眼睛免受飞来的碎屑伤害，但不能防气体、蒸气、液体和粉尘，在这种情况下，应当佩戴护目镜，如图 3-4 所示。

④ 根据操作需要选择合适的手套，如防烫、防冷冻、防刮伤、防化学品、防静电等，对于所有类型的手套使用前都要查看是否存在针孔以及撕裂处。

⑤ 选择正确的呼吸防护罩，如空气过滤式、供气式，或者半面式、全面式；非抛弃式

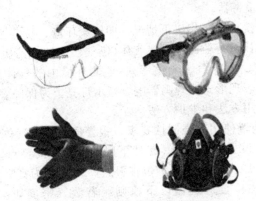

图 3-4 实验室常见个人防护用品

呼吸罩存放时应避免粉尘、阳光直射、极端温度、化学品污染或者挤压变形。

⑥ 束起头发，不要穿肥大衣物和戴首饰。

参考文献

[1] Chemical Safety Board. Identifying and Evaluating Hazards in Research Laboratories. American Chemical Society，2015.

[2] 赵劲松．化工过程安全．北京：化学工业出版社，2016.

[3] 黄志斌，唐亚文，孙尔康．高等学校化学化工实验室安全教程．南京：南京大学出版社，2015.

[4] 孙玲玲．高校实验室安全与环境管理导论．杭州：浙江大学出版社，2013.

[5] 沈郁，于风清．化学反应危害的识别及预防控制．安全、健康和环境，2006，6(12)：2.

第二篇

专业实验实例

4 基础数据测试实验

4.1 实验一 化学吸收系统气液平衡数据的测定

A 实验目的

化学吸收是工业气体净化和回收常用的方法，为了从合成氨原料气、天然气、热电厂尾气、石灰窑尾气等工业气体中脱除 CO_2、H_2S、SO_2 等酸性气体，各种催化热钾碱吸收法和有机胺溶液吸收法被广泛采用。在化学吸收过程的开发中，相平衡数据的测定必不可少，因为它是工艺计算和设备设计的重要基础数据。由于在这类系统的相平衡中既涉及化学平衡又涉及溶解平衡，其气液平衡数据不能用亨利定律简单描述，也很难用热力学理论准确推测，必须依靠实验。本实验采用气相内循环动态法测定 CO_2-乙醇胺（MEA）水溶液系统的气液平衡数据，拟达到如下目的。

① 了解化学吸收法的特点和工业应用。

② 掌握气相内循环动态法快速测定气液相平衡数据的实验技术。

③ 掌握化学吸收剂的筛选方法。

④ 加深对化学吸收相平衡理论的理解，能用实验数据检验理论模型，建立有效的相平衡关联式。

B 实验原理

气液相平衡数据的实验测定是化学吸收过程开发中必不可少的一项工作，也是评价和筛选化学吸收剂的重要依据。气液平衡数据提供了两个重要的信息，一是气体的溶解度，二是气体平衡分压。从工业应用的角度看，溶解度体现了溶液对气体的吸收能力，吸收能力越大，吸收操作所需的溶液循环量越小，能耗越低。平衡分压反映了溶液对原料气的净化能力，平衡分压越低，对原料气的极限净化度越高。因此，从热力学角度看，一个性能优良的吸收剂应具备两个特征，一是对气体的溶解度大，二是气体的平衡分压低。

由热力学理论可知，一个化学吸收过程达到相平衡就意味着系统中的化学反应和物理溶解均达到平衡状态。若将平衡过程表示为：

$$\begin{array}{c} \text{A(气)} \\ \| \\ \text{A(液)} + \text{B(液)} =\!=\!= \text{M(液)} \end{array}$$

定义：m 为液相反应物 B 的初始浓度，mol/L；

θ 为平衡时溶液的饱和度，其定义式为：

$$\theta = \frac{\text{以反应产物 M 形式存在的 A 组分的浓度}}{\text{液相反应物 B 的初始浓度 } m}$$

a 为平衡时组分 A 的物理溶解量。

则平衡时，被吸收组分 A 在液相中的总溶解量为物理溶解量 a 与化学反应量 $m\theta$ 之和，由化学平衡和溶解平衡的关系联立求解，进而可求得气相平衡分压 p_A^* 与 θ 和 m 的关系。

在乙醇胺（MEA）水溶液吸收 CO_2 系统中，主要存在如下过程。

溶解过程：
$$CO_2(g) =\!=\!= CO_2(l) \tag{4-1}$$

反应过程：$\theta < 0.5$ 时，
$$CO_2(l) + 2RNH =\!=\!= RNH_2^+ + RNCOO^- \tag{4-2}$$

$\qquad\qquad\theta > 0.5$ 时，
$$RNCOO^- + CO_2 + 2H_2O =\!=\!= RNH_2^+ + 2HCO_3^- \tag{4-3}$$

当 $\theta < 0.5$ 时，由式（4-1）和式（4-2）可知，平衡时液相中各组分的浓度分别为：

$\quad[RNH] = m(1-2\theta)$，$[RNH_2^+] = m\theta$，$[RNCOO^-] = m\theta$，$[CO_2] = a$。

其中，$\theta = [RNCOO^-]/m$，$m = [RNH]$（即 MEA 的初始浓度）。

由反应式（4-2）的化学平衡可得：

$$K = \frac{[RNH_2^+][RNCOO^-]}{a[RNH]^2} = \frac{\theta^2}{a(1-2\theta)^2} \tag{4-4}$$

又由式（4-1）CO_2 的溶解平衡可得：

$$p_{CO_2}^* = Ha \tag{4-5}$$

将式（4-5）代入式（4-4），可得：

$$p_{CO_2}^* = \frac{H}{K} \times \left(\frac{\theta}{1-2\theta}\right)^2 \tag{4-6}$$

可见，当温度和 MEA 初浓度 m 一定时，将式（4-6）取对数，则 $\lg(p_{CO_2}^*)$ 与 $\lg\left(\dfrac{\theta}{1-2\theta}\right)$ 呈线性关系。

当 $\theta > 0.5$，联立式（4-2）和式（4-3）可得：

$$CO_2 + RNH + H_2O =\!=\!= RNH_2^+ + HCO_3^- \tag{4-7}$$

定义：n 为液相反应物中水的初始浓度，mol/L。

平衡时液相中各组分的浓度分别为：$\quad[CO_2] = a$，$[RNH] = m(1-\theta)$，$[H_2O] = n - m\theta$，$[RNH_2^+] = [HCO_3^-] = m\theta$。

由反应式（4-7）的化学平衡可得：

$$K = \frac{m\theta^2}{a(1-\theta)(n-m\theta)} \tag{4-8}$$

将式（4-5）代入式（4-8），可得：

$$p^*_{CO_2} = \frac{H}{K} m \frac{\theta^2}{(1-\theta)(n-m\theta)} \qquad (4\text{-}9)$$

可见，当温度和 MEA 初浓度 m 一定时，水初始浓度 n 也一定，通过实验测定平衡分压 $p^*_{CO_2}$ 与溶液饱和度 θ，可确定平衡常数 $\frac{H}{K}$。若将不同温度和 MEA 初始浓度 m 条件下，实验测定的平衡分压 $p^*_{CO_2}$ 与溶液饱和度 θ 按式(4-9)拟合，便可得到相平衡关系。

C 预习与思考

① 本实验的目的是什么？

② 一个性能优良的吸收剂，在相平衡性能上应该具有哪些特征？为什么？

③ 化学吸收为什么能提高溶液的吸收能力，降低气体的平衡分压？

④ 本装置为何不适宜测定 CO_2 分压很低($p_{CO_2} < 7 \times 10^{-4}$ MPa)时的相平衡数据？

⑤ 若气相色谱不能准确分析气相样品中水分含量，可采取什么方法测定或估算水蒸气分压？

D 实验装置及流程

实验采用气相循环式气液平衡装置，装置结构如图 4-1 所示。平衡室是一个容积为 200mL 带有视镜的压力管(类似于高压流量计)，平衡室的上方有一个容积为 250mL 的气相空间，用以增加气相的储量，减小气相取样分析对系统的干扰。

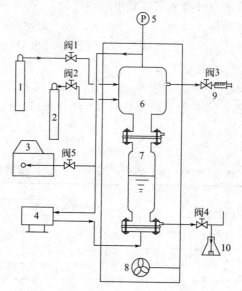

图 4-1　气相循环式高压气液平衡测试装置

1—N₂ 钢瓶；2—CO₂ 钢瓶；3— 循环水真空泵；4— 磁力泵；5—压力表；
6— 气相缓冲室；7— 平衡池；8— 风扇；9— 针筒；10— 液相采样瓶
阀1，阀 2— 气体进口阀；阀 3— 气相采样阀；阀 4— 液相采样阀；阀 5— 真空泵连接阀

操作时，一定量的液体和气体被加入到由平衡室和气相室构成的空间内，液体静置，气体则通过一台磁力循环泵不断由气相室顶部抽出，由平衡室底部返回，在系统中循环。

达到平衡后，分别取液相、气相分析。液相组成采用酸解法分析吸收液中 CO_2 含量，气相组成由 CYS-Ⅱ 型 CO_2/O_2 分析仪测定 CO_2 含量。

在这种实验装置中，由于循环气体不断地鼓泡通过液体，使两相充分接触，易于建立气液平衡，温度、压力稳定，数据准确度高。常用于化学吸收系统气液平衡数据的测定，适用

范围为：温度 40 ~ 130℃，绝对压力 7×10^{-4} ~ 7.0MPa。

E 操作步骤及方法

① 开启 N_2 钢瓶，打开气体进口阀1，调节 N_2 钢瓶出口压力，将系统压力升至0.5MPa左右，关闭平衡装置所有进出口阀，进行气密试验。

② 开启循环水真空泵，打开真空泵连接阀5，将系统抽至真空，关闭此阀门，再关闭循环水真空泵，为防止水倒吸入系统中，应严格遵循阀门开关顺序。

③ 当系统在负压状态下，缓慢打开液相采样阀4，将 120mL 预先配制、浓度为 2.5mol/L 乙醇胺水溶液加入平衡池内，开启恒温系统将温度升至50℃。

④ 先打开 N_2 进口阀1，调节 N_2 钢瓶出口压力，使平衡池内压力升至一定值后关闭此阀门，再打开 CO_2 进口阀2，调节 CO_2 钢瓶出口压力，使系统总压升至0.5MPa左右，关闭此阀门，开启磁力循环泵。

⑤ 系统达到平衡后，按先液相后气相的次序采样分析。

液相分析方法：参见"双驱动搅拌器测定气-液传质系数"溶液转化度分析方法。取5mL浓度为 2.5mol/L 硫酸加入反应瓶外瓶，称重 W_1，然后接入系统，缓慢开启液相采样阀4，使料液滴加入反应瓶内瓶，采样1~2g；将反应瓶接入量气管测定装置，提高水准瓶，使量气管内液面升至上刻度，塞紧瓶塞，使其不漏气；举起水准瓶，读取量气管内液面与水准瓶液面相平时的读数 V_1；摇动反应瓶，使硫酸与乙醇胺溶液充分混合，直至反应完全无气泡发生为止，记下量气管内液面与水准瓶液面相平时的读数 V_2；取下采样瓶称重 W_2，采样前后的重量差即为样品的实际重量。

气相分析方法：用塑料钎筒插入气体取样口，缓慢开启出口阀3，取 20mL 左右气体，用 CYS-Ⅱ 分析仪测定混合气体中 CO_2 含量。

⑥ 分析结束后，向池内补加一定量的 CO_2 气体，使系统总压升至0.5MPa左右，重复步骤⑤，得到新的平衡数据，实验要求测定 6~8 个不同 CO_2 分压下的气液平衡数据。

F 数据处理

（1）实验数据记录表

室温＿＿℃　大气压＿＿MPa　MEA初浓度＿＿mol/L　　　　溶液密度＿＿g/L

序号	平衡池		气相分析	液相分析		
	温度 /℃	压力 /MPa	CO_2/%	量气管温度 /℃	样品质量 /g	CO_2/mL
1						
2						
3						
4						
5						

（2）数据处理

① 液相饱和度的计算：

$$[RNCOO^-] = \frac{V_{CO_2}}{22400} \times \frac{273}{273+T} \times \frac{\rho}{W}$$

$$\theta = \frac{[RNCOO^-]}{m} = \frac{[CO_2]}{[MEA]}（摩尔比）$$

② 气相 CO_2 分压计算：

$$p_{CO_2}^* = p y_{CO_2}$$

③ 将实验数据依式(4-6)、式(4-9)的关系，在坐标纸上作图，求出 H/K 的值。

G 结果讨论

① 如何判断系统是否达到相平衡？

② 用酸分解法分析液相组成的操作要点是什么，可能的误差来源有哪些？

H 符号说明

a——平衡时组分 A 的物理溶解量，mol/L；

θ——平衡时溶液的饱和度；

H——亨利常数；

K——化学平衡常数；

m——液相反应物的初始浓度，mol/L；

n——液相反应物中水的初始浓度，mol/L；

$p_{CO_2}^*$——CO_2 平衡分压，MPa；

p——平衡池总压，MPa；

ρ——吸收溶液密度，g/L；

V_{CO_2}——酸分解释放的 CO_2 体积，mL；

W——液体样品质量，g；

y_{CO_2}——气相 CO_2 摩尔分数。

参 考 文 献

[1] Gianni Rstarita, David W Savaga, Attilio Bisio. Gas Treating with Chemical Solvents. New York：John Wiley and Sons Inc，1983.

[2] Lee JI，Otto F D, Mather A E. J Chem Eng Data，1973，18(1)：71.

4.2 实验二 沸石催化剂的制备与成型

沸石也称分子筛，是结晶型的硅铝酸盐，具有均一的孔隙结构，其化学组成可表示为：

$$Me_{\frac{x}{n}}\left[(AlO_2)_x(SiO_2)_y\right]\cdot m\,H_2O$$

其中，Me 为金属阳离子；n 为金属阳离子价数；x 为铝原子数；y 为硅原子数；m 为结晶水的分子数。

分子筛的基本结构单位是硅氧和铝氧四面体，四面体通过氧桥相互连接可形成环，环上的四面体再通过氧桥相互连接，可构成三维骨架的孔穴(或称笼)，在分子筛的晶体结构中，含有许多形状整齐的多面体笼，不同结构的笼再通过氧桥相互连接形成各种不同结构的分子筛。沸石分子筛用途很多，在工业上常将它作为吸附剂和催化剂，特别是用于炼油和石油化工中的干燥、吸附及催化裂化、异构化、烷基化等很多反应。它还能与某些贵金属组分结合组成多功能催化剂。

沸石催化剂属于固体酸催化剂，它的酸性来源于交换态铵离子的分解、氢离子交换或者是所包含的多价阳离子在脱水时的水解。由于合成分子筛的基本型是 Na 型分子筛，它不显酸性，为产生固体酸性，必须将多价阳离子或氢质子引入晶格中，所以制备沸石催化剂往往要进行离子交换。同时，通过这种交换，还可以改进分子筛的催化性能，从而获得更广泛的应用。

本实验即通过离子交换法制备 HY 型沸石催化剂。

A 实验目的

① 了解催化剂制备条件以及催化剂颗粒形状与催化剂性能之间的关系。

② 掌握离子交换法制备 Y 型沸石催化剂的原理及方法。

③ 掌握催化剂挤条成型的方法。

B 实验原理

Y 型沸石是目前广泛应用的沸石类型，其结构类似于金刚石的密堆立方晶系结构。若以 β 笼这种结构单元取代金刚石的碳原子结点，且用六方柱笼将相邻的两个 β 笼连接，就形成了八面沸石型的晶体结构（见图 4-2），用这种结构继续连接下去，就得到 Y 型分子筛结构。其主要通道孔径为 8～9Å，Si/Al 比 1.5～3.0。在八面沸石型分子筛晶胞结构中，阳离子的分布有三种优先占住的位置，即位于六方柱笼中心的 S_I，位于 β 笼的六圆环中心的 S_{II}，和位于八面沸石笼中靠近 β 笼的四元环上的 S_{III}。

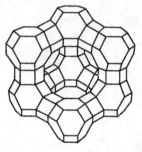

图 4-2　八面沸石型分子筛

Y 型沸石催化剂的制备过程主要由以下几步组成：

NaY → 离子交换 → 洗涤过滤 → 干燥 → 成型 → 焙烧 → 成品

（1）离子交换

分子筛的离子交换反应一般在水溶液中进行，常用的是酸交换或铵交换，酸交换通常可用无机酸（HCl、H_2SO_4、HNO_3），或有机酸（乙酸、酒石酸等）。下式表示以 HCl 进行交换的反应式：

$$NaY + HCl \rightleftharpoons HY + NaCl \tag{4-10}$$

酸交换时，沸石晶格上的铝也能被 H^+ 取代成为脱铝沸石，其催化性能会发生变化。

铵交换就是用铵盐溶液对 NaY 进行离子交换，交换时不会脱铝。用 NH_4Cl 溶液交换时，其反应式如下：

$$NaY + NH_4Cl \rightleftharpoons NH_4Y + NaCl \tag{4-11}$$

NH_4Y 在 300～500℃下焙烧，即可转变成具有酸性催化性能的 HY 型。

$$NH_4Y \xrightarrow{\text{加热 } 300～500℃} HY + NH_3 \tag{4-12}$$

离子交换反应是可逆的，故必须进行多次交换才能达到较高的交换度。溶液的浓度、交换次数、交换时间、交换温度等因素对钠的交换率都有影响。另外，在离子交换过程中，位于小笼中的钠离子一般很难被交换出来，可进行中间焙烧，使残留的 Na^+ 重新分布，移入易交换的位置，然后再用铵溶液交换，这样可以大大提高交换度。

（2）焙烧

焙烧是催化剂具有一定活性的不可缺少的步骤。把干燥过的催化剂在不低于反应温度下进行焙烧，进一步提高催化剂的活性，保持催化剂的稳定性和增强催化剂的机械强度。

用铵盐交换得到的铵型 Y 型沸石，当加热处理时，铵型变氢型。如将温度进一步提高，则可进一步脱水，出现路易斯酸中心。

（反应式图：硅铝分子筛骨架结构示意）

$$\xrightarrow[\;-2NH_3\;]{300℃}$$

$$\xrightarrow[\;-H_2O\;]{600℃}$$

分子筛吸附吡啶的红外光谱研究表明，OH 带在波数 $3540cm^{-1}$ 和 $3643cm^{-1}$ 的强度随处理温度的变化和在其上吸附吡啶导致带的消失都证明 HY 分子筛的 OH 基是酸位中心，且 NH_4Y 沸石于 $350\sim550℃$ 焙烧产生的酸度最大。

（3）成型

工业上使用的催化剂，大多具有一定的形状和尺寸。常用的球状、粒状、条状、柱状、中空状、环状等。通过离子交换干燥后的分子筛系粉末状，需加入一定量的黏合剂，塑成合适的形状。分子筛粉末和黏合剂要充分混合均匀，在捏和充分使分子筛和黏合剂紧密掺和后，用螺杆挤条机挤条成型。

C　预习与思考

① 分子筛催化剂的酸性是如何形成的？

② 如何制备双功能分子筛催化剂？

③ 为了提高离子交换率，可采用哪些措施？如何测定交换率？

④ 成型时选择黏合剂应满足哪些条件？请举几种黏合剂。

D　实验装置

离子交换装置如图 4-3 所示。

E　实验步骤

（1）离子交换

在天平上称取 25g 合成或天然 NaY 分子筛装入四口瓶中，用量筒量取预先配制好的 1mol/L NH_4Cl 溶液 250mL 倒入四口瓶中。然后将四口瓶放入电热碗中，装上回流冷凝器、搅拌器、接触温度计、水银温度计，并打开冷却水。启动搅拌器，加热升温，控制温度在 100℃ 下搅拌反应 1h，然后停止搅拌并降温。卸下回流冷凝管，搅拌器和温度计，待分子筛沉至瓶底后，将上层清液分出，然后重新加入 250mL 1mol/L NH_4Cl 开始第二次交换，方法步骤同上。第二次交换完成后，待交换液温度降至 $40\sim50℃$ 时，进行过滤和洗涤。

（2）过滤洗涤

将滤纸铺在布氏漏斗内，倒入沉淀液体，抽真空过滤接近滤干时，用 100mL 蒸馏水均匀淋入，继续滤干，关闭真空泵。将滤饼取出，放入 500mL 烧杯内，加蒸馏水 300mL，用玻璃棒将滤饼捣碎进行洗涤，再进行真空抽滤。重复上述操作至取滤液少许于试管中，加 1mol/L $AgNO_3$ 溶液几滴，无白色沉淀出现，即表示滤液中无氯

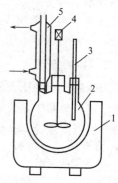

图 4-3　离子交换装置

1— 电热碗；2— 四口烧瓶；
3— 温度计；4— 搅拌器；
5— 回流冷凝器

离子，洗涤完毕。取出滤饼放在蒸发皿内置于烘箱中，在 120℃ 下烘干。

（3）成型

将烘干后的分子筛研细，然后以 4∶1（质量比）的比例加入黏合剂氧化铝，混合均匀后加入少量水进行捏和，捏和充分后将物料放入挤条机中进行挤条成型，成型后的催化剂经烘干后粉碎成一定大小的颗粒，以备活化。

（4）焙烧

将催化剂颗粒放入瓷坩埚内，置于马弗炉炉膛中心。控制温度在 5h 内升温至 500℃ ± 5℃，在此温度下保持 4h，自然降温至 120 ～ 140℃ 时取出坩埚放入干燥器中，以备反应用。

F　结果与讨论

① 列出本实验的实验条件和实验数据。

② 测出成型后催化剂的外观形状和尺寸。

③ 参考本实验设计 Y 型沸石用稀土离子交换的实验方法，画出实验流程。

参考文献

[1] 上海试剂五厂编．分子筛制备与应用．上海：上海人民出版社，1976.

[2] 黄仲涛．工业催化．北京：化学工业出版社，1994.

4.3　实验三　　多孔催化剂比表面积及孔径分布的测定

固体催化剂大多是多孔材料，催化反应通常发生在催化剂的孔壁上。比表面积及孔径分布是描述多孔催化剂的重要织构参数，研究与掌握多孔催化剂的比表面积及孔径分布，对于改进催化剂的织构，提高反应过程的活性和选择性具有重要的意义。

A　实验目的

① 了解物理吸附法测定比表面积及孔径分布的原理。

② 掌握静态容量法测定比表面积及孔径分布的方法。

③ 掌握全自动比表面积与孔径分析仪的操作方法。

④ 掌握比表面积及孔径分布实验数据的采集与计算方法。

B　实验原理

固体催化剂的比表面积通常指单位重量催化剂的总表面积，以符号 $S_g(m^2/g)$ 表示，其测定原理一般基于布鲁诺尔（Brunauer）、埃米特（Emmett）和泰勒（Teller）（统称为 BET）提出的多层吸附理论，认为在液氮温度下待测固体对吸附质氮气发生多层吸附，氮气的吸附量 V_d 与氮气的相对压力 p_{N_2}/p_S 有关，其关系式适用 BET 吸附等温方程：

$$\frac{p_{N_2}/p_S}{V_d(1-p_{N_2}/p_S)} = \frac{1}{V_m C} + \frac{C-1}{V_m C} \times \frac{p_{N_2}}{p_S} \tag{4-13}$$

式中　　p_{N_2}——吸附温度下氮气吸附平衡时的压力；

p_S——吸附温度下氮气的饱和蒸气压；

V_d——吸附平衡时的氮气吸附量，mL；

V_m——氮气单分子层饱和吸附量，mL；

C——常数，与吸附质和固体表面之间作用力场的强弱有关。

在实验测定得到与各相对压力 p_{N_2}/p_S 相应的吸附量 V_d 后，根据 BET 吸附等温方程将 $\dfrac{p_{N_2}/p_S}{V_d(1-p_{N_2}/p_S)}$ 对 $\dfrac{p_{N_2}}{p_S}$ 作图得到一直线，其斜率为：$a=\dfrac{C-1}{V_mC}$，截距为：$b=\dfrac{1}{V_mC}$。

由斜率和截距求得单分子层饱和吸附量 V_m 为：

$$V_m = \frac{1}{a+b} \tag{4-14}$$

若知单个吸附质分子(此处为氮气)的横截面积，就可求出催化剂的比表面积，即：

$$S_g = \frac{V_m N_A A_m}{22400w} \times 10^{-18} \tag{4-15}$$

式中　S_g——催化剂比表面积，m^2/g；

　　　N_A——阿伏伽德罗常量，约 6.023×10^{23}；

　　　A_m——吸附质分子的横截面积，nm^2；

　　　w——催化剂样品质量，g。

当吸附质为 N_2 时，液氮温度下液态六方密堆结构的氮分子的横截面积为 $0.162nm^2$，该式可简化为：

$$S_g = 4.36 \frac{V_m}{w} \tag{4-16}$$

BET 方程的适用范围为 $p_{N_2}/p_S = 0.05 \sim 0.35$，相对压力超过 0.35 可能发生毛细管凝聚现象。此外，C 值要求在 $50 \sim 300$，否则计算结果误差较大。

孔容积随孔径变化的关系称为孔径分布。测定固体催化剂的孔径分布是基于毛细孔凝聚的原理。假设用许多半径不同的圆筒孔来代表多孔固体的孔隙，当这些孔隙处在一定温度下(例如液氮温度下)的某一吸附质气体(例如氮气)环境中，则有一部分气体在孔壁吸附，如果该气体冷凝后对孔壁可以润湿的话(例如液氮在大多数固体表面上可以润湿)，则随着气体的相对压力逐渐升高，除各孔壁对气体的吸附层厚度相应地逐渐增加外，还同时发生毛细孔凝聚现象。半径越小的孔，越先被凝聚液充满，在孔内形成弯月液面。随着气体相对压力不断升高，则半径较大一些的孔也被冷凝液充满。当相对压力达到 1 时，则所有的孔都被充满，并且在所有表面上都发生凝聚。

孔内凝聚液体(例如液氮)弯月面的曲率半径 ρ 与吸附质气体相对压力间的关系，可以用开尔文(Kelvin)公式表示：

$$\ln \frac{p}{p_S} = -\frac{2\delta V_M \rho}{RT} \tag{4-17}$$

式中　p——吸附温度下弯月液面上吸附质吸附平衡时的压力；

　　　p_S——吸附温度下平坦液面上吸附质的饱和蒸气压；

　　　δ——吸附质液体的表面张力，10^{-5} N/cm；

　　　V_M——吸附质液体的摩尔体积，mL/mol；

　　　ρ——弯月液面的曲率半径，nm；

　　　R——气体常数；

　　　T——热力学温度。

曲率半径与毛细孔半径 r_k 之间的关系为：

$$r_k = \rho\cos\phi \qquad (4\text{-}18)$$

式中　　r_k——发生毛细孔凝聚时的孔半径，也称开尔文半径或临界半径，nm；

　　　　ϕ——弯月液面与固体表面间的接触角。

在吸附质为 N_2 及液氮温度(77K)下：

$$r_k = -\frac{0.414}{\lg(p_{N_2}/p_S)} \qquad (4\text{-}19)$$

当脱附时，在某一 p_{N_2} 值下毛细孔解除凝聚后，孔壁还会保留与当时相对压力相应的吸附层，所以实际孔半径 r(nm)等于临界半径 r_k 与吸附层厚度 t 之和：

$$r = r_k + t \qquad (4\text{-}20)$$

随着相对压力逐步降低，除与之相应的临界半径的毛细孔解除凝聚外，已解除凝聚的毛细孔壁的吸附层也逐渐减薄，所以脱附出的气体量是这两部分贡献之和。以氮为吸附质时，海尔赛(Halsey)公式所描述的吸附层厚度 t(nm)为：

$$t = -\frac{0.557}{\lg(p_{N_2}/p_S)^{1/3}} \qquad (4\text{-}21)$$

式(4-19)～式(4-21)是计算孔径分布的基本关系式。可通过改变相对压力分别测出充满各不同半径的毛细孔的凝聚液体积 V_r 值，再用开尔文公式计算相应于各相对压力的孔半径 r 值。显然，与 r 相应的凝聚液体积 V_r 就是所有小于或等于 r 的孔的总体积。V_r 对 r 作图所得的曲线即为孔大小的积分曲线，由积分曲线可求得导数 dV_r/dr，从而可得到孔径分布的微分曲线，简称孔径分布曲线。

C　预习与思考

① 单分子层吸附和多分子层吸附的主要区别是什么？

② 吸附等温线和磁滞回线的类型有哪几种？分别代表什么含义？

③ 影响本实验误差的主要因素有哪些？

D　实验装置与流程

本实验按照静态容量法，使用 ASAP2020 型全自动比表面与孔径分析仪进行测试，吸附质气体为 N_2，载气为 He。该全自动分析仪由两部分管路组成，分别用于预处理和吸／脱附测试两个阶段，吸／脱附测试阶段的管路流程见图 4-4。

静态容量法测试通常在液氮温度(77K)下进行。需要测试的催化剂样品(例如活性氧化铝)，颗粒度以 40～140 目为宜，应先进行适当的前期处理，以脱除样品中吸附的大量水汽和其他杂质，确保在测试过程中不发生分解或产生腐蚀性气体。已处理的样品准确称量后放入样品管中，将样品管安装在全自动分析仪的预处理管路上，启动预处理程序，开始加热并抽真空脱气。同时，整个系统的吸／脱附测试管路也进行抽真空，以达到所需的真空度。管路抽空完成后，将样品管移装到测试管路上，并浸入杜瓦瓶中的液氮浴中，以使样品在吸脱附测试过程中保持恒温(77K)。随后在样品管充入已知量的吸附质气体 N_2，此时系统真空度会上升，而样品慢慢吸附气体后真空度又逐渐下降，一段时间后系统压力趋于稳定，标志着吸附基本达到平衡。测定气体的平衡压力(p_{N_2})，并计算出该平衡压力下样品孔道中的气体吸附量(V_d)。逐次向系统增加吸附质气体量以改变压力，重复上述操作，测定并计算得到不同平衡压力下的吸附量值。

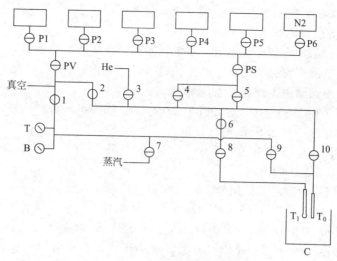

图 4-4 吸／脱附测试阶段管路流程示意图

P1～P6—稳压阀；1～10，PV，PS—转换阀；

B—压力传感器；T—温度传感器；C—液氮冷阱；T_1—样品管；T_0—P_0 管

E 实验步骤及方法

（1）实验准备

开启外围设备包括真空泵、计算机等，打开全自动分析仪主机电源，启动应用软件，并按照相应启动程序，手动设置设备抽真空，以清洁系统管路，一段时间后再检查真空度能否达到设定要求。检查 N_2、He 气瓶是否能正常使用，减压阀出口压力值是否合适（0.1～0.15MPa）。在样品测试之前向杜瓦瓶中倒入适量的液氮，并在随后的测试过程中注意观察杜瓦瓶中液氮位置，始终保持液氮充足。

（2）样品前期处理及脱气

① 待测样品前期处理 当待测样品暴露于空气中时，其内部丰富的孔道可能吸附有很多水分及其他无机或有机杂质，这些物质的存在不但会堵塞样品的内部孔道，影响测定结果，还会在测试过程中释放出来或发生分解，所产生的气体等物质会污染仪器管路。同时，考虑到样品需要在液氮及真空状态下进行测试，其物质结构的稳定性也应事先得到保证。所以，样品上机分析前通常需要进行前期处理，应在 120℃ 下烘干 2h 左右（视样品吸湿情况而定，若用真空烘箱效果更好），同时观察样品的物理性状如颜色、形状等是否有变化。性状稳定的样品自然冷却至室温后，放入干燥器皿或样品袋中密封保存。

② 待测样品称量按如下几步操作。

a. 样品管组件总重量的测定 根据样品的特性确定是否选用填充棒（注：预计样品的 $S_g < 10m^2$ 时推荐使用，以减少测试系统的自由空间体积，否则无需使用），用精密电子天平测定所选用的填充棒及带塞样品管的总质量。

b. 脱气前样品和样品管组件总重量的测定 取出塞子和填充棒，利用漏斗将待测样品加入样品管底部（注：应保持样品管壁清洁），重新放回填充棒并按上塞子，用天平测定包含样品及填充棒和塞子的样品管的总重量。在样品脱气分析前，将数据填入已建立测试程序的样品信息表中。

③ 待测样品脱气 首先从脱气管路上拧下堵头，将样品管安装到脱气管路上，样品管底部放入加热包内，用夹子夹紧。从计算机测试软件菜单栏内 Unit 选择 Star Degas，然后点

击右侧浏览键 Browse，选择脱气文件，点击 Start 进行脱气。

（3）吸、脱附等温线测试阶段

脱气结束，待样品管冷却至室温后，取下样品管，再次测定总重量，并将数据填入样品信息表中。随后将样品管安装到测试管路上，拧紧，并将 P_0 管移至样品管旁边，一起放入杜瓦瓶的液氮中，液面须覆盖住样品管底部。

从测试软件菜单栏 Unit 中选择 Sample Analysis，选择要分析的文件，点击 OK，确认分析参数是否需要修改，点击 Star 进行分析。

吸、脱附测试阶段主要分为三个部分，即 N_2 饱和蒸气压（p_S）的测定、自由空间体积的测定，N_2 吸、脱附等温线的测试。

① N_2 饱和蒸气压的测定 使用静态容量法进行物理吸附分析时，N_2 饱和蒸气压是通过专用的 P_0 管进行测试的。P_0 管是一根一端密封的毛细管，位于样品管附近，以保证与样品管处于同一测试环境。测试时，先抽空 P_0 管，然后注入 N_2 直至压力达到恒定，测定此时的气体压力即为饱和蒸气压（p_S）。此步骤由测试程序在测试准备阶段自动完成，并作为基准以便调节测试过程中吸附气体的填充量。

② 自由空间体积的测定 在采用静态容量法测定比表面积及孔径分布时，吸附质气体的填充空间除了样品的孔道外，还有样品管内空间以及测试管路连接处等其他内部空间，因此，计算样品对气体的吸附量时，应当从气体所有的填充体积中扣除这些内部空间中气体占据的体积。这些内部空间的体积之和，换算成标准状态下 N_2 的体积，即称之为自由空间体积，也称等效死空间。

自由空间体积的测定可通过 He 填充的方式来实现。

首先在室温下向歧管内注入 He，稳定后测定压力。然后打开歧管和样品管间的隔离阀，使 He 扩散进入样品管（即上述含有样品和填充棒的样品管），平衡后再次测定压力。保持隔离阀打开，使样品管浸入杜瓦瓶中的液氮中降温，此时系统内压力下降，重新达到平衡后记录压力值。根据上述过程，计算出冷／热自由空间体积的值，自动记录在计算机软件系统中，以便在后续 N_2 吸脱附量的计算中除去。

在测定温度下采用 He 进行体积校准，是目前经典的自由空间体积测定方法，但其应用有两个前提：a. He 不被样品吸附或吸收；b. He 不能渗入吸附质（如 N_2）不能进入的区域。

③ N_2 吸脱附等温线的测试 测试时确保样品管浸入液氮浴中。测定吸附等温线时，向样品管中充入已知量的吸附气体 N_2，待系统中的真空度稳定后测定气体的平衡压力（p_{N_2}），再由气体充入量扣除自由空间体积后，计算出此平衡压力下的吸附量（V_d）。逐次向系统增加吸附质气体量以改变压力，重复上述操作，测定并计算得到不同平衡压力下的吸附量值。将一系列相对压力（p_{N_2}/p_S）对吸附量（V_d）作图，所得曲线即为吸附等温线。测定脱附等温线时，则通过抽气来逐次脱除样品中吸附的气体，计算出样品中剩余的吸附量，测定相对应的平衡压力，同样得到一组相对压力下的吸附量数据，作图后即为脱附等温线。吸、脱附等温线测试过程由测试程序自动控制，并记录相应数据。

（4）测试报告及关机程序

① 报告生成 从菜单栏 Report 中点击 Star Report 选择相应的文件名，选择需要采用的分析模型及方法，点击确定生成样品报告文件，并打印出测试报告。

② 关机程序 先关闭气瓶阀门，之后关闭应用软件和全自动分析仪主机电源，最后关闭外围设备。

F 实验数据处理

按表 4-1 内容做实验记录，并进行计算整理。

表 4-1　比表面积与孔径分布的实验记录及计算表

样品名称_____；样品质量_____g；室温_____K；

序号							
p_{N_2}/p_S							
V_d							
$\dfrac{p_{N_2}/p_S}{V_d(1-p_{N_2}/p_S)}$							

比表面积计算时，取相对压力 p_{N_2}/p_S 在 $0.05 \sim 0.35$ 的实验数据，对 p_{N_2}/p_S-$\dfrac{p_{N_2}/p_S}{V_d(1-p_{N_2}/p_S)}$ 作图，求得斜率和截距，然后按式(4-13) ～ 式(4-15)求得比表面积。

孔径分布的计算方法较为复杂。对于孔径在中孔范围的催化剂样品(占催化剂大多数)，目前最常用的计算模型是 Barret、Joyner、Halenda 三人提出的，即 BJH 方法，该方法假定：① 孔道是刚性的，且孔径分布窄；② 没有微孔或很大的大孔。计算时，不论采用的是等温线的吸附分支，还是脱附分支，数据点均按压力降低的顺序排列，相对压力取点在 $0.35 \sim 1$。

G　结果讨论题

① 吸附质为什么常用 N_2？用其他吸附质需要注意什么？
② 测定比表面积时，相对压力为什么要控制在 $0.05 \sim 0.35$？
③ 何谓自由空间体积？实验中应如何扣除？
④ 微孔材料和介孔材料在比表面积和孔径分布测定时有何不同？

参考文献

[1] 近藤精一，石川达雄，安部郁夫. 吸附科学. 李国希译. 北京：化学工业出版社，2006.
[2] GB/T 19587—2004 气体吸附 BET 法测定固态物质比表面积.

4.4　实验四　液-液传质系数的测定

A　实验目的

① 了解传质过程特点及与其他传递过程的类比；
② 了解影响液-液传质过程的工程因素；
③ 掌握使用刘易斯池测定液-液传质系数的方法；
④ 掌握液-液传质过程数学模型的构建方法；
⑤ 采用积分法处理实验数据，并进行误差分析。

B　实验原理

研究影响液-液传质速率的因素和规律，探讨传质过程的机理是提高萃取设备效率的重要依据。由于液-液间传质过程的复杂性，迄今为止，关于两相接触界面的动力学状态，物质通过界面的传递机理，以及相界面的传质阻力等问题的研究，还必须借助于实验。

在工业萃取设备中，当流体流经填料、筛板等内部构件时，会引起两相高度的分散和强烈的湍动，传质过程和分子扩散变得相当复杂，再加上液滴的凝聚与分散、流体的轴向返混等因素，使两相传质界面和传质推动力难以确定。因此，在实验研究中，常将过程进行分解，采用理想化和模拟的方法进行处理。1954 年刘易斯(Lewis)提出了用一个恒定界面的容器，研究液液传质的方法(简称：刘易斯池)，即在给定界面面积的情况下，分别控制两相的搅拌强度，造成一个相内全混、界面无返混的理想流动状况，不仅明显地改善了设备内流体力学条件及相际接触状况，而且有效地避免了因液滴的形成与凝聚而造成端效应。本实验即采用改进型的刘易斯池进行实验。由于刘易斯池具有传质界面恒定的特点，当实验在一定的搅拌速率和温度下进行时，只需测定两相浓度随时间的变化关系，便可借助物料衡算及速率方程获得传质系数。

$$-\frac{V_W}{A} \times \frac{dc_W}{dt} = K_W(c_W - c_W^*) \tag{4-22}$$

$$\frac{V_O}{A} \times \frac{dc_O}{dt} = K_O(c_O^* - c_O) \tag{4-23}$$

若溶质在两相的平衡分配系数 m 可近似地取为常数，则：

$$c_W^* = \frac{c_O}{m}, \quad c_O^* = mc_W \tag{4-24}$$

式(4-22)、式(4-23)中的 $\frac{dc}{dt}$ 值可将实验数据进行曲线拟合然后求导数取得。

若将实验系统达平衡时的水相浓度 c_W^e 和有机相浓度 c_O^e 替换式(4-22)、式(4-23)中的 c_W^* 和 c_O^*，则对上两式积分可推出下面的积分式：

$$K_W = \frac{V_W}{At} \int_{c_W(0)}^{c_W(t)} \frac{dc_W}{c_W^e - c_W} = \frac{V_W}{At} \ln \frac{c_W(t) - c_W^e}{c_W(0) - c_W^e} \tag{4-25}$$

$$K_O = \frac{V_O}{At} \int_{c_O(0)}^{c_O(t)} \frac{dc_O}{c_O^e - c_O} = \frac{V_O}{At} \ln \frac{c_O(t) - c_O^e}{c_O(0) - c_O^e} \tag{4-26}$$

以 $\ln \frac{c^e - c(t)}{c^e - c(0)}$ 对 t 作图，由斜率可获得传质系数。

根据传质系数的变化，可研究流动状况、物系性质等因素对传质速率的影响。

由于液液相际的传质远比气液相际的传质复杂。若用双膜理论关联液液相的传质速率，假定：① 界面是静止不动的，在相界面上没有传质阻力，且两相呈平衡状态；② 紧靠界面两侧是两层滞流液膜；③ 在液膜内溶质靠分子扩散进行传递；④ 传质阻力是由界面两侧的液膜阻力叠加而成，则关联结果往往与实际情况有较大偏差。其主要原因是由于传质相界面的实际状况无法满足模型的假设，除了主流体中的旋涡冲到界面以及流体流动的不稳定性造成的界面扰动外，界面本身也会因为传质引起的界面张力梯度而产生湍动，从而使传质速率显著增加。此外，微量表面活性物质的存在又可使传质速率明显减小。液 - 液界面不稳定的原因，大致可分为以下几点。

① 界面张力梯度导致的不稳定性　在相界面上由于溶质浓度的不均匀性导致界面张力的差异。在张力梯度的驱动下界面附近的流体会从张力低的区域向张力较高的区域运动，张力梯度的随机变化导致相界面上发生强烈的旋涡现象，这种现象被称为 Marangoni 效应。

② 密度梯度引起的不稳定性　界面附近，如果存在密度梯度，则界面处的流体在重力场的作用下也会产生不稳定的对流，即所谓的 Taylar 不稳定现象。密度梯度与界面张力梯度导致的界面对流交织在一起，会产生不同的效果。稳定的密度梯度会把界面对流限制在界

面附近的区域；而不稳定的密度梯度会产生离开界面的旋涡，并且使它渗入到主体相中去。

③ 表面活性剂的作用　表面活性剂是降低液体界面张力的物质，其富集在界面会使界面张力显著下降，从而削弱界面张力梯度引起的界面不稳定性现象，制止界面湍动。此外，表面活性剂在界面处形成的吸附层，还会产生附加的传质阻力，降低传质速率。

C　预习与思考

① 为何要研究液-液传质系数？
② 理想化液-液传质系数实验装置有何特点？
③ 由刘易斯池测定的液-液传质系数用到实际工业设备设计还应考虑哪些因素？
④ 物系性质对液-液传质系数是如何影响的？
⑤ 根据物性数据表，确定乙酸向哪一方向的传递会产生界面湍动，说明原因。
⑥ 了解实验目的，明确实验步骤，制定实验计划。
⑦ 设计原始数据记录表。

D　实验装置及流程

实验所用的刘易斯池，如图4-5所示。它由一段内径为0.1m，高为0.12m，壁厚为8×10^{-3}m的玻璃圆筒构成。池内体积约为900mL，用一块聚四氟乙烯制成的界面环(环上每个小孔的面积为3.8cm²)，把池隔成大致等体积的两隔室。每隔室的中间部位装有互相独立的六叶搅拌桨，在搅拌桨的四周各装设六叶垂直挡板，其作用在于防止在较高的搅拌强度下造成界

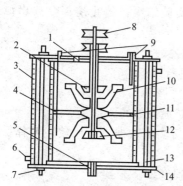

图4-5　刘易斯池简图

1—进料口；2—上搅拌桨；3—夹套；
4—玻璃筒；5—出料口；6—恒温水接口；
7—衬垫；8—皮带轮；9—取样口；
10—垂直挡板；11—界面杯；
12—搅拌桨；13—拉杆；14—法兰

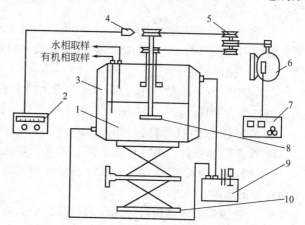

图4-6　液液传质系数实验流程简图

1—刘易斯池；2—测速仪；3—恒温夹套；4—光电传感器；
5—传动装置；6—直流电动机；7—调速器；8—搅拌桨；
9—恒温槽；10—升降台

面的扰动。两搅拌桨由一直流侍服电动机通过皮带轮驱动。使用光电传感器监测搅拌桨的转速，并装有可控硅调速装置，可方便地调整转速。两液相的加料经高位槽注入池内，取样通过上法兰的取样口进行。另设恒温夹套，以调节和控制池内两相的温度。为防止取样后，实际传质界面发生变化，在池的下端配有一升降台，以随时调节液-液界面处于界面环中线处。实验流程如图4-6所示。

E　实验步骤与方法(含分析方法)

本实验所用的物系为水-乙酸-乙酸乙酯。该系统的物性数据和平衡数据列于表4-2

和表 4-3。

表 4-2　纯物质性质表

物系	$\mu \times 10^5/\text{Pa·s}$	$\delta \times 10^3/(\text{N/m})$	$\rho/(\text{kg/m}^3)$	$D \times 10^9/(\text{m}^2/\text{s})$
水	100.42	72.67	997.1	1.346
乙酸	130.0	23.90	1049	
乙酸乙酯	48.0	24.18	901	3.69

表 4-3　25℃乙酸在水相与酯相中的平衡浓度(质量分数，%)

酯相	0.0	2.50	5.77	7.63	10.17	14.26	17.73
水相	0.0	2.90	6.12	7.95	10.13	13.82	17.25

实验时应注意以下几个方面。

① 装置在安装前，先用丙酮清洗池内各个部位，以防表面活性剂污染系统。

② 将恒温槽温度调整到实验所需的温度。

③ 加料时，不要将两相的位置颠倒，即较重的一相先加入，然后调节界面环中心线的位置与液面重合，再加入第二相。第二相加入时应避免产生界面骚动。

④ 启动搅拌桨约 30min，使两相互相饱和，然后由高位槽加入一定量的乙酸。因溶质传递是从不平衡到平衡的过程，所以当溶质加完后就应开始计时。

⑤ 溶质加入前，应预先调节好实验所需的转速，以保证整个过程处于同一流动条件下。

⑥ 各相浓度按一定的时间间隔同时取样分析。开始应 3～5min 取样一次，以后可逐渐延长时间间隔，当取了 8～10 个点的实验数据以后，实验结束，停止搅拌，放出池中液体，将池子洗净待用。

⑦ 实验中各相浓度，可用 NaOH 标准溶液分析滴定乙酸含量。

以乙酸为溶质，由一相向另一相传递的萃取实验可进行以下内容。

a. 测定各相浓度随时间的变化关系，求取传质系数。

b. 改变搅拌强度，测定传质系数，关联搅拌速率与传质系数的关系。

c. 进行系统污染前后传质系数的测定，并对污染前后实验数据进行比较，解释系统污染对传质的影响。

d. 改变传质方向，探讨界面湍动对传质系数的影响程度。

e. 改变相应的实验参数或条件，重复以上 b、c、d 的实验步骤。

F　实验数据处理

① 将实验结果列表，并标绘 c_O、c_W 对 t 的关系图;

② 根据实验测定的数据，计算传质系数 K_W、K_O;

③ 将传质系数 K_W-t 或 K_O-t 作图。

G　结果与讨论

① 讨论测定液-液传质系数的意义。

② 讨论界面湍动对传质系数的影响。

③ 讨论搅拌速率与传质系数的关系。

④ 解释系统污染对传质系数的影响。

⑤ 分析实验误差的来源。

⑥ 提出实验装置的修改意见。

H 主要符号说明

A—— 两相接触面积；

c—— 溶质浓度；

D—— 扩散系数；

K—— 总传质系数；

m—— 平衡分配系数；

下标：

O—— 有机相；

t—— 时间；

V—— 溶剂相体积；

ρ—— 密度；

σ—— 表面张力。

W—— 水相。

参 考 文 献

[1] Lewis J B. Chem Eng Sci, 1954, 3: 248.

[2] Bnlicka J Prochazka. J Chem Eng Sci, 1976: 137.

[3] 周永传, 李洲. 化工学报, 1976, 3: 10.

[4] 李以圭, 等. 化学工程手册: 第14篇 萃取及浸取. 北京: 化学工业出版社, 1985.

[5] Mixon F O, Whitaker D R, Orcuff J C. AICHE J, 1967, 13: 21.

[6] Laddka G S, Egalessan T E. Phenomena in Liguid Extraction. New York: McGraw-Hill Book Company, 1978.

[7] Teh C Lo, Malcolm H Baird, Carl Hanson. Handbook of Solvent Extraction. John Wiley Sons Inc, 1983.

4.5 实验五 双驱动搅拌器测定气-液传质系数

A 实验目的

带有化学反应的气-液相吸收过程在化学反应与分离工程中占有重要地位。在吸收过程开发和模拟放大的研究过程中，双驱动搅拌吸收器是一种常用的实验设备，它可用于吸收溶剂的筛选、吸收机理的研究、吸收反应动力学以及气-液相传质系数的测定。

本实验采用双驱动搅拌吸收器测定热钾碱(K_2CO_3)溶液吸收 CO_2 的气-液传质系数，以达到如下目的。

① 了解气-液相吸收反应过程的原理；

② 掌握采用双驱动搅拌吸收器研究气-液相吸收过程的方法；

③ 应用化学吸收理论关联实验测定的传质系数与溶液转化度的关系，了解经验关联法在工程实验数据处理中的应用。

B 实验原理

工业上采用化学吸收工艺通常是为了达到两个不同的目的。其一，通过化学吸收生产产品；其二，通过化学吸收提高气体的分离效率。前者的关注点是目标产品的收率和选择性，后者的关注点是气体的吸收速率和平衡特性。但无论出于何种目的都必须研究和掌握气-液传质过程的特性，即必须弄清气体吸收过程是属于气膜控制、液膜控制还是双膜控制；气液反应是属于瞬间反应、快反应、中速反应还是慢反应，这样才能对症下药，选择合适的气液传质设备、筛选理想的吸收溶剂、优化吸收的操作条件。

迄今为止，实验研究仍是掌握化学吸收气液传质特性的主要方法，因此，实验装置和手段的科学性至关重要。本实验选用的双磁力驱动搅拌吸收器是一种改进型的 Danckwerts 气液搅拌吸收器，其主要特点：① 气相与液相的搅拌速率可分别调节，因此，可以分别考察气、液相搅拌强度对吸收速率的影响，并据此判断气-液传质过程的控制步骤，以及化学反应对吸收速率的影响程度；② 具有稳定的气-液相界面积，可实测单位时间、单位相面积的瞬间吸收量，并据此确定传质速率和传质系数。双磁力驱动搅拌吸收器适合于研究吸收速率、吸收机理，以及传质系数与温度和液相组成的关系，并可据此建立吸收模型。

本实验选用的热钾碱(K_2CO_3)溶液吸收CO_2是一个典型的化学吸收过程，是工业中常用的脱除CO_2的方法，采用此法的目的是借助于K_2CO_3与CO_2的反应来提高CO_2的脱除效率。在合成氨与合成甲醇的原料气净化、城市煤气的脱碳、烟道气中二氧化碳的回收等工艺过程中都常选用这种方法。

热钾碱吸收CO_2是一个化学吸收过程，其反应式为：

$$K_2CO_3 + CO_2 + H_2O \Longrightarrow 2KHCO_3 \tag{4-27}$$

其反应机理为：

$$CO_2 + OH^- \Longrightarrow HCO_3^- \tag{4-28}$$

$$CO_2 + H_2O \Longrightarrow HCO_3^- + H^+ \tag{4-29}$$

当反应的$pH > 10$时，即碱性强时，反应式(4-29)进行的速率远小于反应(4-28)，可以忽略，此时，仅需考虑反应式(4-28)即可。

在热钾碱溶液中，溶液的OH^-浓度由下列反应的平衡确定：

$$CO_3^{2-} + H_2O \Longrightarrow HCO_3^- + OH^- \tag{4-30}$$

$$c_{OH^-} = \frac{K_W c_{CO_3^{2-}}}{K_2 c_{HCO_3^-}} \tag{4-31}$$

计算可知，当$\dfrac{c_{CO_3^{2-}}}{c_{HCO_3^-}} = 1$，而温度高于50℃时，热钾碱溶液的$c_{OH^-} > 10^{-4}\,mol/L$，即$pH > 10$，此时热钾碱吸收$CO_2$可按单一反应(4-28)考虑。

Danckwerts等人提出，热钾碱溶液的转化度f定义为溶液中转化掉的CO_3^{2-}与溶液中总的CO_3^{2-}之比，即：

$$f = \frac{c_{HCO_3^-}}{2c_{CO_3^{2-}} + c_{HCO_3^-}} \tag{4-32}$$

当f较高时，反应式(4-28)是快速反应，可由二级反应简化为拟一级反应处理。根据化学吸收的双膜渗透理论，拟一级化学吸收传质系数的增强因子为：

$$\beta = \sqrt{M} = \sqrt{\frac{D_{CO_2} k_{OH^-} c_{OH^-}}{k_L^2}} \tag{4-33}$$

相应的化学吸收速率式为：

$$N_{CO_2} = \beta K_L (c_{CO_2, i} - c_{CO_2, l}^*) \tag{4-34}$$

若液相吸收速率以CO_2分压为推动力，则：

$$N_{CO_2} = \beta K_L H_{CO_2} (p_{CO_2, i} - p_{CO_2, l}^*) = H_{CO_2} \sqrt{D_{CO_2} k_{OH^-} c_{OH^-}} (p_{CO_2, i} - p_{CO_2, l}^*) \tag{4-35}$$

将式(4-31)的c_{OH^-}代入式(4-35)，可得：

$$N_{CO_2} = H_{CO_2}\sqrt{D_{CO_2}k_{OH^-}\left(\frac{K_W}{K_2}\times\frac{c_{CO_3^{2-}}}{c_{HCO_3^-}}\right)}(p_{CO_2,i} - p^*_{CO_2,l}) \qquad (4\text{-}36)$$

因此，以气体分压为推动力的液相传质系数 K 可表示为：

$$K = \beta K_L H_{CO_2} = H_{CO_2}\sqrt{D_{CO_2}k_{OH^-}\left(\frac{K_W}{K_2}\times\frac{c_{CO_3^{2-}}}{c_{HCO_3^-}}\right)} \qquad (4\text{-}37)$$

式(4-32)可转化为：

$$\frac{c_{CO_3^{2-}}}{c_{HCO_3^-}} = \frac{1-f}{2f} \qquad (4\text{-}38)$$

代入式(4-37)，可得：

$$K = H_{CO_2}\sqrt{D_{CO_2}k_{OH^-}\left(\frac{K_W}{K_2}\right)\left(\frac{1-f}{2f}\right)} \qquad (4\text{-}39)$$

由式(4-39)可见，液相传质系数 K 不仅与反应速率常数 k_{OH^-} 有关，还与参数 H_{CO_2}、K_W、K_2、D_{CO_2}、f 有关。反应速率常数 k_{OH^-} 和平衡常数 K_W、K_2 主要取决于温度。D_{CO_2} 取决于溶液黏度，溶液黏度又取决于温度与转化度。转化度 f 仅与溶液浓度有关。因此，在一定的温度下，可认为液相传质系数 K 仅是转化度 f 的函数，即 $\lg K$ 与 $\lg\dfrac{1-f}{2f}$ 呈线性关系，斜率为 $1/2$。

本实验采用纯 CO_2 作为气源，使用 $1.2\,mol/L$ 的 K_2CO_3 作为吸收液，控制吸收在 $60\,℃$ 下进行。由于该温度下溶液的水蒸气分压 p_W 较大，应从气相总压 p 中减去水蒸气分压才是界面 CO_2 气体的分压 $p_{CO_2,i}$。

碳酸钾溶液界面的水蒸气分压与转化度 f 的关系为：

$$p_W = 0.01728(1 - 0.3f)$$

界面 CO_2 气体的分压为：

$$p_{CO_2,i} = p - p_W = p - 0.01728(1 - 0.3f) \qquad (4\text{-}40)$$

界面 CO_2 的平衡分压 $p^*_{CO_2,l}$ 计算式为：

$$p^*_{CO_2,l} = 1.95\times10^8 c^{0.4}\left(\frac{f^2}{1-f}\right)\exp\left(-\frac{8160}{T}\right) \qquad (4\text{-}41)$$

由式(4-36)可得：

$$K = N_{CO_2}/(p_{CO_2,i} - p^*_{CO_2,l}) \qquad (4\text{-}42)$$

可见，只要测得瞬间吸收速率 N_{CO_2}、溶液的转化度 f，便可求得吸收推动力，进而求出传质系数 K。

C 预习与思考

① 简述热钾碱溶液吸收 CO_2 的机理。

② 简述双磁力驱动搅拌吸收器的结构与特点。

③ 本实验中，热钾碱溶液的加入量是如何确定的？为什么？

④ 本实验需要记录哪些数据？如何求取 N_{CO_2}、p_A、p^*_{AL}。

⑤ 实验前为何要用 CO_2 置换实验装置中的空气？

⑥ CO_2 气体进入吸收器前为何要经过水饱和器?

⑦ 简述气体稳压管的作用原理。

⑧ 本实验中热钾碱溶液中的 CO_2 含量是如何测定的?

⑨ 本实验中热钾碱溶液的转化度是如何确定的?

D 实验装置与流程

图 4-7 为测定热钾碱溶液吸收 CO_2 的传质速率系数的流程示意图。钢瓶中的纯 CO_2(>99.8%)气体经减压阀减压后流经气体稳压管,稳压后的气体经气体调节阀 4 调节流量并通过皂膜流量计 3 计量后,进入水饱和器 6。经过水饱和器的 CO_2 气体从搅拌吸收器中部进入,经碱液吸收后的尾气从吸收器上部出口引出,经出口皂膜流量计 14 计量后放空。吸收器前后压力分别由 U 形压力计示出;水饱和器以及吸收器的温度由恒温槽循环水控制。吸收器中气相和液相的搅拌桨转速可分别调节(转速 $0 \sim 200r/min$),转速误差在 $\pm 1r/min$ 以内。

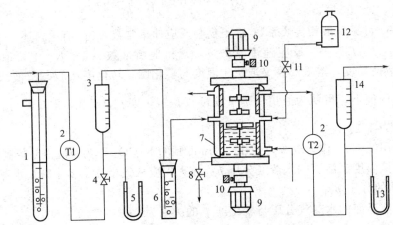

图 4-7 双驱动搅拌吸收器实验流程示意图

1— 气体稳压管;2— 气体温度计;3,14— 皂膜流量计;4— 气体调节阀;5,13— 压差计;
6— 水饱和器;7— 双驱动搅拌吸收器;8— 吸收液取样阀;9— 直流电动机;
10— 测速装置;11— 弹簧夹;12— 储液瓶

双磁力驱动搅拌吸收器是本实验中的关键设备,器内设有气相(上)和液相(下)两个搅拌器,分别对气相、气 - 液界面和液相进行搅拌。操作时,吸收剂由储液瓶一次准确加入,加入量应控制在使液面处于液相搅拌桨上桨下缘的 1mm 左右,以保证桨叶转动时正好刮在液面上,既达到更新表面的目的,又不破坏液体表面的平稳。吸收器中部和上部分别设有气体的进、出口管,顶部有测压孔,下部与底部有加液管及取样口。

实验开始时,吸收液一次加入吸收器,在恒压下连续吸收纯 CO_2 气体。随着吸收反应的进行,溶液转化度 f 增加。在维持吸收器压力恒定条件下,用皂膜流量计测得瞬间吸收速率。吸收液的起始转化度与实验结束时的终了转化度均用酸分析法测定。在吸收过程中,由吸收速率对时间的积分可求出吸收 CO_2 的累计量,据此换算出转化度 f 的增加量,加上起始转化度就可得到任一瞬间吸收速率下的液相转化度。

E 实验步骤及方法

(1)实验操作步骤

① 开启总电源,同时开启超级恒温槽,将水浴温度调节到 $60.0℃ \pm 0.2℃$。

② 开启 CO_2 钢瓶总阀,调节钢瓶减压阀,控制适当的 CO_2 气体流量,置换吸收器内的

空气，一般置换 15min 左右即可。

③ 空气置换完全后，调节进口 CO_2 气体流量，并注意观察气体稳压管是否有均匀的气泡冒出。开启超级恒温槽，将循环恒温水打入吸收器的恒温夹套。

④ 将配制的 1.2mol/L K_2CO_3 溶液 300～400mL 加热到 60℃ 左右，加入吸收器内，保持液面在液相搅拌器上层桨叶下沿的 1mm 左右。

⑤ 开启搅拌桨，调节气相及液相搅拌转速分别控制在 100r/min 左右，液相的转速不能过大，以防液面波动造成实验误差。

⑥ 以启动搅拌为起点，每 15min 用进、出口皂膜流量计测定一次进、出口 CO_2 气体的流量，并据此计算瞬间吸收速率，连续测定 3h 后停止实验。实验过程中应认真、及时记录必要的实验数据。

⑦ 停止实验后，从吸收液取样阀 8 中迅速放出吸收液，用 250mL 量筒接取，并精确量出吸收液体积。取样分析溶液的终了转化度，并对起始转化度进行分析。

⑧ 关闭吸收液取样阀门、气体调节阀、CO_2 减压阀、钢瓶阀，关闭超级恒温槽的电源，调节气液相搅拌转速至"零"，关掉总电源。

(2) 溶液转化度分析方法

① 原理　热钾碱与硫酸(浓度为 3mol/L)反应放出 CO_2，用量气管测量放出的 CO_2 体积，即可求出溶液转化度。反应式为：

$$K_2CO_3 + H_2SO_4 \Longrightarrow K_2SO_4 + CO_2 \uparrow + H_2O$$

$$2KHCO_3 + H_2SO_4 \Longrightarrow K_2SO_4 + 2CO_2 \uparrow + 2H_2O$$

② 仪器　分析装置如图 4-8 所示，另需 150mL 量气筒、5mL 量筒与 1mL 移液管各1 支。

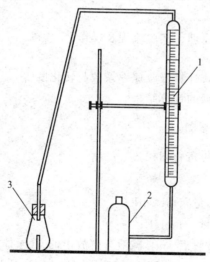

图 4-8　酸解法分析装置
1— 量气管；2— 水准瓶；3— 反应瓶

③ 试剂　3mol/L 的硫酸溶液。

④ 操作　用移液管量取 5mL(3mol/L) 的 H_2SO_4 置于反应瓶的外瓶中，准确吸取 1mL 吸收液置于反应瓶的内瓶中。提高水准瓶，使液面升至量气筒的上部刻度区域，塞紧反应瓶塞，使其不漏气，然后举起水准瓶，使量气管内液面与水准瓶液面相平，记下量气管的读数 V_1。摇动反应瓶，使 H_2SO_4 与碱液充分混合，直至反应完全无气泡发生为止，再次举起水准瓶，使量气管内液面与水准瓶液面相平，记下量气管内读数 V_2。

（3）计算

溶液中：

$$V_{CO_2}(\text{mL/mL 碱液}) = (V_2 - V_1)\varphi \tag{4-43}$$

$$\varphi = \frac{p - p_{H_2O}}{101.3} \times \frac{273.2}{T} \tag{4-44}$$

若吸收前与吸收后 1mL 碱液分解后取出的 CO_2 体积分别为 C_f^0 与 C_f，则溶液的总转化度为：

$$f = \frac{C_f - C_f^0}{C_f^0} \tag{4-45}$$

式(4-44)中水蒸气分压的计算式为：

$$p_{H_2O} = 0.1333\exp[18.3036 - 3816.44/(T - 46.13)] \tag{4-46}$$

F　实验数据及处理

日期_____　　大气压_____kPa　热钾碱液体积_____mL

室温_____℃　　传质面积：_____m²

编号	时间	气体进口流量 /(mL/s)	气体出口流量 /(mL/s)	吸收速率 /(mL/s)
1				
2				
3				
4				

G　结果与讨论

① 简要说明实验目的、原理、实验流程及操作。

② 记录实验原始数据。

③ 以一套数据为例，列式计算吸收速率系数与转化度。

④ 列表列出全部实验数据的计算结果。

⑤ 绘制 $\lg K$-$\lg \dfrac{1-f}{2f}$ 示意图。

⑥ 对实验方法与实验结果进行讨论。

H　主要符号说明

V_{CO_2}——碱液中的 CO_2 量，mL/mL；

c——吸收液 K_2CO_3 浓度，mol/L；

C_F^0、C_F——吸收前、吸收后 1mL 碱液分解放出的 CO_2 体积，mL/mL；

c_{H^+}、c_{OH^-}、$c_{CO_3^{2-}}$、$c_{HCO_3^-}$——溶液中 H^+、OH^-、CO_3^{2-}、HCO_3^- 的浓度，mol/L；

$c_{CO_2,\,i}$、$c_{CO_2,\,1}^*$——气液相界面上 CO_2 浓度和液相主体中 CO_2 平衡浓度，mol/L；

D_{CO_2}——CO_2 在液相中的扩散系数；

f——热钾碱溶液的转化度，无量纲；

H_{CO_2}——CO_2 的溶解度系数；

k_{OH^-}——CO_2 与 OH^- 的反应速率常数；

K——以分压为推动力的吸收速率常数，mol/(m²·MPa·s)；

K_L——液膜传质系数；

K_W—— 水的解离常数($K_W = c_{H^+} c_{OH^-}$);

K_2—— 碳酸的二级解离常数($K_2 = \dfrac{c_{H^+} c_{CO_3^{2-}}}{c_{HCO_3^-}}$);

N_{CO_2}——CO_2 的系数速率,mL/s;

T—— 反应温度,K;

t—— 室温,℃;

p—— 总压,MPa;

p_{H_2O}—— 水蒸气分压,MPa;

$p_{CO_2,i}$、$p_{CO_2,l}^*$—— 气液界面上 CO_2 分压和吸收液 CO_2 平衡分压,MPa;

β—— 化学吸收的增大因子,无量纲;

φ—— 温度、压力校正系数,无量纲。

参考文献

[1] 朱炳辰主编. 化学反应工程. 北京:化学工业出版社,1998.
[2] 庄永定,等. 搅拌反应器的液相传质特性. 华东理工大学学报,1981.
[3] Danckwerts P V. Gas Light Reaction. London:McGraw Hill Book Co,1970.

4.6　实验六　圆盘塔中二氧化碳吸收的液膜传质系数测定

A　实验目的

传质系数是气液吸收过程研究的重要内容,是吸收剂性能评定、吸收设备设计、放大的关键参数之一。本实验介绍了采用圆盘塔测定水吸收 CO_2 的液膜传质系数的方法,拟达到如下教学目的:

① 了解在 Stephens-Morris 圆盘塔中测定液膜传质系数的工程意义;

② 掌握圆盘塔测定气液吸收过程液膜传质系数的实验方法;

③ 能够根据实验数据计算圆盘塔的液膜传质系数,并将其与液流速率关联,拟合得到模型方程;

④ 培养团队协作精神,共同完成实验任务。

B　实验原理

传质系数的实验测定方法一般有两类,即静力法和动力法。静力法是将一定容积的气体在密闭容器中与相对静止的液体表面相接触,于一定的时间间隔内,根据气体容积的变化测定其吸收速率。静力法的优点是能够了解反应过程的机理,设备小,操作简便,但其研究的情况,如流体力学条件与工业设备中的状况不尽相似,故吸收系数的数值,不宜一次性直接放大。

动力法是在一定的实验条件下,使气液两相逆流接触,测定其传质系数。此法能在一定程度上模拟工业设备中的两相接触状态,但所求得的传质系数只是平均值,无法探讨传质过程的机理。

本实验基于动力法的原理,在圆盘塔中进行液膜传质系数的测定,但又与动力法不完全相同,其差异在于本法的液相处于流动状态,气相处于静止状态。作此改进的目的是简化实验手段及实验数据的处理,减少操作过程产生的误差。实验证明,本方法的实验结果与Stephens-Morris 总结的圆盘塔中 K_L 的准数关联式相吻合。

圆盘塔是一种小型实验室吸收装置，Stephens 和 Morris 根据 Higbien 的不稳定传质理论，认为液体从一个圆盘流至另一个圆盘，类似于填料塔中液体从一个填料流至下一个填料的过程，流体在下降吸收过程中交替地进行了一系列混合和不稳定传质过程。

Sherwood 及 Hollowag 将有关填料塔液膜传质系数数据整理成如下形式：

$$\frac{K_L}{D}\left(\frac{\mu^2}{g\rho^2}\right)^{1/3} = a\left(\frac{4\Gamma}{\mu}\right)^m \times \left(\frac{\mu}{\rho D}\right)^{0.5} \tag{4-47}$$

式中 $\dfrac{K_L}{D}\left(\dfrac{\mu^2}{g\rho^2}\right)^{1/3}$ —— 修正后的修伍德数 Sh；

         $\dfrac{4\Gamma}{\mu}$ —— 雷诺数 Re；

         $\dfrac{\mu}{\rho D}$ —— 施密特数 Sc；

         m —— 模型参数，在 $0.54 \sim 0.78$ 变化。

而 Stephens-Morris 总结圆盘塔中 K_L 的准数关系式为：

$$\frac{K_L}{D}\left(\frac{\mu^2}{g\rho^2}\right)^{1/3} = 3.22\times 10^{-3}\left(\frac{4\Gamma}{\mu}\right)^{0.7}\left(\frac{\mu}{\rho D}\right)^{0.5} \tag{4-48}$$

实验证明，Stephens-Morris 与 Sherwood-Hollowag 的数据极为吻合。这说明 Stephens-Morris 所创造的小型标准圆盘塔与填料塔的液膜传质系数与液流速率的关系式极相似。因此，依靠圆盘塔所测定的液膜传质系数可直接用于填料塔设计。

本实验气相采用纯 CO_2 气体，液相采用蒸馏水，测定纯 CO_2-H_2O 系统的液膜传质系数，并通过关联液膜传质系数与液流速率之间的关系，求得模型参数 m。

基于双膜理论：

$$N_A = K_L F\Delta c_m = K_G F\Delta p_m \tag{4-49}$$

$$1/K_L = H/k_g + 1/k_L \tag{4-50}$$

$$k_g = \frac{D_G p}{RTZ_G(p_B)_m} \tag{4-51}$$

当采用纯 CO_2 气体时，因为 $(p_B)_m \to 0$，所以 $k_g \to \infty$，即 $K_L = k_L$。

式中 k_L —— 液膜传质分系数，$\dfrac{mol}{hm^2} \times \dfrac{m^3}{mol}$；

   N_A —— CO_2 吸收速率，mol/h；

   F —— 吸收表面积，m^2；

   Δc_m —— 液相浓度的平均推动力，mol/m^3。

C   预习与思考

① 测定气液传质系数常用的方法有哪两种，它们各有什么优缺点？

② 为什么用圆盘塔测定的传质系数可用于工业填料塔的设计与放大？

③ 本实验测得的传质系数是气膜传质系数，还是液膜传质系数，为什么？

D   实验装置

圆盘塔测定液膜传质系数的装置及流程，如图 4-9 所示。

① 液体的流向   贮液罐中的吸收液经泵打至高位槽，多余的液体由高位槽溢流口回流

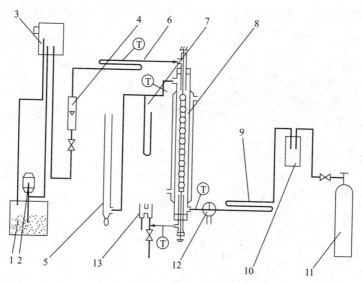

图 4-9　圆盘塔实验流装置

1— 贮液罐；2— 水泵；3— 高位槽；4— 流量计；5— 皂膜流量计；
6— 加热器；7— U 形测压管；8— 圆盘塔；9— 加热器；10— 水饱和器；
11— 钢瓶；12— 三通玻璃活塞；13— 琵琶形液封器

到贮液罐，以维持高位槽液位稳定。高位槽流出的吸收液由调节阀调节，经转子流量计计量和恒温加热系统加热至一定温度，进入圆盘塔塔顶的喷口，沿圆盘流下并在圆盘的表面进行气液传质。出圆盘塔的吸收液由琵琶形液封溢口排出。液相进出圆盘塔顶、塔底的温度由热电偶测得。

② 气体的流向　来自于钢瓶的纯 CO_2 气体(纯度 99.8%)，经减压阀调节后进入水饱和器和恒温加热系统，通过三通阀切换进入圆盘塔底部。CO_2 在塔中与自上而下流动的吸收液逆流接触，之后从塔顶部出来经 U 形压力计至皂膜流量计排空。

E　实验操作

① 系统的气体置换　开启钢瓶总阀，调节减压阀使气体有一个稳定的流量。切换三通阀使气体进入塔底自下而上由塔顶出来，经皂膜流量计后排空。一般经 10min 置换，即可着手进行测定。

② 开启超级恒温槽，调节温控仪表至操作温度值，由水泵将恒温水注入圆盘塔的保温夹套中，使恒温水不断地循环流动。

③ 开启高位槽进水泵，将吸收液打入高位槽，待高位槽溢流口开始溢流时进行下述操作。

④ 开启并调节转子流量计的阀门，使吸收液的流量稳定在设置值上。

⑤ 调节气体和液体温度控制装置，使气体和液体温度稳定在操作温度值上，气、液温度间的误差不大于 ±1℃。

⑥ 调节琵琶形液封器，使圆盘塔中心管的液面保持在喇叭口处。

⑦ 待液相的流量和温度、气相温度，以及圆盘塔夹套中的恒温水温度达到设定值后，稳定数分钟，即可进行测定，每次重复做三个数据。

⑧ 实验操作是在常压下以 CO_2 的体积变化来测定液膜传质系数。当皂膜流量计鼓泡，皂膜至某一刻度时，即切换三通阀的方向，关闭吸收塔的气源进口(CO_2 直接排空)，此时塔体至皂膜流量计形成一个封闭系统，随着塔内 CO_2 的吸收，气相体积减小，皂膜流量计

中的皂膜开始下降，记录体积变化量 ΔV 与所用的时间 Δs，以及对应的温度。

⑨ 改变液体流量，重复 ⑧ 操作，上下行共做 $9 \sim 10$ 次。

F　数据处理

① 液流速率 Γ [kg/(m·h)] 的计算：

$$\Gamma = \frac{\rho L}{l}$$

式中　ρ—— 液体的密度，kg/m^3；

$\quad\quad L$—— 液体的流量，m^3/h；

$\quad\quad l$—— 平均液流周边，m。

② 气体吸收速率 N_A（mol/h）的计算：

$$N_A = p V_{CO_2} / (SRT)$$

式中　p—— 吸收压力，Pa；

$\quad\quad V_{CO_2}$——CO_2 吸收量，m^3；

$\quad\quad S$—— 吸收时间，h；

$\quad\quad R$—— 气体常数，$R = 8.314\ J/(mol·K)$；

$\quad\quad T$—— 吸收温度，K。

③ 液相浓度的平均推动力 Δc_m（mol/m^3）的计算：

$$\Delta c_m = \frac{\Delta c_i - \Delta c_0}{\ln \dfrac{\Delta c_i}{\Delta c_0}}$$

$$\Delta c_i = c^*_{CO_2,\,i} - c_{CO_2,\,i}$$

$$\Delta c_0 = c^*_{CO_2,\,0} - c_{CO_2,\,0}$$

$$c^*_{CO_2,\,i} = H_i p_{CO_2,\,i}$$

$$c^*_{CO_2,\,0} = H_0 p_{CO_2,\,0}$$

$$H = \frac{\rho_{H_2O}}{MK}$$

$$p_{CO_2} = p - p_{H_2O}$$

式中　$c^*_{CO_2,\,i}$，$c_{CO_2,\,i}$—— 塔顶液相中 CO_2 的平衡浓度与实测浓度；

$\quad\quad c^*_{CO_2,\,0}$，$c_{CO_2,\,0}$—— 塔底液相中 CO_2 的平衡浓度与实测浓度；

$\quad\quad H_i$，H_0——CO_2 在塔顶与塔底水中的溶解度系数，$mol/(Pa·m^3)$；

$\quad\quad p_{CO_2,\,i}$，$p_{CO_2,\,0}$—— 塔顶与塔底气流中 CO_2 的分压；

$\quad\quad M$—— 吸收剂的分子量；

$\quad\quad K$—— 亨利系数，Pa(见附录)。

液体中进出口的 CO_2 实际浓度为：

$$c_{CO_2,\,i} = 0,\quad c_{CO_2,\,0} = N_A / L$$

圆盘塔中的圆盘为素瓷材质，圆盘塔内是由一根不锈钢丝串联四十个相互垂直交叉的圆盘构成。圆盘直径 $d = 14.3\text{mm}$，厚度 $\delta = 4.3\text{mm}$，平均液流周边数 $l = (2\pi d^2/4 + \pi d\delta)/d$，吸收面积 $F = 40 \times (2\pi d^2/4 + \pi d\delta)$，圆盘间用502胶水（或环氧树脂）黏结在不锈钢丝上。

G 实验数据记录表

室温_____ 被吸收气体_____ 吸收液体_____
大气压_____ 水饱和分压_____

序号	液体流量 /(L/h)	CO_2 吸收量 /mL	吸收速率 ΔV/(mL/s)	吸收时间 s/h				液相温度 /℃		气相温度 /℃		水夹套温度 /℃	
				S_1	S_2	S_3	$\overline{S}$	进	出	进	出	进	出
1													
2													
3													
4													
5													
6													
7													
8													
9													
10													
11													
12													

H 实验结果及讨论

① 说明本实验的目的、原理、流程装置及控制要点。
② 列出液膜传质系数的计算方法。
③ 以一组实验数据为例，列式计算液相传质系数及液流速率。
④ 绘制 $\lg K_L$-$\lg \Gamma$ 图，并整理出 K_L 与 Γ 的关系式。
⑤ 实验结果讨论。
⑥ 本实验中 CO_2 流量的变化对 K_L 有无影响，为什么？
⑦ 若液流量小于设置的下限或大于设置的上限将会产生会什么结果？

附录 二氧化碳与水的有关物性数据

温度 /℃	CO_2 在水中的亨利系数 $K \times 10^{-6}$/Pa	水的密度 ρ/(kg/m³)	水的饱和蒸气压 p/Pa
10	105.30	999.7	1223.20
11	108.86	999.6	1307.52
12	112.49	999.5	1396.90
13	116.19	999.4	1491.73
14	119.94	999.2	1592.28
15	123.77	999.1	1698.41
16	127.64	998.9	1811.06
17	131.58	998.8	1930.10
18	135.58	998.6	2055.78
19	139.64	998.4	2188.65
20	143.73	998.2	2329.50
21	147.90	998.0	2476.99
22	152.11	997.8	2633.53
23	156.37	997.6	2798.72
24	160.69	997.3	2972.68
25	165.04	997.1	3156.09

温度 /℃	CO₂ 在水中的亨利系数 $K \times 10^{-6}$/Pa	水的密度 ρ/(kg/m³)	水的饱和蒸气压 p/Pa
26	169.46	996.8	3349.07
27	173.90	996.6	3552.43
28	178.39	996.3	3766.56
29	182.94	996.0	3991.33
30	187.52	995.7	4228.07
31	192.13	995.4	4476.78
32	196.79	995.1	4738.125
33	201.48	994.8	5012.77
34	206.22	994.4	5301.25
35	210.98	994.1	5604.22

参考文献

[1] Stephens E T, Morris G A. CEP, 1951, 41: 232.

[2] Taglor R F, Roberts. CES, 1956, 5: 168.

[3] 丁百全，孙杏元，等编. 无机化工专业实验. 上海：华东化工学院出版社，1991.

4.7 实验七 多态气固相流传热系数的测定

A 实验目的

工程上经常遇到凭借流体宏观运动将热量传给壁面或者由壁面将热量传给流体的过程，此过程称为对流传热（或对流给热）。由于流体的物性以及流体的流动状态还有周围的环境都会影响对流传热的效果，因此了解与测定各种条件下的对流传热系数具有重要的实际意义。本实验拟通过测定气体与固体小球在不同环境和流动状态下的对流传热系数，达到如下教学目的。

① 熟悉流化床和固定床的操作特点，了解强化传热操作的工程途径。

② 掌握不同条件下气体与固体之间的对流传热系数的测定方法。

③ 掌握非定常态导热的特点以及毕奥数（Bi）的物理意义。

④ 采用最小二乘法拟合对流传热系数。

B 实验原理

当物体中有温差存在时，热量将由高温处向低温处传递，热量传递有传导、对流和辐射三种形式。传热过程可能以一种或多种形式进行，不同的形式的传热有不同的规律。

物质的导热性主要是分子传递现象的表现。通过对导热的研究，傅里叶提出了导热通量与温度梯度的关系：

$$q_y = \frac{Q_y}{A} = -\lambda \frac{dT}{dy} \tag{4-52}$$

式中 $\dfrac{dT}{dy}$——y 方向上的温度梯度，K/m。

上式称为傅里叶定律，表明导热通量与温度梯度成正比。负号表明，导热方向与温度梯度的方向相反。

金属的热导率比非金属大得多，大致在 $50 \sim 415$[W/(m·K)]。纯金属的热导率随温度升高而减小，合金则相反，但纯金属的热导率通常高于由其所组成的合金。本实验中，小球材料的选取对实验结果有重要影响。

热对流是流体相对于固体表面作宏观运动时，引起的微团尺度上的热量传递过程。由于它包含流体微团间以及与固体壁面间的接触导热过程，因而是微观分子热传导和宏观微团热对流两者的综合过程。具有宏观尺度上的运动是热对流的实质。流动状态（层流和湍流）的不同，传热机理也就不同。强制对流比自然对流传热效果好，湍流比层流的对流传热系数要大。

牛顿提出了对流传热的基本定律 —— 牛顿冷却定律：

$$Q = qA = \alpha A (T_\mathrm{w} - T_\mathrm{f}) \tag{4-53}$$

式中，α 是与系统的物性因素、几何因素和流动因素有关的参数，通常由实验来测定。

在自然界中，任何具有温度的物体，都会以电磁波的形式向外界辐射能量或吸收外界的辐射能。当物体向外界辐射的能量与从外界吸收的辐射能不相等时，该物体与外界边产生了热能传递，这种传热方式称为热辐射。热辐射可以在真空中传播，无需任何介质，因此与热传导和热对流有着不同的传热规律。传导和对流的传热速率都正比于温差，与冷热物体本身的温度高低无关，热辐射则不仅与温差有关，还与两物体绝对温度的高低有关。

本实验主要是测定气体与固体小球在不同环境和流动状态下的对流传热系数，应尽量避免热辐射传热给实验结果带来的误差。

物体的突然加热和冷却过程属非稳定导热过程。此时导热物体内的温度，既是空间位置又是时间的函数，$T = f(x, y, z, t)$。物体与导热介质间的传热速率既与物体内部的导热热阻有关，又与物体外部的对流热阻有关。在处理工程问题，通常希望找出影响传热速率的主要因素，以便对过程进行简化，因此需要一个简化的判据。这个判据就是无量纲数毕奥数（Bi）。其定义为：

$$Bi = \frac{内部导热热阻}{外部对流热阻} = \frac{\delta / \lambda}{1 / \alpha} = \frac{\alpha V}{\lambda A} \tag{4-54}$$

式中，$\delta = V/A$ 为特征尺寸，对于球体为 $R/3$。

可见，毕奥数（Bi）是通过物体内部导热热阻与物体外部对流热阻之比来判断影响传热速率的主要因素。若 Bi 很小，$\dfrac{\delta}{\lambda} \ll \dfrac{1}{\alpha}$，表明内部导热热阻 $\ll$ 外部对流热阻，此时，可忽略内部导热热阻，认为整个物体的温度均匀，物体的温度仅为时间的函数，即 $T = f(t)$。这种将对象简化为具有均一性质的处理方法，称为集总参数法。实验表明，只要 $Bi < 0.1$，忽略内部热阻，其误差不大于 5%，通常为工程计算所允许。

将一直径为 d_s、温度为 T_0 的小钢球，置于温度为恒定 T_f 的环境中，若 $T_0 > T_\mathrm{f}$，小球的瞬时温度 T，随着时间 t 的增加而减小。根据热平衡原理，球体热量随时间的变化应等于通过对流换热向周围环境的散热速率。

$$-\rho C V \frac{\mathrm{d}T}{\mathrm{d}t} = \alpha A (T - T_\mathrm{f}) \tag{4-55}$$

$$\frac{\mathrm{d}(T - T_\mathrm{f})}{T - T_\mathrm{f}} = -\frac{\alpha A}{\rho C V} \mathrm{d}t \tag{4-56}$$

初始条件：　　　　$t = 0,\ T - T_\mathrm{f} = T_0 - T_\mathrm{f}$

由积分式(4-56)得：

$$\int_{T_0 - T_\mathrm{f}}^{T - T_\mathrm{f}} \frac{\mathrm{d}(T - T_\mathrm{f})}{T - T_\mathrm{f}} = -\frac{\alpha A}{\rho C V} \int_0^t \mathrm{d}t$$

$$\frac{T-T_\mathrm{f}}{T_0-T_\mathrm{f}}=\exp\left(-\frac{\alpha A}{\rho CV}t\right)=\exp(-BiFo) \tag{4-57}$$

$$Fo=\frac{\alpha t}{(V/A)^2} \tag{4-58}$$

定义时间常数 $\tau=\dfrac{\rho CV}{\alpha A}$，分析式（4-57）可知，当物体与环境间的热交换经历了四倍于时间常数的时间后，即：$t=4\tau$，可得：

$$\frac{T-T_\mathrm{f}}{T_0-T_\mathrm{f}}=\mathrm{e}^{-4}=0.018$$

表明过余温度$(T-T_\mathrm{f})$的变化已达98.2%，以后的变化仅剩1.8%，对工程计算来说，往后可近似作常数处理。

对小球$\dfrac{V}{A}=\dfrac{R}{3}=\dfrac{d_\mathrm{s}}{6}$代入式（4-57）整理得：

$$\alpha=\frac{\rho C d_\mathrm{s}}{6}\times\frac{1}{t}\ln\frac{T_0-T_\mathrm{f}}{T-T_\mathrm{f}} \tag{4-59}$$

或
$$Nu=\frac{\alpha d_\mathrm{s}}{\lambda}=\frac{\rho C d_\mathrm{s}^2}{6\lambda}\times\frac{1}{t}\ln\frac{T_0-T_\mathrm{f}}{T-T_\mathrm{f}} \tag{4-60}$$

通过实验可测得钢球在不同环境和流动状态下的冷却曲线，由温度记录仪记下 $T\text{-}t$ 的关系，就可由式（4-59）和式（4-60）求出相应的 α 和 Nu 的值。

对于气体在 $20<Re<180000$，即高 Re 下，绕球换热的经验式为：

$$Nu=\frac{\alpha d_\mathrm{s}}{\lambda}=0.37Re^{0.6}Pr^{1/3} \tag{4-61}$$

若在静止流体中换热：$Nu=2$。

C 预习与思考

① 本实验的目的是什么？

② 影响热量传递的因素有哪些？

③ Bi 的物理含义是什么？

④ 本实验对小球体的选择有哪些要求，为什么？

⑤ 本实验加热炉的温度为何要控制在 $400\sim500{}^{\circ}\mathrm{C}$，太高、太低有何影响？

⑥ 自然对流条件下实验要注意哪些问题？

⑦ 每次实验的时间需要多长，应如何判断实验结束？

⑧ 实验需查找哪些数据，需测定哪些数据？

⑨ 设计原始实验数据记录表。

⑩ 实验数据如何处理？

D 实验装置与流程

如图 4-10 所示。

E 实验步骤及方法

① 测定小钢球的直径 d_s。

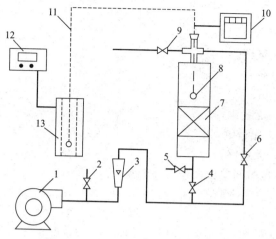

图 4-10　小球传热实验装置流程图

1—风机；2—放空阀；3—转子流量计；4～6，9—管路调节阀；7—沙粒床层反应器；8—嵌装热电偶的钢球；

10—计算机采集；11—钢球移动轨迹；12—电加热炉控制器；13—管式加热炉

② 打开管式加热炉的加热电源，调节加热温度至 $400 \sim 500℃$。

③ 将嵌有热电偶的小钢球悬挂在加热炉中，并打开温度记录仪，从温度记录仪上观察钢球温度的变化。当温度升至 $400℃$ 时，迅速取出钢球，放在不同的环境条件下进行实验，钢球的温度随时间变化的关系由温度记录仪记录，称冷却曲线。

④ 实验设置的环境条件有自然对流、强制对流、固定床和流化床。流动状态有层流和湍流。

⑤ 自然对流实验　将加热好的钢球迅速取出，置于大气当中，尽量减少钢球附近的大气扰动，记录下冷却曲线。

⑥ 强制对流实验　打开实验装置上的阀 2、阀 5、阀 6，关闭阀 4、阀 9，开启风机，调节空气流量达到实验所需值。迅速取出加热好的钢球，置于反应器中的空塔身中，记录下空气的流量和冷却曲线。

⑦ 固定床实验　将加热好的钢球置于反应器中的砂粒层中，其他操作同 ⑥，记录下空气的流量，反应器的压降和冷却曲线。

⑧ 流化床实验　打开 2 阀，关闭 5、6 阀，开启风机，调节空气流量达到实验所需值。将加热好的钢球迅速置于反应器中的流化层中，记录下空气的流量，反应器的压降和冷却曲线。

F　实验数据处理

① 计算不同环境和流动状态下的对流传热系数 α。

② 计算实验用小球的 Bi，确定其值是否小于 0.1。

③ 将实验值与理论值进行比较。

G　结果与讨论

① 基本原理的应用是否正确？

② 对比不同环境条件下的对流传热系数。

③ 分析实验结果同理论值偏差的原因。

④ 对实验方法与实验结果讨论。

H 主要符号说明

A —— 面积，m^2；

Bi —— 毕奥数，无量纲；

C —— 比热容，$J/(kg \cdot K)$；

d_s —— 小球直径，m；

Fo —— 傅里叶数，无量纲；

Nu —— 努塞尔数，无量纲；

Pr —— 普朗特数，无量纲；

q_y —— y 方向上单位时间单位面积的导热量，$J/(m^2 \cdot s)$；

Q_y —— y 方向上的导热速率，J/s；

R —— 半径，m；

Re —— 雷诺数，无量纲；

T —— 温度，K 或 ℃；

T_0 —— 初始温度，K 或 ℃；

T_f —— 流体温度，K 或 ℃；

T_w —— 壁温，K 或 ℃；

t —— 时间，s；

V —— 体积，m^3；

α —— 对流传热系数，$W/(m^2 \cdot K)$；

λ —— 热导率，$W/(m \cdot K)$；

δ —— 特征尺寸，m；

ρ —— 密度，kg/m^3；

τ —— 时间常数，s；

μ —— 黏度，$Pa \cdot s$。

参 考 文 献

[1] 天津大学等校合编. 化工传递过程. 北京：化学工业出版社，1980.

[2] 华东理工大学等校合编. 化学工程实验. 北京：化学工业出版社，1996.

[3] 戴干策，等. 传递现象导论. 北京：化学工业出版社，1996.

5 化工热力学实验

5.1 实验八 二元系统汽液平衡数据的测定

A 实验目的

汽液平衡数据是蒸馏、吸收过程开发和设备设计的重要基础数据，也是优化工艺条件、降低能耗和节约成本的重要依据。汽液平衡数据的准确测定不仅对新产品、新工艺的开发具有指导意义，也是检验相平衡理论模型可靠性的重要手段。本实验采用双循环汽液平衡器测定乙酸 - 水系统的相平衡数据，拟达到如下目的：

① 了解测定二元汽液平衡数据的工程意义；

② 掌握使用双循环汽液平衡器测定二元气液平衡数据的方法；

③ 了解缔合系统汽液平衡数据的关联方法，从实验测得的 T-p-X-Y 数据计算各组分的活度系数；

④ 能够绘制二元汽液平衡相图；

⑤ 能够使用制图与数据分析软件拟合非线性实验数据。

B 实验原理

以循环法测定汽液平衡数据的平衡器类型很多，但基本原理一致，如图 5-1 所示，当体系达到平衡时，a、b 容器中的组成不随时间而变化，这时从 a 和 b 两容器中取样分析，可得到一组汽液平衡实验数据。

C 预习与思考

① 为什么即使在常低压下，乙酸蒸气也不能当作理想气体看待？

② 本实验中汽液两相达到平衡的判据是什么？

③ 设计用 0.1mol/L NaOH 标准液测定汽液两相组成的分析步骤，并推导平衡组成计算式。

④ 如何计算乙酸 - 水二元系的活度系数？

⑤ 为什么要对平衡温度作压力校正？

⑥ 本实验装置如何防止汽液平衡釜闪蒸、精馏现象发生？如何防止暴沸现象发生？

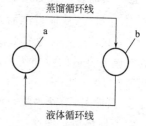

图 5-1 循环法测定汽液平衡
数据的基本原理示意图

D 实验装置

本实验采用改进的 Ellis 汽液两相双循环型蒸馏器，其结构如图 5-2 所示。

改进的 Ellis 蒸馏器测定汽液平衡数据较准确，操作也较简便，但仅适用于液相和汽相冷凝液都是均相的系统。温度测量用分度为 0.1℃ 的水银温度计。

在本实验装置的平衡釜加热部分的下方，有一个磁力搅拌器，电加热时用以搅拌液体。在平衡釜蛇管处的外层与气相温度计插入部分的外层设有上、下两部分电热丝保温。另还有一个电子控制装置，用以调节加热电压及上、下两组电热丝保温的加热电压。

分析测试汽液相组成时，用化学滴定法。每一实验组配有 2 个取样瓶、2 个 1mL 的针筒

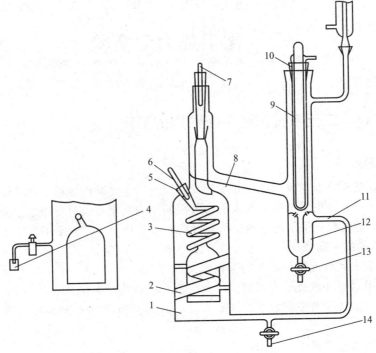

图 5-2　改进的 Ellis 汽液两相双循环型蒸馏器

1— 蒸馏釜；2— 加热夹套内插电热丝；3— 蛇管；4— 液体取样口；5— 进料口；
6— 测定平衡温度的温度计；7— 测定汽相温度的温度计；8— 蒸汽导管；9、10　冷凝器；
11— 汽体冷凝液回路；12— 凝液贮器；13— 汽相凝液取样口；14— 放料口

及配套的针头，配有 1 个碱式滴定管及 1 架分析天平。实验室中有大气压力测定仪。

E　实验步骤及方法

① 加料　从加料口加入配制好的乙酸 - 水二元溶液。

② 加热　先通冷却水，然后接通加热电源，调节加热电压在 $120 \sim 180V$，开启磁力搅拌器，调节合适的搅拌速率。缓慢升温加热至釜液沸腾时，分别接通上、下保温电源，其电压调节在 $10 \sim 15V$。

③ 温控　溶液沸腾，汽相冷凝液出现，直到冷凝回流。起初，平衡温度计读数不断变化，调节加热量，使冷凝液控制在每分钟 60 滴左右。调节上、下保温的热量，最终使平衡温度逐趋稳定，汽相温度控制在比平衡温度高 $0.5 \sim 1℃$。保温的目的在于防止汽相部分冷凝。平衡的主要标志由平衡温度的稳定加以判断。

④ 取样　整个实验过程中必须注意蒸馏速率、平衡温度和汽相温度的数值，不断加以调整，经 $0.5 \sim 1h$ 稳定后，记录平衡温度及汽相温度读数。读取大气压力计的大气压力。迅速取约 $8mL$ 的汽相冷凝液及液相于干燥、洁净的取样瓶中。

⑤ 分析　用化学分析法分析汽、液两相组成，每一组分析两次，分析误差应小于 0.5%，得到 $W_{HAc汽}$ 及 $W_{HAc液}$（两液体质量分数）。

⑥ 实验结束后，先把加热及保温电压逐步降低到零，切断电源，待釜内温度降至室温，关冷却水，整理实验仪器及实验台。

F　数据处理

① 平衡温度校正　测定实际温度与读数温度的校正：

$$t_{\text{real}} = t_{\text{watch}} + 0.00016n(t_{\text{watch}} - t_{\text{room}})$$

式中　　t_{watch}——温度计指示值；

　　　　t_{real}——实际温度；

　　　　t_{room}——室温；

　　　　n——温度计暴露出部分的读数。

　　沸点校正：

$$t_p = t_{\text{real}} + 0.000125(t_{\text{real}} + 273)(760 - p)$$

式中　　t_p——换算到标准大气压(0.1MPa)下的沸点；

　　　　p——实验时大气压力(换算为 mmHg)。

　　② 将 t_p、$W_{\text{HAc汽}}$，$W_{\text{HAc液}}$ 输入计算机，计算表中参数。

计算结果列入下表

p_A^0	n_B^0	n_{A1}^0	n_{A_1}	n_{A_2}	n_B	γ_A	γ_B

　　③ 在二元汽液平衡相图中，将本实验附录中给出的乙酸-水二元系的汽液平衡数据做成光滑的曲线，并将本次实验的数据标绘在相图上。

G　结果与讨论

① 计算实验数据的误差，分析误差的来源。

② 为何液相中 HAc 的浓度大于汽相？

③ 若改变实验压力，汽液平衡相图将作如何变化，试用简图表明。

④ 用本实验装置，设计作出本系统汽液平衡相图的操作步骤。

H　主要符号说明

n——组分的摩尔分数；　　　　　　x——液相摩尔分数；

p——压力；　　　　　　　　　　　y——汽相摩尔分数；

p^0——饱和蒸气压；　　　　　　　γ——活度系数；

t——摄氏温度；　　　　　　　　　η——汽相中组分的真正摩尔分数。

下标 A_1、A_2——混合平衡汽相中单分子和双分子乙酸。

下标 A、B——乙酸与水。

附录 1　乙酸-水二元系汽液平衡数据的关联

No	$t/\text{℃}$	x_{HAc}	y_{HAc}	No	$t/\text{℃}$	x_{HAc}	y_{HAc}
1	118.1	1.00	1.00	7	104.3	0.50	0.356
2	115.2	0.95	0.90	8	103.2	0.40	0.274
3	113.1	0.90	0.812	9	102.2	0.30	0.199
4	109.7	0.80	0.664	10	101.4	0.20	0.136
5	107.4	0.70	0.547	11	100.3	0.05	0.037
6	105.7	0.60	0.452	12	100.0	0	0

附录 2　乙酸-水二元系汽液平衡数据的关联

在关联乙酸-水二元体系的汽液平衡关系时，若将汽相视为理想体系，忽略乙酸分子的汽相缔合，则汽液平衡数据的关联结果往往无法满足热力学一致性。因此，必须考虑在汽相中有乙酸的单分子、两分子和三分子的缔合体共存的现象，用缔合平衡常数对表观蒸汽组成进行修正后，计算出液相的活度系数，方可获得符合热力学一致性的关联结果，并能与实验数据良好吻合。

为了便于计算，这里介绍一种简化的方法。

首先，仅考虑纯乙酸的汽相缔合，并假设乙酸在汽相中仅发生二聚，三聚可以忽略，液相中只有乙酸单分子体存在，因此，汽相中乙酸单体与二聚体共存，它们之间有一个反应平衡关系，即：

$$2HAc \rightleftharpoons (HAc)_2$$

缔合平衡常数：

$$K_2 = \frac{p_2}{p_1^2} = \frac{\eta_2}{p\eta_1^2} \tag{5-1}$$

其中 η_1、η_2 为汽相乙酸的单分子体和二聚体的真正摩尔分数，由于液相不存在聚合体，所以汽相中乙酸的压力是单体和二聚体的总压，而乙酸的逸度则是指单体的逸度。汽相中单体的摩尔分数为 η_1，而乙酸的逸度为：

$$f_A = p\eta_1$$

η_1 与 n_1、n_2 的关系如下：

$$\eta_1 = \frac{n_1}{n_1 + n_2}$$

再考虑乙酸-水的二元溶液，不计入 H_2O 与 HAc 的交叉缔合，则汽相就有三个组分：HAc、$(HAc)_2$、H_2O、所以

$$\eta_1 = n_1/(n_1 + n_2 + n_{H_2O})$$

汽相的表观组成和真实组成之间有下列关系：

$$y_A = \frac{(n_1 + 2n_2)/n_{总}}{(n_1 + 2n_2 + n_{H_2O})/n_{总}} = \frac{n_1 + 2n_2}{n_1 + 2n_2 + n_{H_2O}}$$

将 $n_1 + n_2 + n_{H_2O} = 1$ 的关系代入上式，得：

$$y_A = \frac{\eta_1 + 2\eta_2}{1 + \eta_2} \tag{5-2}$$

利用式(5-1)和式(5-2)，经整理后得：

$$K_2 p\eta_1^2(2 - y_A) + \eta_1 - y_A = 0 \tag{5-3}$$

用一元二次方程解法求出 η_1，便可求得 η_2 和 η_{H_2O}：

$$\eta_2 = K_2 p\eta_1^2$$

$$\eta_{H_2O} = 1 - (\eta_1 + \eta_2) \tag{5-4}$$

乙酸的缔合平衡常数与温度 T 的关系如下：

$$\lg K_2 = -10.4205 + 3166/T \tag{5-5}$$

由组分逸度的定义得：

$$\hat{f}_A = py_A\hat{\phi}_A = p\eta_1$$

$$\hat{\phi}_A = \eta_1/y_A$$

$$\hat{\phi}_{H_2O} = \eta_{H_2O} / y_{H_2O} \tag{5-6}$$

对于纯乙酸，$y_A = 1$，$\phi_A^0 = \eta_1^0$；因低压下的水蒸气可视作理想气体，故 $\phi_{H_2O}^0 = 1$，其中 η_1^0 可根据纯物质的缔合平衡关系求出：

$$K_2 = \eta_2^0 / [p(\eta_1^0)^2]$$

$$\eta_1^0 + \eta_2^0 = 1$$

$$K_2 p_A^0 (\eta_1^0)^2 + \eta_1^0 - 1 = 0 \tag{5-7}$$

解一元二次方程可得 η_1^0。

利用汽液平衡时组分在汽液二相的逸度相等的原理，可求出活度系数 γ_i：

$$p\eta_i = p_i^0 \eta_i^0 x_i \gamma_i$$

即

$$\gamma_{HAc} = p\eta_1 / (p_{HAc}^0 \eta_1^0 x_{HAc})$$

$$\gamma_{H_2O} = p\eta_{H_2O} / (p_{H_2O}^0 x_{H_2O})$$

式中饱和蒸气压 p_{HAc}^0，$p_{H_2O}^0$ 可由下面二式得到：

$$\lg p_{HAc}^0 = 7.1881 - \frac{1416.7}{t + 211}$$

$$\lg p_{H_2O}^0 = 7.9187 - \frac{1636.909}{t + 224.92}$$

注：p_{HAc}^0，$p_{H_2O}^0$ 单位是 mmHg；
t 的单位是 ℃。

参 考 文 献

[1] 铃木功，石小川矫，小松选弦昌．石油化工设计，1973，73．
[2] 华东化工学院化学工程专业．化学学报，1976，34(2)：79．

5.2 实验九 三元液液平衡数据的测定

A 实验目的

液液平衡数据是萃取过程开发和萃取塔设计的重要依据。液液平衡数据的获得主要依赖于实验测定。本实验介绍了乙酸(HAc)-水(H₂O)-乙酸乙烯(VAc)三元体系液液平衡数据的测定与关联方法，拟达到如下教学目的：

① 了解测定液液平衡数据的工程意义；
② 能够用间接法测定三元体系液液平衡数据；
③ 能够绘制三角形相图；
④ 掌握利用二元系 UNIQUAC 方程模型参数推算三元液液平衡数据的方法，并与实验结果比较。

B 实验原理

三元液液平衡数据的测定有直接和间接两种方法。直接法是配制一定组成的三元混合物，在恒温下充分搅拌接触，达到两相平衡。静置分层后，分别测定两相的溶液组成，并据此标绘平衡联结线。此法可以直接获得相平衡数据，但对分析方法要求比较高。

间接法是先用浊点法测出三元体系的溶解度曲线，并确定溶解度曲线上的各点的组成与某一可检测量的关系(如折射率、密度或其中某物质的浓度等)，然后再测定相同温度下平衡结线数据，这时只需根据溶解度曲线便可决定两相的组成。

本实验采用间接法测定乙酸－水－乙酸乙烯这个特定的三元体系的液液平衡数据。首先采用浊点法测定溶解度曲线。由于该物系中乙酸的浓度容易分析，因此，设法将溶解度数据与乙酸浓度相关联，即：根据溶解度数据，标绘出富水相中乙酸与乙酸乙烯的关系曲线、富油相中乙酸与水的关系曲线，以备测定平衡结线时应用。测定平衡结线的方法是：配制一定组成的三元混合物，经搅拌接触，达到两相平衡，并静止分层后，分别取出两相样品，分析其中的乙酸含量，然后，由上述富水相或富油相的乙酸关系曲线查出另一组分的含量，并用减量法确定第三组分的含量。这样便可分别获得达到平衡时两相的组成，并据此作出平衡联结线。

C 预习与思考

① 请指出图 5-3 溶液的总组成点在 A、B、C、D、E 点各会出现什么现象？

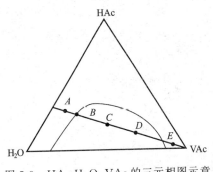

图 5-3　HAc-H_2O-VAc 的三元相图示意

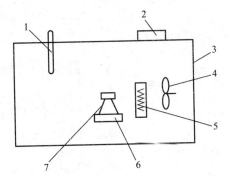

图 5-4　实验恒温装置示意图

1— 导体温度计；2— 恒温控制器；
3— 木箱；4— 风扇；5— 电加热器；
6— 电磁搅拌器；7— 三角烧瓶

② 何谓平衡联结线，有什么性质？

③ 本实验通过怎样的操作达到液液平衡？

④ 拟用 0.1mol/L NaOH 滴定法测定实验系统共轭两相中乙酸组成的方法和计算式。取样时应注意哪些事项，H_2O 及 VAc 的组成如何得到？

D 实验装置

① 恒温箱结构图 5-4 所示。操作时，开启电加热器加热并用风扇搅动气流，促使箱内温度均匀。箱内温度由半导体温度计测量，并通过恒温控制器进行控制。本实验温度控制在 25℃。

② 实验仪器包括电光分析天平、具有侧口的 100mL 三角磨口烧瓶及医用注射器等。

③ 实验用物料包括乙酸、乙酸乙烯和去离子水，它们的物理常数如下。

品名	沸点 /℃	密度 $\rho/(g/cm^3)$
乙酸	118	1.049
乙酸乙烯	72.5	0.9312
水	100	0.997

E 实验步骤

本实验所需的乙酸-水-乙酸乙烯三元体系的溶解度数据见附录1。实验内容主要是测定平衡结线。首先，根据相图配制一个组成位于部分互溶区的三元溶液约 30g，配制时称取各组分的质量，用密度估计其毫升数。然后，取一干燥的 100mL 底部有支口的三角瓶，将下部支口用硅橡胶塞住，用分析天平称取其质量，加入乙酸、水、乙酸乙烯后分别称重，计算出三元溶液的浓度。

将此盛有部分互溶液的三角瓶放入已调节至 25℃ 温度的恒温箱，用电磁搅拌 20min，使系统达到平衡，然后，静止恒温 10～15min，使其溶液分层。将三角瓶从恒温箱中小心地取出，用针筒分别取油层及水层，分别利用酸碱中和法分析其中的乙酸含量，由溶解度曲线查出另一组成，并算出第三组分的含量。

F　实验数据处理

① 在三角形相图中，将本实验附录中给出的乙酸 - 水 - 乙酸乙烯三元体系的溶解度数据作成光滑的溶解度曲线，将测得的数据标绘在图上；

② 将温度和溶液的 HAc、H_2O、VAc 质量分数输入计算机，可得出两液相组成的计算值（以摩尔分数表示），可与实验值（以摩尔分数表示）进行比较。具体计算方法见本实验附录 2。

G　结果及讨论

① 温度和压力对液液平衡的影响如何？

② 分析实验误差的来源。

③ 试述作出本实验系统液液平衡相图的方法。

H　主要符号说明

K—— 平衡常数；x—— 液相摩尔分数；γ—— 活度系数；ρ—— 密度。

附录 1　HAc-H_2O-VAc 三元体系液液平衡溶解度数据表(298K)

No	HAc	H_2O	VAc	No	HAc	H_2O	VAc
1	0.05	0.017	0.933	7	0.35	0.504	0.146
2	0.10	0.034	0.866	8	0.30	0.605	0.095
3	0.15	0.055	0.795	9	0.25	0.680	0.070
4	0.20	0.081	0.719	10	0.20	0.747	0.053
5	0.25	0.121	0.629	11	0.15	0.806	0.044
6	0.30	0.185	0.515	12	0.10	0.863	0.037

附录 2　三元液液平衡的推算

若已知两对互溶物质的二元气液平衡数据、一对部分互溶物质的二元的液液平衡的数据，应用非线型最小二乘法，可求出各对二元活度系数关联式的参数。由于 Wilson 方程对部分互溶系统不适用，因此关联液液平衡常采用 NRTL 或 UNIQUAC 方程。

当已计算出 HAc-H_2O、HAc-VAc、VAc-H_2O 三对二元系的 NRTL 或 UNIQUAC 参数后，可用 Null 法求出。

在某一温度下，已知三对二元的活度系数关联式参数，并已知溶液的总组成，可计算平衡液相的组成。

令溶液的总组成为 x_{if}，分成两液层，一层为 A，组成为 x_{iA}，另一层为 B，组成为 x_{iB}，设混合物的总量为 1mol，其中液相 A 占 M(mol)，液相 B 占 $(1-M)$(mol)。

对 i 组分进行物料衡算：

$$x_{if} = x_{iA}M + (1-M)x_{iB} \tag{5-8}$$

若将 x_{iA}，x_{iB}，x_{if} 在三角形坐标上标绘，则三点应在一根直线上。此直线称为共轭线。

根据液液平衡的热力学关系式：

$$x_{iA}\gamma_{iA} = x_{iB}\gamma_{iB}$$

$$x_{iA} = \frac{\gamma_{iB}}{\gamma_{iA}}x_{iB} = K_i x_{iB} \tag{5-9}$$

式中
$$K_i = \frac{\gamma_{iB}}{\gamma_{iA}}$$

将式(5-9)代入式(5-8)

$$x_{if} = MK_i x_{iB} + (1-M)x_{iB} = x_{iB}(1-M+MK_i)$$

$$x_{iB} = \frac{x_{if}}{1+M(K_i-1)} \tag{5-10}$$

由于
$$\sum x_{iA} = 1 \ \text{及} \ \sum x_{iB} = 1$$

因此
$$\sum x_{iB} = \sum \frac{x_{if}}{1+M\ (K_i-1)} = 1$$

$$\sum x_{iA} = \sum K_i x_{iB} = 1$$

$$\sum x_{iB} - \sum x_{iA} = \sum \frac{x_{if}}{1+M\ (K_i-1)} - \sum \frac{K_i x_{if}}{1+M\ (K_i-1)} = 0$$

经整理得：

$$\sum \frac{x_{if}\ (K_i-1)}{1+M\ (K_i-1)} = 0 \tag{5-11}$$

对三元系可展开为：

$$\frac{x_{1f}(K_1-1)}{1+M(K_1-1)} + \frac{x_{2f}(K_2-1)}{1+M(K_2-1)} + \frac{x_{3f}(K_3-1)}{1+M(K_3-3)} = 0$$

γ_{iA} 是 A 相组成及温度的函数，γ_{iB} 是 B 相组成及温度的函数。x_{if} 是已知数，先假定两相混合的组成。由式(5-9)可求得 K_1、K_2、K_3，式(5-11)中只有 M 是未知数，因此是个一元函数求零点的问题。

当已知温度、总组成、关联式常数，求两相组成的 x_{iA} 及 x_{iB} 的步骤如下：

① 假定两相组成的初值(可用实验值作为初值)，求 K_i，解式(5-11)中的 M 值。

② 求得 M 后，由式(5-10)得 x_{iB}，由式(5-9)得 x_{iA}。

$$x_{iB} = \frac{x_{if}}{1+M(K_i-1)}$$

$$x_{iA} = K_i x_{iB}$$

③ 判据

若
$$\left| \frac{\gamma_{iA} x_{iA}}{\gamma_{iB} x_{iB}} \right| - 1 \leqslant \varepsilon$$

则得计算结果，若不满足，则由上面求出的 x_{iA}，x_{iB} 求出 K_3，反复迭代，直至满足判据要求。

参 考 文 献

[1] 华东化工学院化学工程专业上海石化研究所. 化学学报, 1976, 34(2)：97.
[2] 华东化工学院化学工程专业上海石化研究所. 化学学报, 1977, 35(1)：27.
[3] Null H R. Pnase EquiLibrium in Process Design. New York：Wiley-Interscience, 1970.

5.3 实验十 氨-水系统气液吸收相平衡数据的测定

A 实验目的

① 能够用静态法测定氨-水系统气液吸收相平衡数据；
② 掌握高压平衡釜的实验操作技能；
③ 能够辨识氨-水高压气液吸收相平衡实验中的潜在危险因素，掌握安全防护措施，具备事故应急处置能力。

B 实验原理

气液系统的相平衡数据主要是指气体在液体中的溶解度。这在吸收、气提等单元操作中是很重要的基础数据，但比之气液平衡数据要短缺得多，尤其是 25℃ 以上的数据甚少，至于有关的关联式和计算方法更是缺乏。

当气液两相达平衡时，气相和液相中 i 组分的逸度必定相等。

$$\hat{f}_i^{\mathrm{V}} = \hat{f}_i^{\mathrm{L}} \tag{5-12}$$

气相中 i 组分逸度为

$$\hat{f}_i^{\mathrm{V}} = p y_i \hat{\varphi}_i^{\mathrm{V}} \tag{5-13}$$

式中 $\hat{f}_i^{\mathrm{V}}$、$\hat{f}_i^{\mathrm{L}}$——气相和液相中 i 组分的逸度，MPa；

y_i、$\hat{\varphi}_i^{\mathrm{V}}$——气相中 i 组分的摩尔分数和逸度系数，无量纲；

p——系统压力，MPa。

当气体溶解度较小时，液相中组成的逸度采用 Henry 定律计算：

$$\hat{f}_i^{\mathrm{L}} = E_i x_i \tag{5-14}$$

式中，x_i、E_i 分别为液相中 i 组分的摩尔分数和亨利系数，MPa。

如气体在液体中具有中等程度的溶解度时，则应引入液相活度系数 γ^* 的概念，即：

$$\hat{f}_i^{\mathrm{L}} = E_i \gamma_i^* x_i \tag{5-15}$$

γ^* 表示对亨利定律的偏差，故其极限条件为 $x_i \to 0$ 时，$\gamma^* \to 1$。

由式(5-12)～式(5-14)可得气液平衡基本关系式：

$$y_i = \frac{E_i}{\hat{\varphi}_i^{\mathrm{V}} p} x_i \tag{5-16}$$

或

$$y_i = \frac{E_i \gamma_i^*}{\hat{\varphi}_i^{\mathrm{V}} p} x_i$$

当气相为理想溶液时，$\hat{\varphi}_i^{\mathrm{V}} = \varphi_i$，若气相为理想气体的混合物，$\hat{\varphi}_i^{\mathrm{V}} = 1$，此时气相分压 p_i 如下式所示。

$$p_i = py_i = E_i x_i \qquad (5\text{-}17)$$

此式是在低压下、使用很广泛的气液相的平衡关系式。

亨利定律也常用容积摩尔浓度表示：

$$\hat{f}_i^{\mathrm{V}} = H_i c_i \qquad (5\text{-}18)$$

式中　　c_i——气体在溶液中的溶解度，$kmol/m^3$；

　　　　H_i——气体在溶液中的溶解度系数，$MPa \cdot m^3/kmol$。

在低压下，同样可应用下式：

$$p_i = H_i c_i \qquad (5\text{-}19)$$

亨利定律只适用于物理溶解，如溶质在溶剂中发生离解、缔合及化学反应时，必须把亨利定律和液相反应进行关联。温度、压力以及化学反应对气体溶解度的影响可以从它们对亨利系数 E、溶解度系数 H 的关系进行推算。详细可参阅有关书刊。

根据相律，$F = C - \pi + 2$，即自由度＝独立组分数－相数＋条件数。二组分系统气液平衡时，自由度为 2，即在温度 T，压力 p，液相组成 x_1，x_2 及气相组成 y_1，y_2 共 6 个变数中，指定任意 2 个，则其余 4 个变数都将确定。对于一定的系统，其挥发组分的平衡分压与总压、平衡温度及溶液组成有关。在较低压力下，总压的影响可以忽略。故在实验中，为使气相组成测定准确，必须使温度和液相组成保持稳定。

测定溶液挥发组分平衡分压的方法有静态法、流动法和循环法。

静态法是在密闭容器中，使气液两相在一定温度下充分接触，经一定时间后达到平衡，用减压抽取法迅速取出气、液两相试样，经分析后得出平衡分压与液相组成的关系。此法流程简单，只需一个密闭容器即可。

流动法是将已知量的惰性气体，以适当的速率通过一定温度已知浓度的试样溶液，使其充分接触而达成平衡。测定气相中被惰性气体带出的挥发组分，即可求得平衡分压与液相组成的关系。此法易于建立平衡，可在较短时间里完成实验，气相取样量较多，且取样时系统温度、压力能保持稳定，准确程度高，但流程较复杂，设备装置也多。

循环法是在平衡装置外有一个可使气体或液体循环的装置，因而有气体循环、液体循环以及气液双循环的装置。循环法搅拌情况比较好，容易达到平衡，但循环泵的制作要求很高，要保证不泄漏。

本实验采用静态法，在一定温度、加压条件下测定氨-水系统的气相平衡分压，以获取液相组成和平衡分压的关系。

C　预习与思考

① 测定气液吸收相平衡数据的方法有哪几种，分别说明它们的实验原理和基本装置、适用范围？

② 氨-水操作时的安全注意事项有哪些？

③ 怎样进行设备的气密性检查？

D　实验装置

实验装置如图 5-5 所示。本实验是在加压条件下测定平衡氨分压，故高压釜是测定气液相平衡数据的主要装置，根据增加气液接触方式的不同有电磁搅拌式、振荡式、机械旋转式、摇摆式以及气相或液相循环式等。电磁搅拌式是常用的相平衡测定装置，它结构简单，但达到平衡的时间较长。本实验采用电磁搅拌式高压釜。

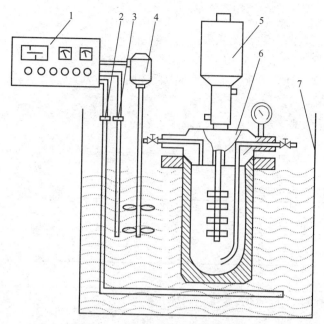

图 5-5　气液相平衡数据测定装置

1— 控制器；2— 加热器；3— 测温元件；4— 搅拌器；5— 电磁搅拌器；6— 高压釜；7— 恒温槽

电磁搅拌式高压釜配备有电磁搅拌器及其控制仪、电加热及其温度控制装置、加料装置及气液相样品测定装置。

E　实验步骤与方法

(1) 实验操作

① 把清洗干净的高压釜安装好，进行气密性检查。

② 先向高压釜液相管中加入一定量的水，然后用真空泵从气相管将釜中空气抽空，再用小钢瓶准确地向液相管中加入液氨，其量由二次称量相减得到，即配制成一定浓度的氨水。

③ 将气相、液相取样管装好，高压釜放入恒温槽内，开动电磁搅拌器。

④ 测定在 30℃、35℃、40℃ 下的平衡压力，并分析 40℃ 平衡条件下的液相和气相组成。

(2) 实验分析

① 仪器及试剂

a. 5mL 移液管 2 支；

b. 2.0mol/L 及 0.6mol/L H_2SO_4 标准溶液，0.3mol/L NaOH 标准溶液；

c. 取样瓶 4 只；

d. 电光天平(称重 200g，精度 ±0.1mg)1 台；

e. 50mL 酸式、碱式滴定管各 1 支。

② 分析方法

a. 液相　用移液管吸取 2.0mol/L H_2SO_4 标准溶液 5mL 放入取样瓶中，并加数滴甲基橙指示剂，然后接入高压釜上的液相取样管上，取样约 1g，根据溶液的颜色决定用酸或碱回滴求得液相的组成。

b. 气相　用移液管吸取 0.6mol/L H_2SO_4 标准溶液 5mL，其他操作与液相分析相同。

F 实验报告

① 说明本实验的目的、装置及方法。

② 记录实验数据。

③ 根据分析数据，计算出气、液相组成及气相中氨分压。

④ 实验结果讨论。

G 原始数据记录表

日期_____ 实验人员_____ 室温 /℃ _____

大气压 /MPa _____ 水加入量_____ 氨加入量_____

平衡温度与平衡压力的记录

编号	平衡温度 /℃	平衡压力 /MPa
1		
2		
3		

取样分析记录

样品	取样前重 /g	取样后重 /g	取样量 /g	消耗酸 /mL	消耗碱 /mL	分析结果
液相样(1)						
液相样(2)						
气相样(1)						
气相样(2)						

H 讨论题

① 常采用哪些方法，加速系统达到平衡?

② 如何判断实验系统达到平衡?

③ 取样时，为什么先取液相样，后取气相样?

参考文献

[1] 南京化工学院等. 化工热力学. 北京：化学工业出版社，1981.

[2] 朱炳辰主编. 无机化工反应工程. 北京：化学工业出版社，1981.

[3] 丁百全，等. 无机化工实验. 上海：华东化工学院出版社，1991.

5.4 实验十一 二氧化碳临界状态观测及 p-V-T 关系测定

临界状态是指纯物质的气、液两相平衡共存的极限热力学状态，此时，饱和液体与饱和蒸气的热力学状态参数相同，气液间的分界面消失。超临界流体(super critical fluid，SCF)是指温度和压力均高于其临界温度(T_c)和临界压力(p_c)的流体，它既具有液体对溶质有比较大溶解度的特点，又具有气体易于扩散和运动的特点，传质速率大大高于液相过程；更重要的是，临界点附近的超临界流体具有性质可调性，即可以根据需要改变温度和压力，来调节其密度、黏度、扩散系数、溶解度等性质。因此，超临界流体对选择性分离和特定条件下的反应具有独特的优势。CO_2 具有较温和的临界条件，密度大、溶解能力强、传质速率高，且不可燃、无毒、性质稳定、价廉易得，是目前应用最广的超临界流体。本实验拟测定 CO_2 在不同温度条件下 p-V 之间的关系，从而找出 CO_2 的 p-V-T 的关系，拟达到以下实验目的。

A 实验目的

① 掌握 CO_2 临界状态的观测方法，增加对临界状态的感性认识。

② 加深对纯流体热力学状态：凝结、汽化、饱和等概念的理解。

③ 掌握 CO_2 的 p-V-T 关系测定方法，测定临界参数 p_c、V_c 和 T_c，学会用实验测定实际气体状态变化规律的方法和技巧。

④ 能够在 p-V 图上绘制 CO_2 等温线。

⑤ 能够辨识 CO_2 临界状态观测过程中潜在危险因素、掌握安全防护措施、具备事故应急处置能力。

B　实验原理

随着环境温度和压力变化，任何一种物质都存在三种相态：气相、液相、固相。图 5-6 是纯流体的典型压力-温度图。图中线 AT 表示气-固平衡的升华曲线，线 BT 表示液-固平衡的熔融曲线，线 CT 表示气-液平衡的饱和液体的蒸气压曲线，T 是气-液-固三相共存的三相点。按照相律，当纯物质的气-液-固三相共存时，确定系统体系状态的自由度为零，即每个纯物质沿气-液饱和线升温，当达到图中点 C 时，气-液的分界面消失，体系的性质变得均一，不再分为气体和液体，称 C 为临界点。与该点相对应的温度和压力分别成为临界温度 T_c 和临界压力 p_c，图中高于临界温度和临界压力的有阴影线的区域属于超临界流体状态。

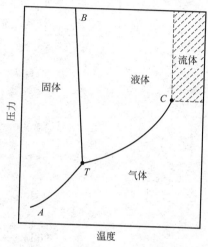

图 5-6　纯流体的压力-温度图

本实验拟测量三种温度条件下的等温线，其中 $T > T_c$，$T = T_c$ 和 $T < T_c$，其中 $T > T_c$，等温线为一光滑曲线；$T = T_c$ 等温线，在临界压力附近有一水平拐点，并出现气、液不分现象；$T < T_c$ 等温线，分为三段，中间一水平段为气、液共存区。当纯流体处于平衡状态时，其状态参数 p、V、T 之间存在以下关系：

$$F(p, V, T) = 0 \text{ 或 } T = f(p, V) \tag{5-20}$$

由相律可知，纯流体在单相区，自由度为 2，当温度一定时，体积随压力而变化；在二相区，自由度为 1，温度一定时，压力一定，仅体积发生变化。本实验就是采用定温方法来测定 CO_2 的 p-V 之间的关系，从而进一步确定 CO_2 的 p-V-T 的关系。

C　预习与思考

① 超临界流体的特征是什么？常用超临界流体有哪些？

② 二氧化碳流体处于临界点会出现什么现象？

③ 超临界萃取技术相对于传统萃取技术的优点是什么？

D　实验装置

实验装置由恒温器、实验台本体和压力台三大部分组成，如图 5-7 所示；实验台本体如图 5-8 所示。由于实验在一定压力条件下完成，实验台本体外侧常用有机玻璃罩进行防护。

实验中由压力台送来的压力油进入高压容器和玻璃杯上半部，迫使水银进入预先装了 CO_2 气体的承压玻璃管（毛细管），CO_2 被压缩，其压力和容积通过压力台上的活塞杆进退来调节，温度由恒温器供给的水套里的水温来调节，水套中的水由恒温水浴提供。

CO_2 的压力由装在压力台上的精密压力表读出，温度由插在恒温水套中的精密温度计读出。比容首先由玻璃毛细管内二氧化碳柱的高度来度量，而后再根据玻璃毛细管内径均匀、截面积不变等条件换算得出。

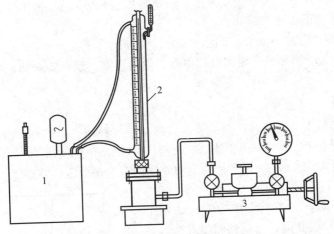

图 5-7　实验装置图

1— 恒温器；2— 实验台本体；3— 压力台

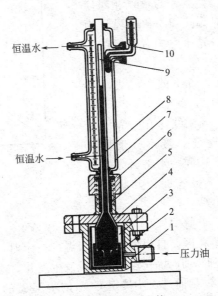

图 5-8　实验台本体

1— 高压容器；2— 玻璃杯；3— 压力油；4— 水银；

5— 密封填料；6— 填料压盖；7— 恒温水套；

8— 承压玻璃管；9—CO_2空间；10— 温度计

E　实验步骤与方法

① 安装并检查实验设备。

② 打开恒温水浴，调节控制恒温水到所要求的实验温度，以恒温水套内温度计为准。

③ 加压前的准备 —— 抽油充油

a. 关闭压力表下部和进入本体油路的两个阀门，开启压力台上油杯的进油阀。

b. 摇退压力台上的活塞螺杆，直至螺杆全部退出，此时压力台油缸中抽满了油。

c. 先关闭油杯的进油阀，然后开启压力表下部和进入本体油路的两个阀门。

d. 摇进活塞螺杆，使本体充油，直至压力表上有压力读数显示，毛细管下部出现水银为止。

e. 如活塞杆已摇进到头，压力表仍无压力读数显示，毛细管下部未出现水银，则需要重复步骤 a～d；应注意，实验压力不能超过玻璃毛细管的承压极限。

f. 再次检查油杯的进油阀是否关闭、压力表下部及本体油路阀门是否开启、温度是否达到所要求的实验温度，如条件已调定，则可进行下一步实验测定。

④ 测定毛细玻璃管内 CO_2 的质面比常数 K　由于充进毛细管内的 CO_2 的质量不便测量，而毛细管内径（截面积）不易测准，本实验采用间接法来确定 CO_2 的比容：假定毛细管内径一致，CO_2 比容和高度呈正比，具体方法如下：

a. 查阅文献，当温度为 25℃、压力为 7.8MPa 时，纯 CO_2 液体的比容 $V = 0.00124m^3/kg$。

b. 当温度为 25℃、压力为 7.8MPa 时，实验测定 CO_2 液柱高度 $\Delta h_0 = h' - h_0$。

式中　h_0——毛细管内径顶端的刻度（扣除尖部长度）；

　　　h'——25℃、7.8MPa 条件下水银柱上端液面刻度。

假设毛细管内 CO_2 的质量为 $m(kg)$、毛细管截面积为 $A(m^2)$，则 CO_2 的比容 V：

$$V = \frac{\Delta h_0 A}{m} = 0.00124 m^3/kg \tag{5-21}$$

毛细管内 CO_2 的质面比常数 K：

$$K = \frac{m}{A} = \frac{\Delta h_0}{0.00124} \tag{5-22}$$

那么任意温度、压力下 CO_2 的比容为：

$$V = \frac{\Delta h}{m/A} = \frac{\Delta h}{K} = \frac{h - h_0}{K} \tag{5-23}$$

式中　h——任意温度、压力下毛细管内水银柱高度。

⑤ 测定 25℃ 时的等温线（$T < T_c$）

a. 调节恒温水浴，使恒温水套温度维持在 25℃，并保持恒定。

b. 逐渐增加压力，压力至 4MPa 左右（毛细管下部出现水银）开始读取相应水银柱上端液面刻度，记录第一个数据点。读取数据时，一定要有足够的平衡时间，保证温度、压力和水银柱高度恒定。

c. 按照压力间隔 0.3MPa，逐步提高压力，测定第二、第三……数据点。注意加压时，应缓慢地摇进活塞杆，以保证定温条件，水银柱高度稳定在一定数值时再读数。

d. 密切观察并记录 CO_2 液化、完全液化现象；当出现第一个 CO_2 液滴时，应适当降低压力，平衡一定时间，准确记录压力和相应的水银柱高度；当最后一个 CO_2 气泡消失时，应记录压力和相应的水银柱高度。这两点压力应接近相等，测量时可交替进行升压和降压操作。

e. 当 CO_2 全部液化后，继续按压力间隔 0.3MPa 左右升压，直至压力达到 8MPa（毛细管最大承压 8.5MPa 左右）。

⑥ 测定 31.1℃ 时的等温线（$T = T_c$），观察临界现象。

a. 调节恒温水浴，使恒温水套温度维持在 31.1℃，按照上述 ⑤ 的方法测定临界等温线，注意在曲线的拐点（$p = 7.376MPa$）附近，将调压间隔降为 0.05MPa，缓慢调整压力，有利于较准确地确定临界压力和临界比容，较准确地描绘出临界等温线上的拐点。

b. 临界乳光现象　保持临界温度不变，摇进活塞杆使压力升至 8MPa 附近处，然后快速摇退活塞杆降压（注意勿使本体晃动），此时玻璃管内将出现圆锥状的乳白的闪光现象，这就是临界乳光现象。这是由于 CO_2 分子临界点附近气体密度涨落很大，使散射增强，原来清澈透明的气体或液体变得混浊起来呈现出乳白色。可以反复几次，观察这一现象。

c. 整体相变现象　临近点附近，汽化热接近于零，饱和气相线和饱和液相线合于一点，这时的气、液相互转变不像临界温度以下时那样逐步积累，表现为渐变过程，这时压力有微小变化时，气、液以突变的形式相互转化。

d. 气、液两相模糊不清现象　处于临界点的 CO_2 具有共同参数$(p，V，T)$，不能区别此时 CO_2 是气态还是液态的。现按绝热过程来进行观察。

首先调节压力处于 $7.4MPa(p_c)$ 左右，快速降压(此时毛细管内 CO_2 未能与外界进行充分地热交换，温度下降)，CO_2 状态点沿绝热线降到二相区，管内 CO_2 出现了明显的液面，这就说明，此时 CO_2 气体离液区很接近；当快速升压，这个液面又立即消失了，这就说明，此时 CO_2 液体离气区很接近。CO_2 既接近气态又接近液态，所以只能处于临界点附近，因此可以说，临界状态流体是一种气、液不分的流体，这就是临界点附近饱和气、液模糊不清的现象。

⑦ 测定 35℃ 时的等温线$(T > T_c)$。调节恒温水浴，使恒温水套温度维持在 35℃，按上述 ⑤ 相同的方法进行。

F　实验数据记录

见表 5-1。

表 5-1　不同温度下 CO_2 的 p-V 数据测定结果

室温：_____ ℃　大气压：_____ MPa　毛细管内部顶端的刻度 $h_0 =$ _____ m
25℃，7.8MPa 下 CO_2 柱高度 $\Delta h_0 =$ _____ m，质面比常数 $K =$ _____ kg/m^2

序号	$p_{绝}$ /MPa	Δh /m	$V = \Delta h/K$ /(m³/kg)	现象
		$T =$　℃		

G　实验数据处理

① 计算毛细管内 CO_2 的质面比常数 K。
② 按照数据记录表，在 p-V 坐标系中画出三条等温线。
③ 将实验测得等温线与标准等温线比较，分析它们之间的差异及原因。

H　结果与讨论

① 质面比常数 K 值对实验结果有何影响？为什么？
② 为什么测定 25℃ 等温线时，严格讲，出现第一个小液滴时的压力和最后一个气泡消失时的压力应相等？(试用相律分析)
③ 分析实验误差和引起误差的原因。
④ 提出实验装置的修改意见。

附录1　CO₂ 饱和线上的体积数据

温度 /℃	压强 /MPa	液相比容 $\times 10^3$/(m³/kg)	气相比容 $\times 10^3$/(m³/kg)
10	4.595	1.166	7.52
15	5.193	1.223	6.32
20	5.846	1.298	5.26
25	6.559	1.417	4.17
30	7.344	1.677	2.99
30.04	7.528	2.138	2.14

附录2　CO₂ 的 *p-V-T* 关系

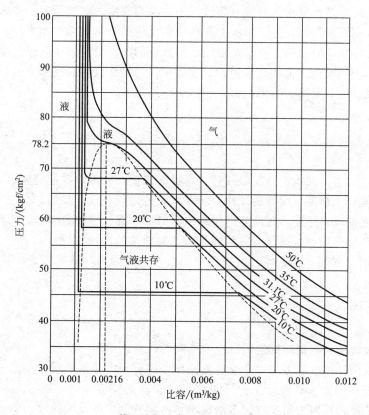

注：1kgf/cm² = 98.0665kPa

参 考 文 献

[1] 南京化工学院等. 化工热力学. 北京：化学工业出版社，1981.

[2] 王保国. 化工过程综合实验. 北京：清华大学出版社，2005.

6 反应工程实验

6.1 实验十二　气固相催化反应宏观反应速率的测定

气固相催化反应是在催化剂颗粒表面进行的非均相反应。如果消除了传递过程的影响，可测得本征反应速率，从而在分子尺度上考察化学反应的基本规律。如果存在传热、传质过程的阻力，则为宏观反应速率。测定工业催化剂颗粒的宏观反应速率，可与本征反应速率对比而得到效率因子实验值，也可直接用于工业反应器的操作优化和模拟研究，因而对工业反应器的操作与设计具有重要的实用价值。

A　实验目的

本实验以乙醇脱水制乙烯反应为对象，研究测定该反应的宏观动力学，拟达到如下教学目的：

① 运用反应动力学知识进行实验设计，掌握宏观反应动力学数据的测定方法；

② 掌握内循环无梯度反应器的操作方法及气相色谱仪在线操控法；

③ 采用数据处理软件进行数据分析和参数回归，掌握反应动力学参数的计算方法；

④ 培养团队协作精神，通过有效沟通与合作完成实验任务；

⑤ 能够辨别乙醇脱水制乙烯实验过程中的潜在危险因素，掌握安全防护措施，具备事故应急处置能力。

B　实验原理

（1）概述

采用工业粒度的催化剂测试宏观反应速率时，反应物系经外扩散、内扩散与表面反应三个主要步骤。其中外扩散阻力与工业反应器操作条件有很大关系，线速率是调整外扩散传递阻力的有效手段，因此，在设计工业反应装置和实验室反应器时，通常选用足够高的线速率，以排除外扩散传质阻力对反应速率的影响。本实验测定的反应速率，实质上就是在排除外部传质阻力后，仅包含催化剂内部传质影响的宏观反应速率。

由于工业催化剂颗粒通常制成多孔结构，其内表面积远远大于外表面积，反应物必须通过孔内扩散到不同深度的内表面上发生化学反应，而反应产物则必须通过内孔扩散返回气相主体，因此颗粒的内扩散阻力是制约反应速率的主要因素。准确测定气固相催化反应的宏观动力学，不仅能为反应器设计提供基础数据，而且能通过宏观反应速率与本征速率的比较，判断内扩散对反应的影响程度，为工业放大提供依据。

（2）测定方法

内循环无梯度反应器是一种常用的微分反应器，由于反应器内有高速搅拌部件，可消除反应物气相主体到催化剂表面的温度梯度和浓度梯度，常用于气固相催化反应动力学数据测定、催化剂反应性能测定等。无梯度反应器结构紧凑，容易达到足够的循环量并维持恒温，能相对较快地达到定态。

图 6-1 所示实验室反应器，是一种催化剂固定不动、采用涡轮搅拌器造成反应气体在器内高速循环流动，以消除外扩散阻力的内循环无梯度反应器。如反应器进口引入流量为 V_0

的原料气，浓度为 c_{A0}，出口流量为 V，浓度为 c_{Af} 的反应气。当反应为等摩尔反应时，$V_0 = V$；当反应为变摩尔反应时，V 可由具体反应式的物料衡算式推导，也可通过实验测量。设反应器进口处原料气与循环气刚混合时，浓度为 c_{Ai}，循环气流量为 V_c，则有：

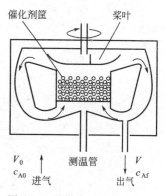

催化剂筐　桨叶

V_0
c_{A0} 进气　测温管　出气 V c_{Af}

图 6-1　无梯度反应器示意图

$$V_0 c_{A0} + V_c c_{Af} = (V_0 + V_c)c_{Ai} \tag{6-1}$$

令循环比 $R_c = V_c/V_0$，得到

$$c_{Ai} = \frac{1}{1+R_c}c_{A0} + \frac{R_c}{1+R_c}c_{Af} \tag{6-2}$$

当 R_c 很大时，$c_{Ai} \approx c_{Af}$，此时反应器内浓度处处相等，达到了浓度无梯度。经实验验证，当 $R_c > 25$ 后，反应器性能便相当于一个理想混合反应器，其反应速率可以简单求得：

$$r_A = \frac{V_0(c_{A0} - c_{Af})}{V_R} \tag{6-3}$$

或

$$r_{AW} = \frac{V_0(c_{A0} - c_{Af})}{W} \tag{6-4}$$

因而，只要测得原料气流量与反应气体进出口浓度，便可得到某一条件下的宏观反应速率值。进一步地，按一定的设计方法规划实验条件，改变温度和浓度进行实验，再通过作图和参数回归，便可获得宏观动力学方程。

（3）反应体系

在 ZSM-5 分子筛催化剂上发生的乙醇脱水过程属于平行反应，既可以进行分子内脱水生成乙烯，又可以进行分子间脱水生成乙醚，反应方程如下：

$$2C_2H_5OH \longrightarrow C_2H_5OC_2H_5 + H_2O \tag{6-5}$$

$$C_2H_5OH \longrightarrow C_2H_4 + H_2O \tag{6-6}$$

一般而言，较高的温度有利于生成乙烯，而较低的温度有利于生成乙醚。根据自由基反应理论，反应进行过程中生成的中间产物碳正离子比较活泼。在高温时，其存在时间短，还未与乙醇分子碰撞反应就失去质子变为乙烯；而在较低温度时，碳正离子存在时间较长，与乙醇碰撞的概率增加，反应生成乙醚。因此，反应温度条件的控制，对目标产物乙烯的选择性和收率有显著影响。

C　预习与思考

① 内循环无梯度反应器为何属于微分反应器？此反应器有何特点？
② 考虑内扩散影响的宏观反应速率是否一定比本征反应速率低？
③ 改变反应温度和浓度规划实验，用所得数据回归动力学参数，其依据是什么？
④ 为消除外扩散，需提高循环比 R_c，怎样设计反应器才合理？

D　实验装置和流程

本实验采用磁驱动内循环无梯度反应器，实验流程如图 6-2 所示。
主要部件简介如下。

（1）反应器

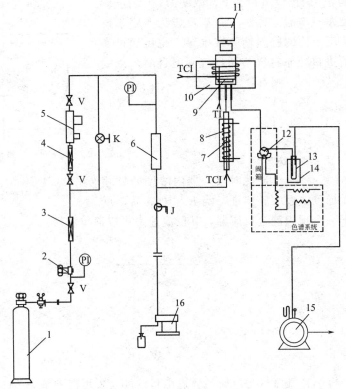

图 6-2　内循环无梯度反应器中宏观反应动力学数据测定流程示意图

TCI— 控温；TI— 测温；PI— 压力计；V— 截止阀；K— 调节阀；J— 三通阀；
1— 气体钢瓶；2— 稳压阀；3— 干燥器；4— 过滤器；5— 质量流量计；6— 缓冲器；
7— 预热器；8— 预热炉；9— 反应器；10— 反应炉；11— 马达；
12— 六通阀；13— 冷阱；14— 保温瓶；15— 湿式流量计；16— 加料泵

本实验采用磁驱动内循环无梯度反应器，其结构图如 6-3 所示。

(2) 控制系统

控制系统包括装置各部件的温度控制和显示(预热控温、反应控温、阀箱控温)、搅拌转速调节、流量的计量、压力测量等。

(3) 色谱系统

实验装置采用 GC7890A 型气相色谱仪，配有 N2000 型色谱工作站，用于分析反应器出口产品组成。为保证样品为气态，进样六通阀及相应管路均有加热带保温；色谱仪的主要调节参数如下：

载气为氢气；柱前压 0.08MPa；

柱温 110℃；检测器 120℃；进样器温度 120℃；热导电流 100mA。

E　实验步骤

(1) 试剂准备

无水乙醇(分析纯)500mL；ZSM-5 分子筛催化剂 10g(提前装入催化剂筐)；高纯 H_2(钢瓶气与色谱接驳好)。

(2) 装置准备

① 通电检查　各仪表显示和运转正常，进料泵、搅拌马达运转正常；色谱及工作站开启待命。

② 气密性检查　设定质量流量计为 500mL/min(标况下)，向系统中充氮气(或空气)至反应器压力达 0.05MPa(表压)，关闭质量流量计，压力读数 5min 内不下降为合格。

③ 检查各测温热电阻是否到位；冷阱保温瓶中加入冷水。

（3）开车操作

① 开启冷却水、搅拌电源，调节搅拌转速 2000 ~ 3000r/min，搅拌期间不可关闭冷却水。

② 开启预热器、反应器加热炉、阀箱、保温及测温仪表电源。

③ 设定各温度控制器温度数值，预热器 150 ~ 200℃；反应炉温度 260 ~ 320℃；阀箱≤140℃；保温≤140℃(注意：反应炉温度一般高出反应床层温度 50 ~ 80℃)。

④ 当预热器温度、反应器温度、搅拌转速、色谱及工作站均准备就绪，可开启进料泵，调节进料流量为 0.1 ~ 0.5mL/min。

⑤ 恒温阀箱六通阀初始时在取样位置，当反应稳定后(约 30min)，切换到进样位置，进行样品采集分析，切换时间约 2min，反应产物经六通阀进行分析，尾气计量后排空。

（4）停车操作

① 关闭进料泵，停止进料。待装置内物料基本反应完毕后，将预热器、反应器、阀箱及保温温度设定值改为 30℃，开始降温；

② 当反应器温度降至 200℃ 以下，开启氮气吹扫气路，以 200 ~ 300mL/min 流量吹扫反应系统和尾气管路 5min，完毕后关闭吹扫气；

③ 关闭搅拌，切断冷却水；色谱及工作站按要求关机；

④ 排出冷阱内的物料，冷阱烘干后重新连接好。

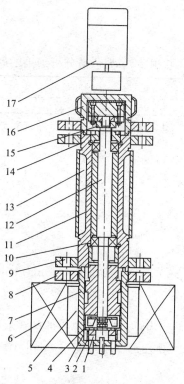

图 6-3　内循环无梯度反应器结构图
1—压片；2—催化剂；3—框压盖；
4—桨叶；5—反应器外筒；6—加热炉；
7—反应器内筒；8—法兰；9—压盖；
10—轴承；11—冷却内筒；12—轴；
13—内支撑筒；14—外支撑筒；15—反应磁钢架；
16—底筒；17—磁力泵

F　实验数据记录和处理

在反应温度 260 ~ 320℃ 选 5 个温度，每个温度下改变三次进料速率(0.1 ~ 0.5mL/min)，测定各种条件下的实验数据。

（1）实验数据记录

室温_____℃；大气压_____MPa；搅拌转速_____r/min，催化剂质量 W_____g

实验号	反应条件		乙醇进料量 F/(mL/min)	产物组成(质量分数)/%			
	温度 T/℃	表压 p/MPa		乙烯	水	乙醇	乙醚

（2）实验数据处理

① 产物摩尔分数 X_i 的计算：

$$X_i = \frac{c_i f_i}{\sum_{f=1}^{4} c_j f_i}$$

其中，f_i 为色谱分析结果的摩尔校正因子；c_i 为各组分校正前的摩尔分数。

组分	乙烯(f_1)	水(f_2)	乙醇(f_3)	乙醚(f_4)
f_i	2.08	3.03	0.91	1.39

② 乙醇转化率 α 和乙烯选择性 S 的计算：

$$\alpha = 1 - \frac{X_3}{X_1 + X_3 + 2X_4}$$

$$S = \frac{X_1}{X_1 + 2X_4}$$

乙烯收率 $Y = \alpha S$

③ 乙烯生成速率 $r_A[\mathrm{mol/(min \cdot g)}]$ 的计算：

$$r_A = F_0 Y / W$$

式中，F_0 为乙醇的进料摩尔流率，$\mathrm{mol/min}$；W 为催化剂装填量，g。

④ 乙醇摩尔浓度 $c_A(\mathrm{mol/L})$ 的计算：

$$c_A = \frac{p_{乙醇}}{RT} = p X_3 / (RT)$$

其中，p 为系统压力，atm；R 为理想气体常数 $0.0821 \mathrm{L \cdot atm/(mol \cdot K)}$。

⑤ 主反应速率常数 k 在不同温度下，作 r_A-c_A 图，判断主反应级数，并计算主反应的速率常数 k。

⑥ 参数回归 将① ~ ⑤ 的计算结果列表，并计算 $-\ln k$ 和 $1/T$，根据阿累尼乌斯方程 $k = k_0 \exp[-E_1/(RT)]$，做 $-\ln k$-$1/T$ 的图，求出反应的活化能 E_1($\mathrm{L \cdot atm/mol}$) 和指前因子 k_0。

G 实验结果讨论

① 分析温度对反应结果的影响。

② 分析进料速率变化对反应结果的影响。

H 拓展实验

① 在乙醇进料速率 $0.5 \sim 1.0\mathrm{mL/min}$ 内选取 2 点，获取高进料速率下的实验结果，判断主反应级数是否变化。

② 在乙醇进料速率 $0.1 \sim 0.5\mathrm{mL/min}$ 内任选 1 点，获取低搅拌转速 $1000 \sim 1600\mathrm{r/min}$ 下的实验结果，判断外扩散对转化率，乙烯收率、选择性的影响。

参 考 文 献

[1] 张濂，许志美，袁向前．化学反应工程原理．上海：华东理工大学出版社，2007.

[2] 朱炳辰主编．化学反应工程．第 5 版．北京：化学工业出版社，2013.

6.2 实验十三 多釜串联反应器中返混状况的测定

A 实验目的

本实验通过单釜与三釜反应器中停留时间分布的测定，将数据计算结果用多釜串联模型来定量返混程度，从而掌握控制返混的措施。本实验目的如下。

① 运用反应器知识进行实验设计，掌握停留时间分布的测定方法。

② 应用统计学的方法处理实验数据，通过编程计算停留时间分布特征参数。

③ 计算多釜串联模型的模型参数，了解表达返混程度的间接方法。

④ 通过单釜与三釜实验结果分析，了解分割是限制返混的有效措施。

B 实验原理

在连续流动的反应器内，不同停留时间的物料之间的混合称为返混。返混程度的大小，通常用物料在反应器内的停留时间分布来测定。然而在测定不同状态的反应器内物料的停留时间分布时发现，相同的停留时间分布可以有不同的返混情况，即返混与停留时间分布不存在一一对应的关系，因此不能用停留时间分布的实验测定数据直接表示返混程度，而要借助于相关的数学模型来间接表达。

物料在反应器内的停留时间完全是一个随机过程，须用概率分布的方法来定量描述。所用的概率分布函数为停留时间分布密度函数 $f(t)$ 和停留时间分布函数 $F(t)$。停留时间分布密度函数 $f(t)$ 的物理意义是：同时进入的 N 个流体粒子中，停留时间介于 t 到 $t+dt$ 的流体粒子所占的比率 dN/N 为 $f(t)dt$。停留时间分布函数 $F(t)$ 的物理意义是：流过系统的物料中停留时间小于 t 的物料的分率。

停留时间分布的测定方法有脉冲法、阶跃法等，常用的是脉冲法。当系统达到稳定后，在系统的入口处瞬间注入一定量 Q 的示踪物料，同时开始在出口流体中检测示踪物料的浓度变化。

由停留时间分布密度函数的物理含义，可知

$$f(t)dt = Vc(t)dt/Q \tag{6-7}$$

$$Q = \int_0^\infty Vc(t)dt \tag{6-8}$$

所以

$$f(t) = \frac{Vc(t)}{\int_0^\infty Vc(t)dt} = \frac{c(t)}{\int_0^\infty c(t)dt} \tag{6-9}$$

由此可见 $f(t)$ 与示踪剂浓度 $c(t)$ 成正比。因此，本实验中用水作为连续流动的物料，以饱和 KCl 作示踪剂，在反应器出口处检测溶液电导值。在一定范围内，KCl 浓度与电导值成正比，则可用电导值来表达物料的停留时间变化关系，即 $f(t) \propto L(t)$，这里 $L(t)=L_t-L_\infty$，L_t 为 t 时刻的电导值，L_∞ 为无示踪剂时的电导值。

停留时间分布密度函数 $f(t)$ 在概率论中有两个特征值，平均停留时间（数学期望）$\bar{t}$ 和方差 σ_t^2。

$\bar{t}$ 的表达式为：

$$\bar{t} = \int_0^\infty tf(t)dt = \frac{\int_0^\infty tc(t)dt}{\int_0^\infty c(t)dt} \tag{6-10}$$

采用离散形式表达，并取相同时间间隔 Δt，则：

$$\bar{t} = \frac{\sum tc(t)\Delta t}{\sum c(t)\Delta t} = \frac{\sum tL(t)}{\sum L(t)} \tag{6-11}$$

σ_t^2 的表达式为：

$$\sigma_t^2 = \int_0^\infty (t-\bar{t})^2 f(t)\mathrm{d}t = \int_0^\infty t^2 f(t)\mathrm{d}t - (\bar{t})^2 \tag{6-12}$$

也用离散形式表达，并取相同 Δt，则：

$$\sigma_t^2 = \frac{\sum t^2 c(t)}{\sum c(t)} - (\bar{t})^2 = \frac{\sum t^2 L(t)}{\sum L(t)} - (\bar{t})^2 \tag{6-13}$$

若用无量纲对比时间 θ 来表示，即 $\theta = t/\bar{t}$，无量纲方差 $\sigma_\theta^2 = \sigma_t^2/(\bar{t})^2$。

在测定了物料在反应器中的停留时间分布后，为了评价物料的返混程度，需要用数学模型来关联和描述，本实验采用多釜串联模型。

多釜串联模型的建模思想是用返混程度等效的串联全混釜的个数 n 来表征实测反应器中的返混程度。模型中全混釜的个数 n 是模型参数，表征返混程度大小，并不代表实际反应器的个数，因此不限于整数。根据反应工程的原理可知，参数 n 越大，返混程度越小。

多釜串联模型假定 n 个串联的反应釜中每个釜均为全混釜，反应釜之间无返混，每个釜的体积相同。据此可推导得到多釜串联反应器的停留时间分布函数关系，并得到无量纲方差 σ_θ^2 与模型参数 n 存在关系为：

$$n = \frac{1}{\sigma_\theta^2} \tag{6-14}$$

根据等效原则，只要将实测的无量纲方差 σ_θ^2 代入式(6-14)，便可求得模型参数 n，并据此判断反应器内的返混程度。

当 $n=1$，$\sigma_\theta^2 = 1$，为全混釜特征；

当 $n \to \infty$，$\sigma_\theta^2 \to 0$，为平推流特征。

C 预习与思考

① 何谓返混？返混的起因是什么？限制返混的措施有哪些？

② 为什么说返混与停留时间分布不是一一对应的？为什么可以通过测定停留时间分布来研究返混？

③ 测定停留时间分布的方法有哪些？本实验采用哪种方法？

④ 何谓示踪剂？有何要求？本实验用什么作示踪剂？

⑤ 模型参数与实验中反应釜的个数有何不同？为什么？

D 实验装置与流程

实验装置如图 6-4 所示，由单釜与三釜串联二个系统组成。三釜串联反应器中每个釜的体积为 1L，单釜反应器体积为 3L，用可控硅直流调速装置调速。实验时，水分别从两个转子流量计流入两个系统，稳定后在两个系统的入口处分别快速注入示踪剂，在每个反应釜出口处用电导率仪检测示踪剂浓度变化，并通过计算机采集和处理数据。

E 实验步骤及方法

① 通水，开启水开关，让水注满反应釜，调节进水流量为 20L/h，保持流量稳定。

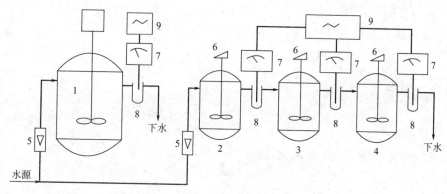

图 6-4 　连续流动反应器返混实验装置图

1— 全混釜(3L)；2 ～ 4— 全混釜(1L)；5— 转子流量计；6— 电动机；

7— 电导率仪；8— 电导电极；9— 计算机采集

② 通电，开启电源开关

a. 启动计算机数据处理系统。

b. 开启并调整好电导率仪，以备测量。

c. 开动搅拌装置，转速应大于 300r/min。

③ 待系统稳定后，用注射器在入口处迅速注入示踪剂，并按下计算机数据采集按钮。

④ 当计算机上显示的示踪剂出口浓度在 2min 内不变时，即认为终点已到。

⑤ 关闭仪器、电源、水源，排清釜中料液，实验结束。

F　实验数据处理

根据实验结果，可以得到单釜与三釜的停留时间分布曲线，即出口物料的电导值 L(反映了示踪剂浓度) 随时间的变化，据此可采用离散化方法，在曲线上相同时间间隔取点，一般可取 20 个数据点左右，再由公式(6-11)、公式(6-13)分别计算出各自的 $\bar{t}$ 和 σ_t^2，及无量纲方差 $\sigma_\theta^2 = \sigma_t^2/(\bar{t})^2$。最后，利用多釜串联模型得到的公式(6-14)求出相应的模型参数 n。根据参数 n 的数值大小，就可确定单釜和三釜两个系统中返混程度的大小。

本实验采用计算机数据采集与处理系统，直接由电导率仪输出信号至计算机，由计算机对数据进行采集与分析，在显示器上画出停留时间分布动态曲线图，并在实验结束后自动计算平均停留时间、方差和模型参数。停留时间分布曲线图与相应数据均可方便地保存或打印输出。

G　结果与讨论

① 将计算得到的本实验单釜与三釜系统的平均停留时间 $\bar{t}$ 与理论值进行比较，分析偏差原因。

② 根据计算得到的模型参数 n，讨论两种系统的返混程度大小。

③ 讨论如何限制或加剧返混程度。

H　主要符号说明

$c(t)$——t 时刻反应器内示踪剂浓度；

$f(t)$—— 停留时间分布密度；

$F(t)$—— 停留时间分布函数；

L_t，L_∞，$L(t)$—— 液体的电导值；

n—— 模型参数；

t—— 时间；

V—— 液体体积流量；

$\bar{t}$—— 数学期望，或平均停留时间；

σ_t^2，σ_θ^2—— 方差；

θ—— 无量纲时间。

参 考 文 献

[1] 陈甘棠主编. 化学反应工程. 北京：化学工业出版社，1981.
[2] 朱炳辰主编. 化学反应工程. 北京：化学工业出版社，1998.

6.3 实验十四 连续循环管式反应器中返混状况的测定

在工业生产上，为了达到理想的反应转化率和收率，需要对反应器内的温度和浓度进行调控，产物循环就是调控手段之一。通过这种循环可以达到两个目的，其一，调节反应器内的反应物浓度，控制反应速率和选择性；其二，抑制放热反应的速率，控制反应器温度。在连续流动的循环管式反应器中，由于产物循环，造成反应原料与产物之间的混合，即不同停留时间的物料之间的混合，这种混合被称为返混，返混的程度与产物的循环比有关。由于返混的程度直接影响到反应器内的温度和浓度，从而影响反应结果，因此需要通过实验来测定和掌握返混的程度与产物的循环比的定量关系，这就是本实验的主要目的。

A 实验目的

① 观察连续均相管式循环反应器的流动特征，掌握循环比的概念。

② 应用统计学的方法处理实验数据，通过编程计算停留时间分布特征参数。

③ 研究不同循环比下的模型参数，了解管式循环反应器的返混特性。

B 实验原理

在连续管式循环反应器中，若循环流量等于零，则反应器内的返混状况与平推流反应器相近，返混程度很小。随着产物的循环，反应器出口的流体被强制返回反应器入口，引起强制性的返混。返混程度的大小与循环流量有关。循环流量常用循环比 R 表示，其定义为：

$$R = \frac{循环产物流的体积流量}{离开反应器的产物流的体积流量} = \frac{V_R}{V_P}$$

循环比 R 是连续管式循环反应器的重要特征，其值可由零变至无穷大。

当 $R=0$ 时，产物不循环，相当于平推流管式反应器。

当 $R=\infty$ 时，产物全部循环，相当于全混流反应器。

因此，对于连续管式循环反应器，可以通过调节循环比 R，改变反应器内的返混程度。一般情况下，循环比大于 20 时，返混特性已非常接近全混流反应器。

本实验用多釜串联模型来描述返混程度，关于多釜串联模型的更多介绍见实验十五。

C 预习与思考

① 何谓返混？连续管式循环反应器中的返混是如何产生的？为什么要测定返混程度？

② 采用脉冲法测定返混，对示踪剂有什么要求？

③ 如果进口流量控制在 15L/h，要求循环比分别为 0、3、5，则循环流量应分别控制在多少？

④ 本实验采用什么数学模型描述返混程度？表征返混程度的模型参数是什么？该参数值的大小说明了什么？

⑤ 利用本实验测得的示踪剂停留时间分布的无量纲方差 σ_θ^2 方差与循环比 R 和模型参数 n 之间的变化关系如何？

D 实验装置

实验装置如图 6-5 所示。由管式反应器、物料循环系统和示踪剂注入与检测系统组成。管式反应器中的填料为 $\phi 5mm$ 的拉西瓷环。循环泵流量由循环管路调节阀控制，流量通过蜗轮流量计检测，在仪表屏上显示，单位是 L/h。溶液电导率通过电导仪在线检测，电导仪输出的毫伏信号经模/数信号转换后，由计算机实时采集、记录和显示，并通过内置数学模型进行数据处理，并输出计算结果。

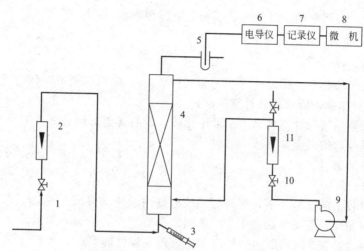

图 6-5 连续管式循环反应器返混状况测定实验装置示意图

1— 进水阀；2— 进水流量计；3— 注射器；4— 填料塔；5— 电极；6— 电导仪；
7— 记录仪；8— 微机；9— 循环泵；10— 循环流量计；11— 放空

实验时，进水经转子流量计调节流量后，从底部进入反应器。开启循环泵，控制一定的循环比。待流量稳定后，在反应器下部进样口快速注入示踪剂(0.5～1mL)，同时启动出口处的电导仪，跟踪检测示踪剂浓度随时间的变化。操作中应注意如下事项：

① 必须在流量稳定后，方可注入示踪剂，且整个操作过程中注意控制流量；

② 注入示踪剂的量要小于 1mL，且要求一次性迅速注入，若遇针头堵塞，不可强行推入，应拔出后重新操作；

③ 一旦出现操作失误，应等示踪剂完全流出，即出峰线走平归零后，再重做实验。

E 操作步骤

（1）实验准备

① 药品和器具　饱和氯化钾溶液(示踪剂)；烧杯(500mL) 两只；针筒(5mL) 两支，备用两支；针头两个，备用两个。

② 熟悉流量计、循环泵的操作；熟悉进样操作，可用清水模拟操作；熟悉"管式循环反应器"数据采集系统的操作，开始 → 结束 → 保存 → 打印；熟悉打印机操作，开启 → 装一页 A4 纸 → 进纸键 → 联机键 → 打印

③ 设定进口流量为 15L/h，按照循环比，$R = 0$、3、5、计算循环液的流量。

（2）操作步骤

① 通水　开启水源，调节进水流量为 15L/h，保持流量稳定。

② 开启电源开关　启动电脑、打印机，打开"管式循环反应器数据采集"软件。

③ 开启电导仪并调整好，以备测量。

④ 设定循环泵流量　循环时，开泵（面板上仪表右第二个键"▲"），用循环阀门调节流量；不循环时，关泵（面板上中间的向下箭头"▲"），关闭循环阀门。

⑤ 待系统稳定后，用注射器迅速注入 $0.5 \sim 1\text{mL}$ 示踪剂，同时点击软件上"开始"按钮，观察流出曲线，出峰时间 $10 \sim 20\text{min}$，当流出曲线在 2min 内无明显变化时，即认为到达终点。

⑥ 点击软件上"结束"按钮，以组号作为文件名保存文件，打印实验数据。

⑦ 改变循环比，重复 ④ ～ ⑥ 步骤。

⑧ 实验结束，关闭电脑、打印机、仪器、电源和水源。

F　结果与讨论

（1）实验数据处理

① 选择一组实验数据，用公式(6-11)和式(6-13)计算平均停留时间、方差，从而计算无量纲方差和模型参数，要求写清计算步骤。

② 将上述计算结果与计算机输出结果作比较，若有偏差，请分析原因。

③ 列出数据处理结果表。

④ 讨论实验结果。

（2）实验结果讨论

① 讨论和比较不同循环比下，循环管式反应器内的流动特征。

② 比较不同循环比下，系统的平均停留时间和方差，分析偏差原因。

③ 计算模型参数 n，讨论不同循环比下系统返混程度的大小。

④ 根据实验结果，讨论对连续管式反应器可采取哪些措施减小返混。

6.4　实验十五　鼓泡反应器中气泡比表面及气含率测定

A　实验目的

气液鼓泡反应器中的气泡表面积和气含率，是判别反应器中物料流动状态和传质效率的重要参数。气含率是指反应器中气相所占的体积分率，其测定方法有体积法、重量法、光学法等。气含率是决定气泡比表面的重要参数，许多学者采用物理或化学法对气泡比表面进行了系统地测定和研究，确定了气泡比表面与气含率的计算关系。本实验的目的为：

① 研究安静鼓泡流、湍动鼓泡流状况下气含率和气液比表面数据，了解气液鼓泡反应器中强化传质的工程手段；

② 掌握静压法测定气含率的原理与方法；

③ 掌握气液鼓泡反应器的实验操作方法；

④ 通过作图关联或最小二乘法数据拟合，掌握气液比表面的估算方法。

B　实验原理

（1）气含率

气含率是表征气液鼓泡反应器流体力学特性的基本参数之一，它直接影响反应器内的气液接触面积，从而影响传质速率与宏观反应速率，是气液鼓泡反应器的重要设计参数。测定气含率的方法很多，静压法是较精确的一种，可测定反应器内的平均气含率，也可测定器内某一水平位置的局部气含率。静压法的测定原理可用伯努利方程来解释，根据伯努利方程有：

$$\varepsilon_G = 1 + (\frac{g_c}{\rho_L g})(\frac{dp}{dH})$$ (6-15)

采用 U 形压差计测量时，两测压点间的平均气含率为：

$$\varepsilon_G = \frac{\Delta h}{H}$$ (6-16)

当气液鼓泡反应器空塔气速改变时，气含率 ε_G 会做相应变化，一般有如下关系：

$$\varepsilon_G \propto u_G^n$$ (6-17)

n 取决于流动状况。对安静鼓泡流，n 值为 $0.7 \sim 1.2$；在湍动鼓泡流或过渡流区，u_G 影响较小，n 为 $0.4 \sim 0.7$。

假设

$$\varepsilon_G = k u_G^n$$ (6-18)

则

$$\lg\varepsilon_G = \lg k + n\lg u_G$$ (6-19)

根据不同气速下的气含率数据，以 $\lg\varepsilon_G$ 对 $\lg u_G$ 作图标绘，或用最小二乘法进行数据拟合，即可得到关系式中参数 k 和 n 值。

（2）气泡比表面积

气泡比表面积是单位液相体积的相界面积，也称气液接触面积或比相界面积。比表面积也是气液鼓泡反应器设计的重要参数。许多学者采用光透法、光反射法、照相技术、化学吸收法和探针技术等对气液比表面积进行测定，虽然每种测试技术都存在着一定的局限性，但形成了比较公认的表述方法，即：

气泡比表面积 a 可由平均气泡直径 d_B 与相应的气含率 ε_G 计算：

$$a = \frac{6\varepsilon_G}{d_B}$$ (6-20)

Gestrich 对许多学者提出的计算 a 的关系式进行整理和比较，得到了计算 a 值的公式：

$$a = 2600(\frac{H_0}{D})^{0.3} K^{0.003} \varepsilon_G$$ (6-21)

方程式适用范围：　　$u_G \leqslant 0.60\text{m/s}$

$$2.2 \leqslant \frac{H_0}{D} \leqslant 24$$

$$5.7 \times 10^5 \leqslant K < 10^{11}$$

因此，在一定的气速 u_G 下，测定反应器的气含率 ε_G 数据，就可以间接得到气液比表面积 a。Gestrich 经大量数据比较，其计算偏差在 $\pm 15\%$ 之内。

C　预习与思考

① 试叙述静压法测定气含率的基本原理。

② 气含率与哪些因素有关？

③ 气液鼓泡反应区内流动区域是如何划分的？

④ 如何获得反应器内气液比表面积 a 的值？

D 实验装置与流程

实验装置见图 6-6。气液相鼓泡反应器直径为 200mm，高 H 为 2.5m，气体分布器采用十字形，并有若干小孔使气体达到一定的小孔气速。反应器用有机玻璃管加工，便于观察。壁上沿轴向开有一排小孔与 U 形压力计相接，用于测量压差。

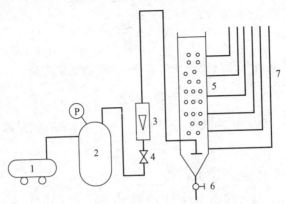

图 6-6　鼓泡反应器气泡比表面及气含率测定实验装置
1—空压机；2—缓冲罐；3—流量计；4—调节阀；5—反应器；6—放料口；7—压差计

由空气压缩机来的空气经转子流量计计量后，通过鼓泡反应器的进口；反应器预先装水至一定高度；气体经气体分布器通入床层，并使床层膨胀，记下床层沿轴向的各点压力差数值。改变气体通入量可使床层含气率发生变化，并使床层气液相界面相应变化。

E 实验步骤及方法

① 将清水加入反应器床层中，至一定刻度(2m 处)。
② 检查 U 形压力计中液位在一个水平面上，防止有气泡存在。
③ 通空气开始鼓泡，并逐渐调节流量值。
④ 观察床层气液两相流动状态。
⑤ 稳定后记录各点 U 形压力计刻度值。
⑥ 改变气体流量，重复上述操作(可做 8～10 个条件)。
⑦ 关闭气源，将反应器内清水放尽。

F 实验数据处理

气体流量可在空塔气速为 0.05～0.50m/s 中选取 8～10 个实验点。

记录下每组实验点的气速，各测压点读数，并由公式(6-16)，计算每两点间的气含率，从而求出全塔平均气含率 ε_G；按不同空塔气速 u_G 下的实验结果，在双对数坐标纸上以 ε_G 对 u_G 进行标绘，或用最小二乘法拟合，可以得到式(6-18)之参数 k 与 n。

利用式(6-21)计算不同气速 u_G 下的气泡比表面积 a，并在双对数坐标纸上绘出 a 与 u_G 的关系曲线。

G 结果及讨论

① 分析气液鼓泡反应器内流动状态的变化。
② 根据实验结果讨论 ε_G 与 u_G 关系，并分析实验误差。
③ 由计算结果分析气泡比表面积与 u_G 的变化关系。

H 主要符号说明

a——气泡比表面积，m^2/m^3；

d_B—— 气泡平均直径，m；

D—— 塔直径，m；

g_c—— 转换因子；

H_0—— 静液层高度，m；

Δh—— 两测压点间 U 形压差计液位差，m；

H—— 两测压点间的垂直距离，m；

K—— 液体模数，$K = \dfrac{\rho \sigma^3}{g \mu^4}$；

k，n—— 关联式常数；

u_G—— 空塔气速，m/s；

ρ_L—— 液体密度，kg/m³；

ε_G—— 气含率。

参 考 文 献

姜信真. 气液反应理论与应用基础. 北京：烃加工出版社，1990.

6.5 实验十六 流化床反应器的特性测定

A 实验目的

流化床反应器的重要特征是细颗粒催化剂在上升气流作用下作悬浮运动，固体颗粒剧烈地上下翻动。这种运动形式使床层内流体与颗粒充分搅动混合，避免了固定床反应器中的"热点"现象，床层温度分布均匀。流化床反应器中床层流化状态与气泡现象对反应结果影响显著，尽管已用各种数学模型对流化床进行了描述，但设计中仍以经验方法为主。本实验旨在观察、测定和分析流化床的操作特性，达到如下目的：

① 观察流态化过程，掌握流化床反应器特性；

② 掌握流化床反应器的操作方法和床层压降测定方法；

③ 通过作图分析压降与气速的关系，确定临界流化速率及最大流化速率，并与计算结果比较，分析实际流化过程偏离计算模型的原因。

B 实验原理

（1）流态化现象

气体通过颗粒床层的压降与气速的关系如图 6-7 所示。当流体流速很小时，固体颗粒在床层中固定不动。在双对数坐标纸上床层压降与流速成正比，如图 AB 段所示。此时为固定床阶段。当气速略大于 B 点之后，因为颗粒变为疏松状态排列而使压降略有下降。

该点以后，流体速率继续增加，床层压降保持不变，床层高度逐渐增加，固体颗粒悬浮在流体中，并随气体运动而上下翻滚，此为流化床阶段，称为流态化现象。开始流化的最小气速称为临界流化速率 u_{mf}。

当流体速率更高时，如超过图中的 E 点时，整个床层将被流体所带走，颗粒在流体中形成悬浮状态的稀相，并与流体一起从床层吹出，床层处于气流输送阶段。E 点之后正常的流化状态被破坏，压降迅速降低，与 E 点相应的流速称为最大流化速率 u_t。

（2）临界流化速率 u_{mf}

临界流化速率可以通过 Δp 与 u 的关系进行测定，也可以用公式计算。常用的经验计算

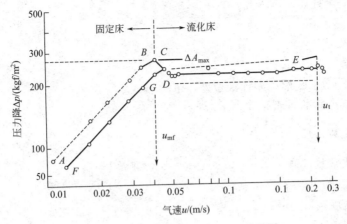

图 6-7　气体流化床的实际 Δp-u 关系图

式有：

$$u_{mf} = 0.695 \frac{d_p^{1.82}(\rho_s - \rho_g)^{0.94}}{\mu^{0.88}\rho_g^{0.06}} \qquad (6-22)$$

　　由于通过经验式计算常有一定偏差，因此在条件具备的情况下，常通过实验直接测定颗粒的临界流化速率。

（3）最大流化速率 u_t

　　最大流化速率 u_t 亦称颗粒带出速率，理论上应等于颗粒的沉降速率。按不同情况可用下式计算：

$$u_t = \frac{d_p^2(\rho_s - \rho_g)g}{18\mu} \qquad Re_p < 0.4$$

$$u_t = \left[\frac{4}{225}\frac{(\rho_s - \rho_g)^2 g}{\rho_g \mu}\right]_{d_p}^{1/3} d_p \qquad 0.4 < Re_p < 500$$

$$u_t = \left[\frac{3.1d_p(\rho_s - \rho_g)g}{\rho_g}\right]^{1/2} \qquad Re_p > 500$$

其中，$Re_p = \dfrac{d_p u_t \rho_g}{\mu}$。

C　预习与思考

① 气体通过颗粒床层有哪几种操作状态？如何划分？

② 流化床中有哪些不正常流化现象？各与什么因素有关？

③ 流化床反应器对固体颗粒有什么要求？为什么？

D　实验装置与流程

流化床特性测试实验示意流程见图 6-8。

实验用的固体物料是不同粒度的石英砂，气体用空气。

由空气压缩机来的空气经稳压阀稳压后，由转子流量计调节计量，随后通入装有石英砂固体颗粒的有机玻璃流化床反应器。气体经分布板吹入床层，从反应器上部引出后放空。床层压力降可通过 U 形压差计测得。

E　实验步骤与方法

① 启动空压机后，调节流量计至所需流量，测定空管时压力降与流速关系，以作比较。

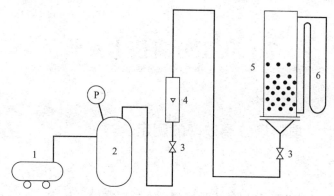

图 6-8　流化床特性测试流程图

1— 空压机；2— 缓冲罐；3— 调节阀；4— 流量计；5— 流化床反应器；6—U 形压差计

② 关闭气源，小心打开反应器，装入已筛分的一定粒度石英砂，检漏。

③ 通入气体，在不同气速下观察反应器中流化现象，测定不同气速下床层高度与压降值。

④ 改变石英砂粒度，重复实验。

⑤ 在某一实验点，去掉气体分布板，观察流化状态有何变化。

⑥ 实验结束，关闭空压机。

F　实验数据处理

① 记录不同条件下的压降 Δp 与气体流量的变化值，在双对数坐标纸上进行标绘；

② 确定相应的临界流化速率与最大流化速率；

③ 按实验条件计算临界流化速率与最大流化速率；注意：最大流化速率 u_t 不能直接算出，需假定 Re_p 范围后试算，再校核 Re_p 是否适用。

G　结果及讨论

① 分析讨论流态化过程所观察的现象，与理论分析做比较。

② 分析影响临界流化速率与最大流化速率的因素有哪些？归纳实验得到的结论。

③ 比较理论计算值与实验值，并做误差分析。

④ 列举各种不正常流化现象及产生的原因。

H　主要符号说明

d_p—— 颗粒当量直径，m；

Re_p—— 雷诺数，$Re_p = \dfrac{d_p u \rho_g}{\mu}$；

u_{mf}—— 临界流化速率，m/s；

u_t—— 最大流化速率，m/s；

ρ_g—— 流体密度，kg/m³；

ρ_s—— 颗粒密度，kg/m³；

μ—— 流体黏度，kg/(m·s)。

参 考 文 献

［1］郭宜祜，王喜忠．流化床基本原理．北京：化学工业出版社，1980.

［2］丁百全，孙杏元，等．无机化工专业实验．上海：华东化工学院出版社，1991.

7　化工分离技术实验

7.1　实验十七　填料塔分离效率的测定

A　实验目的

填料塔是化工生产中广泛使用的一种塔型。在填料塔的设计中，需要确定填料层高度或理论板数与等板高度HETP，其中理论板数与物系的性质和分离要求有关，等板高度HETP则与填料的特性、塔结构、系统物性以及操作条件有关。

在精馏系统中，被分离物质的表面张力差异对填料塔的分离效率有显著的影响。若低沸组分与高沸组分存在表面张力的差异，则在传质过程中，气液界面会形成表面张力梯度。在表面张力梯度的推动下，两相界面将发生剧烈湍动，导致填料表面液膜稳定性的变化，从而影响到传质速率和填料塔的分离效率。

本实验以甲酸－水系统为对象，研究表面张力对填料塔分离效率的影响。拟达到如下教学目的：

① 了解系统表面张力对填料精馏塔效率的影响机理；

② 运用质量衡算方程计算实验数据；

③ 采用作图方式求解理论板数，并计算甲酸－水系统在正、负系统范围的 HETP；

④ 培养团队协作精神，通过有效沟通与合作完成实验任务；

⑤ 能够辨别填料塔中甲酸－水全回流过程中的潜在危险因素，掌握安全防护措施，具备事故应急处置能力。

B　实验原理

根据物理化学的原理可知，液体能够充分润湿固体表面的必要条件是固体的表面张力 σ_{SV} 大于液体的表面张力 σ_{LV}。然而，在填料精馏塔中，即使满足上述条件，填料表面的液膜仍会发生破裂或沟流，其原因就是随着塔内传质、传热的进行，气液界面上形成的表面张力梯度破坏了填料表面液膜的稳定性。其机理可解释如下：

首先，根据系统中组分表面张力的大小，可将二元精馏系统分为下列三类：

① 正系统　低沸组分的表面张力 σ_l 较低，即 $\sigma_l < \sigma_h$。

② 负系统　与正系统相反，低沸组分的表面张力 σ_l 较高，即 $\sigma_l > \sigma_h$。

③ 中性系统　系统中低沸组分的表面张力与高沸组分的表面张力相近，即 $\sigma_l \approx \sigma_h$。

在填料塔内，传质界面的大小与填料表面液膜的稳定性有关。若液膜不稳定、破裂形成沟流，则传质界面将减少。若液膜不均匀，传质也不均匀，液膜较薄处的传质速率会高于周围液膜的传质速率，因此，薄液膜处的轻组分含量就会明显低于周围。此时，若物系为正系统[见图 7-1(a)]，则由于轻组分的表面张力小于重组分，薄液膜处的局部表面张力将大于周围液体的表面张力，从而产生推动周围液体流向薄液膜处的表面张力梯度，使薄液膜得以修复，变得稳定。若物系为负系统[见图 7-1(b)]，则情况相反，在薄液膜处的局部表面张力将低于周围液体的表面张力，产生的表面张力梯度将驱使液体从薄液膜处向外流动，这样液膜就被撕裂破坏。可见，被分离物系的表面张力特性不同，对填料表面液膜稳定性的影响大相径庭，因而，对填料塔分离效率的影响也不同。实验证明，正、负系统在填料塔中具有不同的传质效率，负系统的传质效率远低于正系统，等板高度（HETP）比正系统大一倍甚至一倍以上。

本实验选用的精馏物系为具有最高共沸点的甲酸-水系统。在该物系中，甲酸的表面张力低于水的表面张力，为了使用同一物系进行正系统和负系统的实验，必须将原料浓度配制在正系统与负系统的范围内。

甲酸-水系统的共沸组成为（摩尔分数）：$x_{H_2O} = 0.435$，其汽液平衡数据如表7-1所示，水-甲酸系统的 y-x 图如图7-2所示。

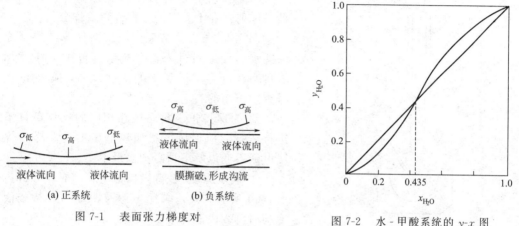

图7-1　表面张力梯度对液膜稳定性的影响

图7-2　水-甲酸系统的 y-x 图

表7-1　甲酸-水系统汽液平衡数据

$t/℃$	102.3	104.6	105.9	107.1	107.6	107.6	107.1	106.0	104.2	102.9	101.8
x_{H_2O}	0.0405	0.155	0.218	0.321	0.411	0.464	0.522	0.632	0.740	0.829	0.900
y_{H_2O}	0.0245	0.102	0.162	0.279	0.405	0.482	0.567	0.718	0.836	0.907	0.951

C　预习与思考

① 何谓正系统、负系统？正负系统对填料塔的效率有何影响？

② 从工程角度出发，讨论研究正、负系统对填料塔效率的影响有何意义？

③ 为什么水-甲酸系统的 y-x 图中共沸点的左边为正系统，右边为负系统？

④ 本实验通过怎样的方法得出负系统的等板高度（HETP）大于正系统的 HETP？

⑤ 操作中要注意哪些问题？

⑥ 设计记录实验数据的表格。

D　实验装置及流程

实验装置如图7-3所示，实验所用的玻璃填料塔内径为31mm，内装填料层高度为540mm；4mm×4mm×1mm磁拉西环填料，整个塔体采用导电透明薄膜进行保温。蒸馏釜为1000mL圆底烧瓶，用功率350W的电热碗加热。塔顶装有冷凝器，在填料层的上、下两端各有一个取样装置，其上有温度计套管可插温度计（或铜电阻）测温。塔釜加热量用可控硅调压器调节，塔身保温部分亦用可控硅电压调整器对保温电流大小进行调节。

E　实验步骤与方法

实验分别在正系统与负系统的范围下进行，其步骤如下所示。

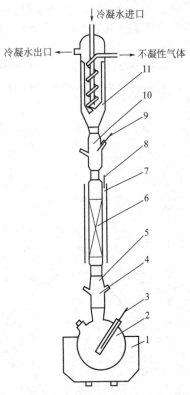

图 7-3　填料塔分离效率实验装置图

1— 电热包；2— 蒸馏釜；3— 釜温度计；
4— 塔底取样段温度计；5— 塔底取样装置；6— 填料塔；
7— 保温夹套；8— 保温温度计；9— 塔顶取样装置；
10— 塔顶取样段温度计；11— 冷凝器

① 正系统　　取 85%（质量分数）的甲酸水溶液，略加一些水，使入釜的甲酸-水溶液浓度既处于正系统范围，又靠近共沸组成，以便画理论板时不至于集中于图的左端。

② 将配制的甲酸-水溶液加入塔釜，并加入沸石。

③ 打开冷却水，合上电源开关，由调压器控制塔釜的加热量与塔身的保温电流。

④ 保持全回流操作，待操作稳定后，用长针头注射器在上、下两个取样口取样分析。

⑤ 正系统实验结束后，根据计算结果补充一些水，使原料进入负系统浓度范围，注意加水量不宜过多，以免水的浓度过高，画理论板时集中于图的右端。

⑥ 为保持正、负系统在相同的操作条件下进行实验，应保持塔釜加热电压不变，塔身保温电流不变以及塔顶冷却水量不变。

⑦ 同步骤 ④，待操作稳定后，取样分析。

⑧ 实验结束，关闭电源及冷却水，待釜液冷却后倒入废液桶中。

⑨ 本实验采用 NaOH 标准溶液滴定分析。

F　数据处理

① 将实验数据及实验结果列表。

② 根据水-甲酸系统的汽液平衡数据，作出水-甲酸系统的 y-x 图。

③ 在图上画出全回流时正、负系统的理论板数。

④ 求出正、负系统相应的 HETP。

G　主要符号说明

x—— 液相中易挥发组分的摩尔分数；

σ—— 表面张力；

y—— 汽相中易挥发组分的摩尔分数。

参 考 文 献

[1] Zniderweg F J，Harnens A. Chem Eng Sci，1958，9：89.

[2] 王守恒，沈文豪. 化学工程，1983，1：69.

[3] Sherwood T K，Pigford R L，Wilke C R. Mass Transfer. McGraw-Hill，1957.

[4] ［美］柏实义著. 两相流动. 施高光，等译. 北京：国防工业出版社，1985.

7.2　实验十八　恒沸精馏

A　实验目的

恒沸精馏是一种特殊的精馏方法，其原理是通过加入一种分离媒质（亦称夹带剂），使之与被分离系统中的一种或几种物质形成最低恒沸物,以恒沸物的形式从塔顶蒸出,从而在塔釜得到纯目标产物。此法常用来分离恒沸物或沸点相近的难分离物系。本实验采用恒沸精馏的方法制备无水乙醇,拟达到如下教学目的:

① 加深对恒沸精馏原理、操作特点以及应用场合的认知;

② 掌握恒沸精馏装置的构造和正确操控方法;

③ 结合相图分析实验数据,了解夹带剂的选择和夹带剂用量对恒沸精馏收率的影响;

④ 培养团队协作精神,通过有效沟通与合作完成实验任务;

⑤ 能够辨别乙醇-水恒沸精馏过程中的潜在危险因素,掌握安全防护措施,具备事故应急处置能力。

B 实验原理

在常压下,用常规精馏的方法分离乙醇-水溶液,最多只能得到质量浓度为95%左右的乙醇(即工业乙醇),这是因为乙醇与水形成了最低恒沸物的缘故。恒沸物的沸点为78.15℃,与乙醇的沸点78.30℃十分接近,因此,采用常规精馏无法获得无水乙醇。本实验以正己烷为夹带剂,研究了恒沸精馏制备无水乙醇的方法。

恒沸精馏过程的研究,通常包括以下几个内容。

（1）夹带剂的选择

夹带剂的选择是决定恒沸精馏成败的关键。一个理想的夹带剂应满足如下条件:

① 必须至少与原溶液中一个组分形成最低恒沸物,且恒沸物的沸点比溶液中任一组分的沸点低10℃以上。

② 在形成的恒沸物中,夹带剂的含量应尽可能少,以减少夹带剂的用量,降低成本。

③ 回收容易　最好能形成非均相恒沸物,或可通过萃取、精馏等常规方法加以回收。

④ 具有较小的气化潜热,以节省能耗;

⑤ 价廉、来源广、无毒热、稳定性好与腐蚀性小等。

采用恒沸精馏制备无水乙醇,适用的夹带剂有苯、正己烷、环己烷、乙酸乙酯等。这些物质在乙醇-水系统中都能形成多种恒沸物,其中的三元恒沸物在室温下又可以分为两相,一相富含夹带剂,另一相富含水,前者可以循环使用,后者容易分离,因此使得整个分离过程大为简化。表7-2给出了几种常用的恒沸剂及其形成三元恒沸物的有关数据。

表7-2 常压下夹带剂与水、乙醇形成三元恒沸物的数据

组分			各纯组分沸点/℃			恒沸温度/℃	恒沸组成(质量分数)/%		
1	2	3	1	2	3		1	2	3
乙醇	水	苯	78.3	100	80.1	64.85	18.5	7.4	74.1
乙醇	水	乙酸乙酯	78.3	100	77.1	70.23	8.4	9.0	82.6
乙醇	水	三氯甲烷	78.3	100	61.1	55.50	4.0	3.5	92.5
乙醇	水	正己烷	78.3	100	68.7	56.00	11.9	3.0	85.02

本实验选用正己烷为恒沸剂制备无水乙醇。当正己烷被加入乙醇-水系统后可形成四种恒沸物,一是乙醇-水-正己烷三者形成的三元恒沸物,二是它们两两之间形成的三个二元恒沸物。各种恒沸物的性质如表7-3所示。

表7-3 乙醇-水-正己烷三元系统恒沸物性质

物系	恒沸点/℃	恒沸组成(质量分数)/%			在恒沸点分相液的相态
		乙醇	水	正己烷	
乙醇-水	78.174	95.57	4.43		均相
水-正己烷	61.55		5.6	94.40	非均相
乙醇-正己烷	58.68	21.02		78.98	均相
乙醇-水-正己烷	56.00	11.98	3.00	85.02	非均相

（2）确定夹带剂的添加量

恒沸精馏与普通精馏不同，其精馏产物的组成不仅与塔的分离能力有关，而且与夹带剂的添加量有关。因为精馏塔中的温度分布是沿塔自下而上逐步降低的过程，不会出现温度极值点，因此只要塔的分离能力（回流比、塔板数）足够大，塔顶应为泡点温度最低的产物，塔底应为泡点温度最高的产物。如果物料在全浓度范围内，泡点温度出现极值点，则该点将成为精馏路线的障碍，切断精馏路线。因此，在恒沸精馏系统中，由于各种恒沸物形成的温度极值点，将精馏路线切割成不同的区域，称为精馏区。原料总组成落在不同的精馏区，将得到不同的精馏产物，而夹带剂的加入量直接影响原料总组成，因而影响精馏产物。

以正己烷为夹带剂制备无水乙醇的恒沸精馏过程可以用图 7-4 加以说明。图中 A、B、W 点分别表示乙醇、正己烷和水的纯物质，C、D、E 点分别代表三个二元恒沸物，T 点为 A-B-W 三元恒沸物。曲线 BNW 为三元混合物在 $25℃$ 时的溶解度曲线。曲线以下为两相共存区，以上为均相区，该曲线受温度的影响而上下移动。由图可见，三元恒沸物的组成点 T 在室温下是处于两相区内。

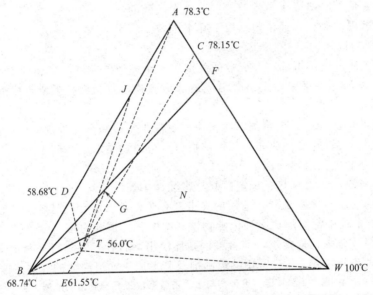

图 7-4　恒沸精馏原理图

以 T 点为中心，连接三种纯物质 A、B、W 和三个二元恒沸组成点 C、D、E，可将三角形相图分成六个小三角形区域，每个区域为一个精馏区。当塔顶混相回流（即回流液组成与塔顶上升蒸气组成相同）时，如果原料液的组成落在某个精馏区内，那么间歇精馏的结果只能得到这个精馏区三个顶点所代表的物质。因此，要想得到无水乙醇，必须使原料液组成落在包含顶点 A 的精馏区内。满足此条件的精馏区有两个 ATD 和 ATC，但 ATC 精馏区涉及乙醇-水的二元恒沸物与乙醇的分离问题，两者沸点相差极小，仅 $0.15℃$，很难分离，而 ATD 精馏区内己醇-正己烷的恒沸物与乙醇的分离比较容易，两者沸点相差 $19.62℃$，因此，确定夹带剂添加量的基本原则就是确保原料液总组成落在 ATD 精馏区内。

图中 F 代表乙醇-水混合物的组成，随着夹带剂正己烷的加入，原料液的总组成将沿着 $\overline{FB}$ 线向着 B 点方向移动，当总组成点移动到 $\overline{AT}$ 线与 $\overline{FB}$ 线的交点 G 时，夹带剂的加入量称作理论夹带剂用量，它是达到分离目的所需最少的夹带剂用量，此时，如果塔有足够的分离能力，则间歇精馏时三元恒沸物从塔顶馏出（$56℃$），釜液组成就沿着 $\overline{TA}$ 线向 A 点移动。但实际操作时，通常使夹带剂适当过量，以确保总组成点落入 ATD 精馏区，使塔釜乙醇脱水完全。在 ATD 精馏区进行间歇精馏，塔顶首先得到三元恒沸物 T，随后得到沸点略高的二元恒沸物 D，最后在塔釜得到无水乙醇。

如果将塔顶三元恒沸物（图中 T 点，56℃）冷凝后分成两相。将富含正己烷的油相作为回流液，则正己烷的添加量可低于理论用量。分相回流也是实际生产中普遍采用的方法。它的突出优点是夹带剂用量少，夹带剂提纯的费用低。

夹带剂理论用量的计算可利用三角形相图按物料平衡式求解之。若原溶液的组成为 F 点，加入夹带剂 H 以后，原料的总组成移到 G 点，则以单位原料液 F 为基准，对水作物料衡算，得：

$$DX_{D水} = FX_{F水}$$

$$D = FX_{F水} / X_{D水}$$

夹带剂 H 的理论用量 M 为：

$$M = DX_{DB}$$

式中，F 为进料量；D 为塔顶三元恒沸物量；M 为夹带剂理论用量；X_{Fi} 为原料中组分 i 的含量；X_{Di} 为塔顶恒沸物中组分 i 的含量。

（3）夹带剂的加入方式

夹带剂一般可随原料一起加入精馏塔中，若夹带剂的挥发度比较低，则应在加料板的上部加入，若夹带剂的挥发度比较高，则应在加料板的下部加入。目的是保证全塔各板上均有足够的夹带剂浓度。

C　预习与思考

① 恒沸精馏适用于什么物系？

② 恒沸精馏对夹带剂的选择有哪些要求？

③ 恒沸精馏中确定夹带剂用量的原则是什么？

④ 夹带剂的加料方式有哪些？目的是什么？

⑤ 恒沸精馏产物与哪些因素有关？

⑥ 用正己烷作为夹带剂制备无水乙醇，那么在相图上可分成几个区？如何分？本实验拟在哪个区操作？为什么？

⑦ 如何计算夹带剂的加入量？

⑧ 需要采集哪些数据，才能作全塔的物料衡算？

⑨ 采用分相回流的操作方式，夹带剂用量可否减少？

⑩ 提高乙醇产品的收率，应采取什么措施？

⑪ 实验精馏塔有哪几部分组成？说明动手安装的先后次序，理由是什么？

⑫ 设计原始数据记录表。

D　实验装置与流程

实验所用的精馏柱为内径 20mm 的玻璃塔，塔内分别装有不锈钢三角形填料，压延孔环填料，填料层高 1m。塔身采用真空夹套以便保温。塔釜为 1000mL 的三口烧瓶，其中位于中间的一个口与塔身相连，侧面的一口为测温口，用于测量塔釜液相温度，另一口作为取样口。塔釜配有 350W 电热碗，加热并控制釜温。经加热沸腾后的蒸气通过填料层到达塔顶，塔顶采用一特殊的冷凝头，以满足不同操作方式的需要。既可实现连续精馏操作，又可进行

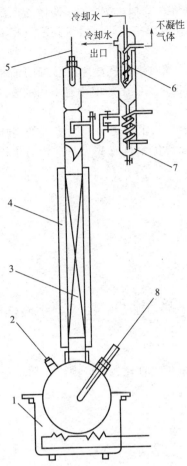

图 7-5　恒温精馏装置图

1—加热锅；2—进料口；3—填料；
4—保温管；5—温度计；6—冷凝器；
7—油水分离器；8—温度计

③ 计算本实验过程的收率。

间歇精馏操作。塔顶冷凝液流入分相器后，分为两相，上层为油相富含正己烷，下层富含水，油相通过溢流口回流，回流量用考克控制。实验装置如图 7-5 所示。

E　实验步骤及方法

① 称取 150g95%（质量分数）乙醇（以色谱分析数据为准），按夹带剂的理论用量算出正己烷的加入量。

② 将配制好的原料加入塔釜中，开启塔釜加热电源及塔顶冷却水。

③ 当塔顶有冷凝液时，小心调节回流考克，控制油相回流量。

④ 每隔 20min 记录一次塔顶、塔釜温度，当塔顶温度升到 77.8℃ 或者釜液纯度达 99.5% 以上即可停止实验。

⑤ 取出分相器中的富水相，称重并进行分析，同时，取富油相分析其组成。

⑥ 称取塔釜产品的质量。

⑦ 切断电源，关闭冷却水，结束实验。

⑧ 实验中各点的组成均采用气相色谱分析法分析。

F　实验数据处理

① 作间歇操作的全塔物料衡算，推算出塔顶三元恒沸物的组成。

② 根据表 7-4 的数据，画出 25℃ 下，乙醇 - 水 - 正己烷三元系溶解度曲线，标明恒沸物组成点，画出加料线。

表 7-4　水 - 乙醇 - 正己烷 25℃ 液液平衡数据

水相（摩尔分数）/%			油相（摩尔分数）/%		
水	乙醇	正己烷	水	乙醇	正己烷
69.423	30.111	0.466	0.473	1.297	98.230
40.227	56.157	3.616	0.921	6.482	92.597
26.643	64.612	8.745	1.336	12.540	86.124
19.803	65.678	14.518	2.539	20.515	76.946
15.284	61.759	22.957	3.959	30.339	65.702
12.879	58.444	28.677	4.939	35.808	59.253
11.732	56.258	32.010	5.908	38.983	55.109
11.271	55.091	33.638	6.529	40.849	52.622

G　结果与讨论

① 将算出的三元恒沸物组成与文献值比较，求出其相对误差，并分析实验过程产生误差的原因。

② 根据绘制的相图，结合进料点、水相、油相的组成对实验结果作简要说明。

③ 讨论本实验过程中影响乙醇收率的因素。

参考文献

[1] 许其佑，等. 有机化工分离工程. 上海：华东化工学院出版社，1990.

[2] 施亚钧，等. 多组分分离过程. 上海：华东化工学院出版社，1986.

[3] 华东理工大学，等合编. 化学工程实验. 北京：化学工业出版社，1996.

[4] Sorensen J M，Arlt W. Liquid-Liquid Equilibrium Data Collection. Chemistry：Data Series Vol V，Part 2. Frankfurt：Deutsche Gesellsche Gesellschaft fur Chemisches Apparatewesen，1981.

7.3　实验十九　　液膜分离法脱除废水中的污染物

A　实验目的

① 了解液膜分离技术原理及应用；

② 掌握液膜分离脱除废水中稀乙酸的实验研究方法；

③ 结合脱除效果，比较两种不同的液膜传质机理；

④ 培养团队协作精神，通过有效沟通与合作完成实验任务。

B　实验原理

液膜分离技术是近三十年来开发的技术，集萃取与反萃过程为一体，适用于分离低浓度的液相产品或污染物。此技术已在湿法冶金提取稀土金属、石油化工、生物制品、三废处理等领域得到应用。

液膜分离是利用一种膜状液体将组成不同而又完全互溶的原料液和接受液隔开，原料液中的欲分离组分通过液膜渗透到接受液，从而与原料液分离。通常膜状液体被称为膜相，原料液被称为外相，接受液被称为内相。液膜通常由膜溶剂和表面活性剂组成，膜溶剂与被隔离的溶液通常完全不互溶或溶解度很小，即当被隔离的溶液为水相时，膜溶剂为油型；当被隔离的溶液为有机相时，膜溶剂为水型。

根据液膜的形状，可分为乳状液膜和支撑型液膜。乳状液膜的制备是首先用液膜包裹内相溶液形成油包水（W/O）或水包油（O/W）型的乳液，然后将乳液分散到原料液（外相）中形成液膜分离体系。本实验拟采用乳状液膜法分离废水中的乙酸。

由于欲处理的是乙酸废水溶液（外相），所以可选用与之不互溶的油性物质作为膜相，并选用 NaOH 水溶液作为内相。实验时，先将膜相与内相在一定条件下乳化，使两者形成稳定的油包水（W/O）型乳状液，然后将此乳状液分散于乙酸废水（即外相）中。这样，废水中的乙酸将以一定的速率穿过液膜向内相迁移，并与内相 NaOH 反应生成 NaAc 而被保留在内相，从而与废水分离。然后，将乳液与废水分离，对乳液进行破乳，回收内相中高浓度的 NaAc，同时使膜相物质再生，以便重复使用。

为了制备稳定的乳状液膜，需要在膜中加入表面活性剂，表面活性剂的选择可以根据亲水亲油平衡值（HLB）来决定，一般对于 W/O 型乳状液，选择 HLB 值为 $3 \sim 6$ 的乳化剂。为了提高液膜强度，还可在膜相中加入一些膜增强剂（一般为黏度较高的液体）。

溶质透过液膜的迁移过程，可以根据膜相中是否加入流动载体而分为两种迁移机理，即 I 型促进迁移机理和 II 型促进迁移机理。

I 型促进迁移机理，是利用了液膜本身对溶质的选择性溶解和传递作用（见图 7-6）。II 型促进迁移机理，则是在液膜中加入一定的流动载体（通常为此溶质的萃取剂），选择性地与溶质在界面处形成络合物，然后此络合物在浓度梯度的作用下向内相扩散，至内相界面处被内相试剂解络(反萃),解离出溶质载体,溶质进入内相而载体则扩散返回外相界面处再与溶质络合(见图7-7)。流动载体的加入,通常可显著提高液膜的选择性和应用范围。

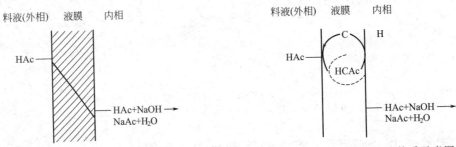

图7-6 促进迁移 Ⅰ 型传质示意图 图7-7 促进迁移 Ⅱ 型传质示意图

综合上述两种传质机理,可以看出,液膜分离过程实际上是萃取与反萃取同步进行的过程,液膜将原料液中的溶质萃入膜相,然后扩散至内相界面处,被内相试剂反萃至内相。影响液膜分离效率的主要因素有:

① 液膜内表面活性剂的种类和浓度,它直接影响液膜的稳定性;

② 膜溶剂的性质,它是构成液膜的基本材料,直接影响液膜的稳定性、选择性和溶质的渗透速率;

③ 流动载体的种类,它对提高液膜选择性和渗透速率具有重要作用;

④ 油内比,即制备乳状液膜时膜相与内相的体积比,该比值影响液膜稳定性和渗透速率;

⑤ 乳水比,即乳状液膜与外相的体积比,该比值决定了两相接触面积的大小,因而直接影响分离效率。

C 预习与思考

① 液膜分离与液液萃取有什么异同?

② 液膜传质机理有哪几种形式?主要区别在何处?

③ 促进迁移 Ⅱ 型传质较促进迁移 Ⅰ 型传质有哪些优势?

④ 液膜分离中乳化剂的作用是什么?其选择依据是什么?

⑤ 液膜分离操作主要有哪几步?各步的作用是什么?

⑥ 如何提高乳状液膜的稳定性?

⑦ 如何提高乳状液膜传质的分离效果?

D 实验装置与流程

实验装置主要包括:可控硅直流调速搅拌器二套;标准搅拌釜两只,小的为制乳时用,大的进行传质实验;砂芯漏斗两只,用于液膜的破乳。

液膜分离的工艺流程如图7-8所示。

E 实验步骤及方法

(1) 实验步骤

本实验用乳状液膜法脱除水溶液中的乙酸,首先需制备液膜。

本实验选用的两种液膜组成如下:

① 1♯ 液膜组成 煤油95%;乳化剂 E644,5%。

② 2♯ 液膜组成 煤油90%;乳化剂 E644,5%;TBP(载体),5%。

内相用 2mol/L 的 NaOH 水溶液。采用 HAc 水溶液作为原料液进行传质试验,HAc 的

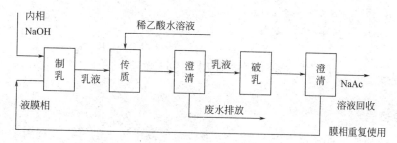

图 7-8 乳状液膜分离过程示意图

初始浓度在实验时测定。

本实验具体步骤如下。

① 在制乳搅拌釜中先加入 1♯ 液膜 70mL，然后在 1600r/min 的转速下滴加内相 NaOH 水溶液 70mL（约 1min 加完），在此转速下搅拌 15min，待成稳定乳状液后停止搅拌，待用。

② 在传质釜中加入待处理的原料液 450mL，在约 400r/min 的搅拌速率下加入上述乳液 90mL 进行传质实验。每隔一定时间，取样分析一次，测定外相 HAc 浓度随时间的变化（取样时间为 2min、5min、8min、12min、16min、20min、25min），并作出外相 HAc 浓度与时间的关系曲线。待外相中所有 HAc 均进入内相后，停止搅拌。放出釜中液体，洗净待用。

③ 在传质釜中加入 450mL 料液，在与 ② 同样的搅拌转速下，加入 40mL 乳状液，重复步骤 ②。

④ 比较步骤 ②、步骤 ③ 的实验结果，说明在不同处理比[料液（体积）/ 乳液（体积）]下传质速率的差别，并分析其原因。

⑤ 用 2♯ 液膜，重复上述步骤 ① ～ ④，记录实验结果。

⑥ 比较不同液膜组成的传质速率，并分析其原因。

⑦ 收集经沉降澄清后的上层乳液，采用砂芯漏斗抽滤破乳，破乳得到的膜相返回至制乳工序，内相 NaAc 进一步精制回收。

（2）分析方法

本实验采用酸碱滴定法测定外相中的 HAc 浓度，以酚酞作为指示剂显示滴定终点。

F 实验数据处理

① 外相中 HAc 浓度 c_{HAc}

$$c_{HAc} = \frac{c_{NaOH} V_{NaOH}}{V_{HAc}}$$

式中 c_{NaOH} —— 标准 NaOH 溶液的浓度，mol/L；

V_{NaOH} —— 标准 NaOH 溶液滴定体积，mL；

V_{HAc} —— 外相料液取样量，mL。

② 乙酸脱除率

$$\eta = \frac{c_0 - c_t}{c_0} \times 100\%$$

式中，c 代表外相 HAc 浓度，下标 0、t 分别代表初始及瞬时值。

参 考 文 献

[1] Cahn R P，Li N N . Sep Sci，1974.

[2] Matulevicius E S，Li N N. Sep Purif Metheds，1975.

[3] Ho W S，Hatton T A，et al，AIChE J，1982.

[4] 张瑞华. 液膜分离技术. 南昌：江西人民出版社，1983.

7.4 实验二十 结晶法分离提纯对二氯苯

A 实验目的

结晶是固体物质以晶体状态从蒸气、溶液或熔融物中析出的过程。利用被分离组分间熔点的差异，通过结晶技术实现组分的分离与提纯是化工生产中经常采用的方法，尤其在精细有机化工产品的生产中，各种同分异构体的混合物由于组分间的沸点相近，很难用精馏的方法分离。因此，利用熔点差异进行结晶分离成为首选的方法。本实验以邻位和对位二氯苯的混合物为分离对象，采用分步结晶和发汗结晶方法分离提纯对二氯苯。拟达到如下目的：

① 结合邻、对二氯苯固液平衡相图以及此二元物系的特征，对比此物系结晶分离和精馏法的可行性；

② 掌握隔膜泵和毛细管气相色谱的工作原理和操作方法；

③ 通过完成结晶分离各实验操作，分析影响降膜结晶传热传质过程、产品收率和纯度的因素，从而推断实验降膜结晶器特殊结构的设计原因；

④ 培养团队协作精神，通过有效沟通与合作完成实验任务；

⑤ 能够辨识二氯苯降膜结晶实验过程中的潜在危险因素，掌握安全防护措施，具备事故应急处置能力。

B 实验原理

在工业生产中，混合二氯苯主要有两个来源，其一，由苯定向氯化法制得，组成为对二氯苯（PDCB）87% ～ 90%，邻二氯苯（ODCB）10% ～ 13%；其二，源于氯苯生产的副产物，组成为 PDCB 65% ～ 70%，ODCB 30% ～ 35%。由于应用上对 ODCB 和 PDCB 的纯度要求都比较高，尤其是 PDCB 要求纯度达 99.9% 以上，因此，必须对混合二氯苯进行分离。

为寻找分离的依据，对两者的物理性质进行比较，发现沸点相差很小（PDCB 174℃，ODCB 179℃），熔点却相差颇大（PDCB 53℃，ODCB −17℃），表明结晶分离比精馏法更具可行性。从邻、对二氯苯的固液平衡相图 7-9 可见，两者的混合物属共熔型物系，在 −24.4℃ 存在共晶点，共晶组成为 PDCB 15%、ODCB 85%，要制得目的产物对二氯苯，晶析操作必须在 A 区内进行，而上述来源的混合二氯苯原料其组成正好位于该区内，故采取以温度为调控手段的分步熔融结晶法，可实现对二氯苯分离提纯的目的。

若根据邻、对二氯苯的固液平衡相图来分析结晶过程，理论上讲，任一组成为 F，温度为 T_0 的混合物 M，通过缓慢冷却降温至 T_1，应该得到纯 PDCB 晶体和组成为 C_1 的共晶母液，但实际上，由于母液在晶体表面的吸附以及在晶簇内的包裹，只能得到组成为 S_1 的非纯晶体。所以，必须采用多级分步结晶的方法来达到提纯晶体的目的，其操作方法及分离原理如相图所示：原料 M 被冷却降温至 T_1，除去母液后，将组成为 S_1 的晶体升温至 T_2，建立新的平衡，得到组成为 C_2 母液和纯度为 S_2 的晶体，晶体纯度提高，同理，再将晶体 S_2 升温至 T_3，将得到组成为 C_3 母液和纯度为 S_3 的晶体，如此逐级升温，便可获得高纯度的 PDCB 晶体产品。据此原理，工业上开发了各种类型的结晶器，采用分步晶或降膜发汗结晶的方法来分离混二氯苯，获取高纯度的对二氯苯。

本实验将主要研究双降膜发汗结晶法分离提纯对二氯苯的过程。所谓双降膜发汗结晶，

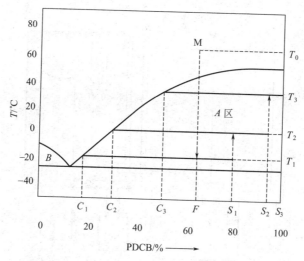

图 7-9　邻、对位二氯苯的固液平衡相图

是将熔融态的原料液沿结晶器的冷却面膜状分布，并通过冷却面与膜状流动的冷却介质换热，在一定温度下冷冻结晶，形成一定厚度的晶体层，然后，通过冷冻和升温切换操作，逐步升温，使晶体层中的杂质融化渗出(形同晶体"出汗")，达到除杂提纯的目的。

降膜结晶是一个热量、质量同时传递的过程，其动力学特性比较复杂。影响降膜结晶过程的因素有很多，其中最重要的有两个：结晶温度和流动状态。前者可通过冷却介质的温度 T_C 来控制，T_C 可依据相图来选取；后者可用雷诺数(Re)来衡量，在假设膜厚均匀、晶层和液膜呈完美的环隙柱状面的情况下，液膜下降过程中的雷诺数(Re)可按下式计算：

$$Re = \frac{4\Gamma}{\mu} = \frac{4W}{\pi d_0 \mu} = \frac{4\rho_L Q}{\pi d_0 \mu}$$

式中　Γ—— 线性喷淋密度，kg/(m·s)；

　　　μ—— 动力黏度，Pa·s；

　　　ρ_L—— 料液密度，kg/m³；

　　　W—— 料液循环质量流量，kg/s；

　　　Q—— 料液循环体积流量，m³/s；

　　　d_0—— 降膜结晶管的内径(管内降膜)或外径(管外降膜)，m。

从上式可以看出，若忽略料液黏度和密度随温度和组成的变化下，则 Re 仅随料液流量 Q 变化。

C　预习与思考

① 采用单级熔融结晶的方法能否将邻、对二氯苯完全分离？为什么？

② 采用熔融结晶的方法从混合二氯苯中分离提纯对二氯苯，混合的组成为什么必须落在相图的 A 区？如果落在 B 区，得到的晶体是什么？

③ 影响降膜结晶过程的因素有哪些？这些因素是分别通过哪些参数来描述的？

④ 要减少母液在晶体中的附着和裹挟，除了上述的分步结晶或发汗结晶方法外，您认为还可以采取哪些其他的结晶方法？可采取哪些操作手段来迫使母液脱离晶体？

D　实验装置及流程

降膜结晶装置如图 7-10 所示，降膜结晶装置由结晶器、原料储槽、产品储槽、计量泵

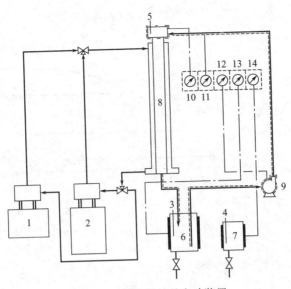

图 7-10 双降膜结晶实验装置

1—超级恒温槽；2—低温恒温槽；3～5—水银温度计；6—料液循环储槽；
7—产品储槽；8—降膜结晶器；9—隔膜计量泵；10～14—调压电压表

和控温设备组成。主体为不锈钢双降膜结晶器，结晶管内径 $d_0 = 0.027\text{m}$，有效结晶段长度 $L = 0.857\text{m}$，容积 $V_C = 600\text{mL}$，外设夹套。操作时，原料熔体由计量泵从底部的料液循环储槽送入结晶器顶部分布器后，自上而下沿结晶管内壁呈膜状流下，与管外并流流动的冷却介质换热，熔体中的对二氯苯在内壁结晶。结晶过程连续操作，为防止物料结晶，原料储槽、产品储槽和管线均有保温措施。晶体与母液的组成采用气相色谱分析。

E 操作步骤及方法

① 以纯 PDCB 和 ODCB 为原料，配制质量为 M_F、PDCB 含量为 90%（质量分数）左右的二氯苯混合物作为原料，将原料熔化并加入料液循环储槽中（500～600mL），取样分析原料组成 C_F。

② 开启装置总电源，调节各保温装置电压表，控制储槽内温度约 70℃，使热料液循环。

③ 打开低温恒温槽，将冷却介质的温度控制在 −10℃，由泵输送入结晶器的冷却介质分布器内，使冷却介质呈膜状沿结晶器的外壁循环流动。

④ 开启料液循环计量泵，通过泵上的冲程调节旋钮控制流量为 V，将料液送入结晶器顶部的分布器内，使料液均匀地沿结晶管内壁降膜结晶，结晶期间，料液在通过计量泵保持循环，直至结晶层达到一定的厚度。操作时，注意保持结晶器顶部料液分布器的温度在 60℃ 左右，循环结晶时间约 1h。结晶过程结束后，停止料液循环，保持冷却介质循环，恒温养晶 30min，排出残余母液，称取母液总重量 W。

⑤ 将夹套内换热介质的温度升至 60℃，使晶体全部熔融，收集融体，称取其质量 M_C，并分析其组成 Y_C。

⑥ 调节循环泵，改变原料液的流量 V（或改变冷却介质温度），重复操作上述操作步骤 ①～⑤。

F 数据处理

① 实验数据原始记录 见表 7-5、表 7-6。

表 7-5　流量实验原始数据记录表

大气压 p_0 _____ kPa；室温 t _____ ℃；日期：____ 年___ 月___ 日

序号	料液流量 V /(mL/min)	料液重 M_F /g	料液组成(质量分数) C_F/%	晶体重 M_c/g	晶体组成(质量分数) C_c/%
1					
2					
3					
4					
5					

表 7-6　温度实验原始数据记录表

大气压 p_0 _____ kPa；室温 t _____ ℃；日期：____ 年___ 月___ 日

序号	冷却介质 T_c/℃	料液重 M_F /g	料液组成(质量分数) C_F/%	晶体重 M_c/g	晶体组成(质量分数) C_c/%
1					
2					
3					
4					
5					

② 数据处理　见表 7-7、表 7-8。

产品收率：

$$\eta = \frac{M_C Y_C}{M_F Y_F}$$

母液浓度：

$$X_W = \frac{M_F Y_F - M_C Y_C}{W}$$

表 7-7　流量实验结果记录表

序号	料液流量 V/(mL/min)	晶体质量 M_c/g	晶体纯度(质量分数) Y_C/%	产品收率 η/%	母液浓度(质量分数) X_w/%
1					
2					
3					
4					
5					

表 7-8　温度实验结果记录表

序号	冷却介质 T_c/℃	晶体质量 M_c/g	晶体纯度(质量分数) Y_C/%	产品收率 η/%	母液浓度(质量分数) X_w/%
1					
2					
3					
4					
5					

G　结果讨论

① 根据实验结果，标绘结晶温度与晶体纯度和收率的关系，并讨论结果。

② 根据实验结果，标绘原料流量与晶体纯度和收率的关系，并讨论结果。

③ 根据上述实验结果，可以获得哪些对结晶过程放大有价值的数据？

④ 根据实验体会，分析影响降膜结晶分离效果的设备因素有哪些？为保证原料液膜在

结晶器管壁均匀分布，请提出你的设想，并画出草图。

H　主要符号说明

ODCB—— 邻二氯苯；

PDCB—— 对二氯苯；

W_i—— 液体质量，g；

X_i—— 液体组成，PDCB，%；

Y_i—— 晶体纯度，PDCB，%。

η—— 对二氯苯收率。

下标 i 表示实验序号。

参 考 文 献

[1] 丁维绪主编 . 工业结晶 . 北京：化学工业出版社，1985.

[2] 松岗正邦 . 有机结晶的发汗精制和塔型结晶装置 . 化学装置，1988.

[3] 中丸和登，竹上敬三 . 熔融晶析精制法基于高纯度化技术 . 化学装置，1988.

7.5　实验二十一　碳分子筛变压吸附提纯氮气

利用多孔固体物质的选择性吸附作用分离和净化气体或液体混合物的过程称为吸附分离。吸附过程得以实现的基础是固体表面过剩能的存在，这种过剩能可通过范德华力的作用吸引物质附着于固体表面，也可通过化学键合力的作用吸引物质附着于固体表面，前者称为物理吸附，后者称为化学吸附。一个完整的吸附分离过程通常是由吸附与解吸(脱附)循环操作构成，由于实现吸附与解吸操作的工程手段不同，过程分变压吸附和变温吸附。变压吸附是通过调节操作压力(加压吸附、减压解吸)完成吸附与解吸的操作循环，变温吸附则是通过调节温度(降温吸附、升温解吸)完成操作循环。变压吸附主要用于物理吸附过程，变温吸附主要用于化学吸附过程。本实验将以空气为原料，以碳分子筛为吸附剂，通过变压吸附的方法分离空气中的氮气和氧气，达到提纯氮气的目的。

A　实验目的

① 掌握碳分子筛变压吸附提纯氮气的基本原理和过程的影响因素；

② 掌握计算机自动控制变压吸附实验装置的操作方法；

③ 掌握吸附床穿透曲线测定的实验组织方法；

④ 利用穿透曲线确定碳分子筛动态吸附容量，了解动态吸附容量的工程意义；

⑤ 培养团队协作精神，通过有效沟通与合作完成实验任务。

B　实验原理

物质在吸附剂(固体)表面的吸附必须经过两个过程，一是通过分子扩散到达固体表面，二是通过范德华力或化学键合力的作用吸附于固体表面，因此，要利用吸附实现混合物的分离，被分离组分必须在分子扩散速率或表面吸附能力上存在明显的差异。

碳分子筛吸附分离空气中 N_2 和 O_2 就是基于两者在扩散速率上的差异。因为 N_2 和 O_2 都是非极性分子，分子直径十分接近(O_2 为 0.28nm，N_2 为 0.3nm)，由于两者的物性相近，与碳分子筛表面的结合力差异不大，因此，从热力学(吸附平衡)角度看，碳分子筛对 N_2 和 O_2 的吸附并无选择性，难以使两者分离。然而，从动力学角度看，由于碳分子筛是一种速率分离型吸附剂，N_2 和 O_2 在碳分子筛微孔内的扩散速率存在明显的差异，如 35℃时，O_2 的扩散速率为 $6.2 \times 10^{-5} cm^3 (STP)/(cm^2 \cdot s \cdot Pa)$，$N_2$ 的扩散速率为 $2.0 \times 10^{-6} cm^3 (STP)/(cm^2 \cdot s \cdot Pa)$，可见 O_2 的速率比 N_2 快约 30 倍，因此，当空气与碳分子筛接触时，O_2 将优先吸附于碳分子筛而从空气中分离出来，使空气中的氮气得以提纯。由于该吸附分离过程是一个速率控制的过程，因此，吸附时间的控制（即吸附‐解吸循环频率的控制）非常重要。当吸附剂用量、吸附压力、气体流速一定时，适宜的吸附时间可通过测定吸附柱的穿透曲线来确定。

所谓穿透曲线就是出口流体中被吸附物质（即吸附质）的浓度随时间的变化曲线。典型的穿透曲线如图 7-11 所示，由图可见吸附质的出口浓度变化呈 S 形曲线，在曲线的下拐点（a 点）之前，吸附质的浓度基本不变（控制在要求的浓度以下），出口产品是合格的。越过下拐点后，吸附质的浓度随时间增加逐步升高，到达上拐点（b 点）后趋近于进口浓度，此时床层已趋于饱和，通常将下拐点（a 点）称为穿透点，上拐点（b 点）称为饱和点。通常将吸附质出口浓度达到进口浓度的 95% 的点确定为饱和点，而穿透点的出口浓度则根据产品质量的要求来确定，一般略高于目标值。本实验要求出口氮气的浓度 $\geqslant 97\%$，即出口氧气浓度应 $\leqslant 3\%$，因此，将穿透点确定为出口氧气浓度为 $2.5\% \sim 3.0\%$。

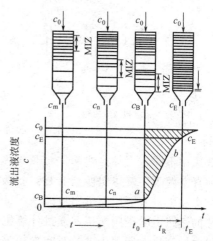

图 7-11　恒温固定床吸附器的穿透曲线

为确保产品质量，在实际生产中吸附柱有效工作区应控制在穿透点以前，因此，穿透点（a 点）的确定是吸附过程研究的重要内容。利用穿透点所对应的时间（t_0）可以确定吸附装置的最佳吸附操作时间和吸附剂的动态吸附容量，而动态吸附容量是吸附装置设计放大的重要依据。

动态吸附容量的定义为：从吸附开始直至穿透点（a 点）的时段内，单位重量的吸附剂对吸附质的吸附量（即：吸附质的质量／吸附剂质量或体积）。

即
$$动态吸附容量\ G = \frac{Vt_0(c_0 - c_B)}{W}$$

C　预习与思考

① 碳分子筛变压吸附提纯氮气的原理是什么？
② 本实验为什么采用变压吸附而非变温吸附？
③ 如何通过实验来确定本实验装置的最佳吸附时间？
④ 吸附剂的动态吸附容量是如何确定的？哪些参数必须通过实验测定？
⑤ 在本实验中为什么不考虑吸附过程的热效应？哪些吸附过程必须考虑热效应？

D　实验装置及流程

本实验流程图如图 7-12 所示。变压吸附装置由两根可切换操作的吸附柱（A柱、B柱）构成，吸附柱尺寸为 $\phi 36 mm \times 450 mm$，吸附剂为碳分子筛，各柱碳分子筛的装填量 W 为 303g。

来自空压机的原料空气经脱油、脱水柱后进入吸附柱，因 N_2 和 O_2 在碳分子筛微孔内

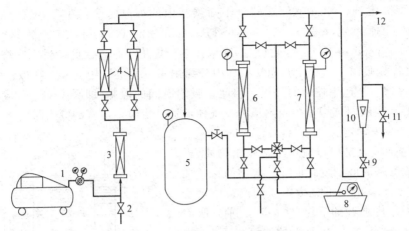

图 7-12　变压吸附实验流程图

1— 空气压缩机及减压阀；2— 放空阀；3— 脱油柱；4— 脱水柱；5— 缓冲罐；6，7— 吸附柱 A、B；
8— 水循环真空泵；9— 流量调节阀；10— 流量计；11— 取样阀；12— 产品

扩散速率不同，气体经过吸附床层时两者实现分离。当 A 柱完成吸附后由循环水真空泵对其抽真空解吸，气体切换至 B 柱进行吸附，以此循环。

实验中，调节压缩机出口减压阀可改变吸附压力，调节流量调节阀可改变吸附流量。吸附柱的气路由电磁阀连接，通过计算机控制电磁阀的开关，可改变吸附柱的工作状态。吸附时间由计算机控制面板上的时间参数 K_1、K_2 设定：

K_1 表示吸附和解吸的时间（注：吸附和解吸在两个吸附柱分别进行）；

K_2 表示吸附柱充压和串联吸附操作时间。

解吸过程分为两步，首先是常压解吸，随后进行真空解吸。

出口气体中氧气的含量通过 CYES-Ⅱ 型氧气分析仪测定。

E　实验步骤

① 实验准备　检查压缩机、真空泵、吸附设备和计算机控制系统之间的连接是否到位；氧气分析仪是否校正，15 支取样针筒是否备齐。

② 接通压缩机电源，开启吸附装置上的电源。

③ 开启真空泵上的电源开关，然后在计算机控制面板上启动"真空泵"。

④ 调节压缩机出口减压阀，使输出压力稳定在 0.5MPa 左右。

⑤ 将计算机控制面板上的时间窗口分别设定为"$K_1=600s$；$K_2=5s$"，启动设定框下方的"开始"按钮。

⑥ 调节气体流量阀，将流量控制在 3.0L/h 左右，开始测定穿透曲线。

⑦ 穿透曲线测定方法　系统运行 30min 后，观察计算机操作屏幕，从操作状态进入 K_1 的瞬间开始，迅速按下面板上的"计时"按钮，然后，每隔 1min，用针筒在取样口处取样分析（共取 10 个样），记录取样时间与样品氧含量的关系，同时记录吸附压力、温度、气体流量。

取样注意事项：

a. 每次取样 20mL 左右，取样时缓慢开启取样阀，防止气体冲出。

b. 取样后先关闭取样阀，然后从取样口拔下针筒，迅速用橡皮套封住针筒的开口处，以免空气渗入，影响分析结果。

⑧ 改变气体流量，调节气体流量阀至 6.0L/h，然后重复第 ⑦ 步操作。

⑨ 改变气体压力，调节压缩机出口减压阀至 0.7MPa，重复第 ⑦ 步操作。

⑩ 停车步骤如下所示：

a. 先按下 K_1，K_2 设定框下方的"停止操作"按钮，将时间参数重新设定为"$K_1 =$ 120s；$K_2 = 5s$"，然后，启动设定框下方的"开始"按钮，让系统运行 10 ～ 15min。

b. 系统运行 10 ～ 15min 后，按计算机控制面板上的"停止"操作按钮，停止吸附操作。

c. 在计算机控制面板上关闭"真空泵"，然后关闭真空泵上的电源。

d. 关闭压缩机的电源，关闭吸附装置电源。

F　实验数据处理

(1) 实验数据

吸附温度(℃) _____；压力(MPa)：_____ 气体流量(L/h)：_____

吸附时间 /min	出口氧含量(质量分数)/%	吸附时间 /min	出口氧含量(质量分数)/%
1		6	
2		7	
3		8	
4		9	
5		10	

(2) 数据处理

① 根据实验数据，在同一张图上标绘不同气体流量下的吸附穿透曲线。

② 若将出口氧气浓度为 3.0% 的点确定为穿透点，请根据穿透曲线确定不同操作条件下穿透点出现的时间 t_0，记录于下表。

吸附压力 /MPa	吸附温度 /℃	气体流量 /(L/h)	穿透时间 /min

③ 不同条件下的动态吸附容量

$$G = \frac{V_N \times \frac{29}{22.4} t_0 (y_0 - y_B)}{W}$$

$$V_N = \frac{T_0 p}{T p_0} V$$

G　结果及讨论

① 在本装置中，一个完整的吸附循环包括哪些操作步骤？

② 气体的流速对吸附剂的穿透时间和动态吸附容量有何影响？为什么？

③ 吸附压力对吸附剂的穿透时间和动态吸附容量有何影响？为什么？

④ 根据实验结果，你认为本实验装置的吸附时间应控制在多少合适？

⑤ 该吸附装置在提纯氮气的同时，还具有富集氧气的作用，如果实验目的是为了获得富氧，实验装置及操作方案应做哪些改动？

H　符号说明

c_0—— 吸附质的进口浓度，g/L；

c_B—— 穿透点处，吸附质的出口浓度，g/L；

G—— 动态吸附容量(氧气质量／吸附剂体积)，g/g；

p —— 实际操作压力，MPa；

p_0 —— 标准状态下的压力，MPa；

T —— 实际操作温度，K；

T_0 —— 标准状态下的温度，K；

V —— 实际气体流量，L/min；

V_N —— 标准状态下的气体流量，L/min；

t_0 —— 达到穿透点的时间，min；

y_0 —— 空气中氧气的浓度(质量分数)，%；

y_B —— 穿透点处，氧气的出口浓度(质量分数)，%；

W —— 碳分子筛吸附剂的质量，g。

8　化工工艺实验

8.1　实验二十二　一氧化碳中温‐低温串联变换反应

A　实验目的

一氧化碳变换生成氢和二氧化碳的反应是石油化工与合成氨生产中的重要过程。本实验模拟中温‐低温串联变换反应过程，用直流流动法同时测定中温变换铁基催化剂与低温变换铜基催化剂的相对活性，达到以下实验目的：

① 掌握气固相催化反应动力学实验研究方法及催化剂活性的评价方法；

② 采用数值积分法处理实验数据，获得两种催化剂上变换反应的速率常数 k_T 与活化能 E；

③ 熟悉实验流程，掌握计算机自动控制 CO 变换反应装置的操作方法；

④ 培养团队协作精神，通过有效沟通与合作完成实验任务；

⑤ 能够辨识 CO 变换反应过程中的潜在危险因素，掌握安全防护措施，具备事故应急处置能力。

B　实验原理

一氧化碳的变换反应为：

$$CO + H_2O \Longrightarrow CO_2 + H_2$$

反应必须在催化剂存在的条件下进行。中温变换采用铁基催化剂，反应温度为 $350 \sim 500℃$，低温变换采用铜基催化剂，反应温度为 $220 \sim 320℃$。

设反应前气体混合物中各组分干基摩尔分率为 $y^0_{CO,d}$、$y^0_{CO_2,d}$、$y^0_{H_2,d}$、$y^0_{N_2,d}$；初始汽气比（即水蒸气与原料气的比值）为 R_0；反应后气体混合物中各组分干基摩尔率为 $y_{CO,d}$、$y_{CO_2,d}$、$y_{H_2,d}$、$y_{N_2,d}$，一氧化碳的变换率为：

$$\alpha = \frac{y^0_{CO,d} - y_{CO,d}}{y^0_{CO,d}(1 + y_{CO,d})} = \frac{y_{CO_2,d} - y^0_{CO_2,d}}{y^0_{CO,d}(1 - y_{CO_2,d})} \tag{8-1}$$

根据研究，铁基催化剂上一氧化碳中温变换反应本征动力学方程可表示为：

$$r_1 = -\frac{dN_{CO}}{dW} = \frac{dN_{CO_2}}{dW} = k_{T_1} p_{CO} p_{CO_2}^{-0.5} (1 - \frac{p_{CO_2} p_{H_2}}{K_p p_{CO} p_{H_2O}})$$
$$= k_{T_1} f_1(p_i) [mol/(g \cdot h)] \tag{8-2}$$

铜基催化剂上一氧化碳低温变换反应本征动力学方程可表示为：

$$r_2 = -\frac{dN_{CO}}{dW} = \frac{dN_{CO_2}}{dW} = k_{T_2} p_{CO} p_{H_2O}^{0.2} p_{CO_2}^{-0.5} p_{H_2}^{-0.2} (1 - \frac{p_{CO_2} p_{H_2}}{K_p p_{CO} p_{H_2O}})$$
$$= k_{T_2} f_2(p_i) [mol/(g \cdot h)] \tag{8-3}$$

$$K_p = \exp\left[2.3026\left(\frac{2185}{T} - \frac{0.1102}{2.3026}\ln T + 0.6218 \times 10^{-3}T - 1.0604 \times 10^{-7}T^2 - 2.218\right)\right]$$

(8-4)

在恒温下，由积分反应器的实验数据，可按下式计算反应速率常数 k_{Ti}：

$$k_{Ti} = \frac{V_{0,i}y_{CO}^0}{22.4W}\int_0^{\alpha_{i\text{出}}} \frac{\mathrm{d}\alpha_i}{f_i(p_i)}$$

(8-5)

采用图解法或编制程序计算，就可由式(8-5)得某一温度下的反应速率常数值。测得多个温度的反应速率常数值，根据阿累尼乌斯方程 $k_T = k_0 e^{-\frac{E}{RT}}$ 即可求得指前因子 k_0 和活化能 E。

由于中变以后引出部分气体分析，故低变气体的流量需重新计量，低变气体的入口组成需由中变气体经物料衡算得到，即等于中变气体的出口组成：

$$y_{1H_2O} = y_{H_2O}^0 - y_{CO}^0\alpha_1$$

(8-6)

$$y_{1CO} = y_{CO}^0(1-\alpha_1)$$

(8-7)

$$y_{1CO_2} = y_{CO_2}^0 + y_{CO}^0\alpha_1$$

(8-8)

$$y_{1H_2} = y_{H_2}^0 + y_{CO}^0\alpha_1$$

(8-9)

$$V_2 = V_1 - V_分$$

(8-10)

$$V_分 = V_{分,d}(1+R_1) = V_{分,d}\frac{1}{1-(y_{H_2O}^0 - y_{CO}^0\alpha_1)}$$

(8-11)

转子流量计计量的 $V_{分,d}$ 需进行分子量换算，因而需求出中变出口各组分干基分率 $y_{1i,d}$：

$$y_{1CO,d} = \frac{y_{CO,d}^0(1-\alpha_1)}{1+y_{CO,d}^0\alpha_1}$$

(8-12)

$$y_{1CO_2,d} = \frac{y_{CO_2,d}^0 + y_{CO,d}^0\alpha_1}{1+y_{CO,d}^0\alpha_1}$$

(8-13)

$$y_{1H_2,d} = \frac{y_{H_2,d}^0 + y_{CO,d}^0\alpha_1}{1+y_{CO,d}^0\alpha_1}$$

(8-14)

$$y_{1N_2,d} = \frac{y_{N_2,d}^0}{1+y_{CO,d}^0\alpha_1}$$

(8-15)

同中变计算方法，可得到低变反应速率常数及活化能。

C 预习与思考题

① 本实验的目的是什么？

② 实验系统中气体如何净化？

③ 氮气在实验中的作用是什么？

④ 水饱和器的作用和原理是什么？

⑤ 反应器采用哪种形式？

⑥ 在进行本征动力学测定时，应用哪些原则选择实验条件？

⑦ 本实验反应后为什么只分析一个量？

⑧ 试分析实验操作过程中应注意哪些事项？

⑨ 试分析本实验中的误差来源与影响程度？

D 实验流程

实验流程见图 8-1。实验用原料气 N_2、H_2、CO_2、CO 取自钢瓶，四种气体分别经过净化器后，由稳压器稳定压力，经过各自的流量计计量后，在混合器里混合成为原料气。原料气进脱氧槽脱除微量氧，经总流量计计量，进入水饱和器，加入水汽后，再由保温管进入中变反应器。反应后的少量气体引出冷却、分离水分后进行计量、分析，剩余气体再进入低变反应器，反应后的气体冷却分离水分，经分析后排放。

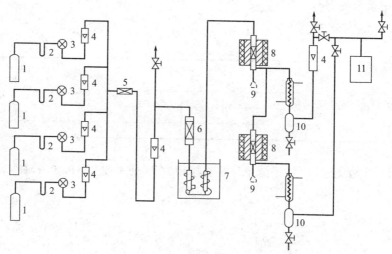

图 8-1 中-低变串联实验系统流程

1—钢瓶；2—净化器；3—稳压器；4—流量计；5—混合器；
6—脱氧槽；7—饱和器；8—反应器；9—热电偶；10—分离器；11—气相色谱仪

E 实验步骤及方法

（1）开车及实验步骤

① 检查系统是否处于正常状态；

② 开启氮气钢瓶，置换系统约 5min；

③ 接通电源，缓慢提升反应器温度，同时把脱氧槽缓慢升温至 200℃，恒定；

④ 中、低变床层管道温度升至 110℃ 时，开启水饱和器，同时打开冷却水，管道保温，水饱和器温度恒定在实验温度下；

⑤ 调节中、低变反应器温度到实验条件后，切换成原料气，稳定 20min 左右，随后进行分析，记录实验条件和分析数据。

（2）停车步骤

① 关闭原料气钢瓶，切换成氮气，关闭反应器控温仪；

② 稍后关闭水饱和器加热电源，置换水浴热水；

③ 关闭管道保温，待反应床温低于 200℃ 以下，关闭脱氧槽加热电源，关闭冷却水，关闭氮气钢瓶，关闭各仪表电源及总电源。

（3）注意事项

① 由于实验过程有水蒸气加入，为避免水汽在反应器内冷凝使催化剂结块，必须在反应床温升至110℃以后才能启用水饱和器，而停车时，在床温降到150℃以前关闭饱和器。

② 由于催化剂在无水条件下，原料气会将它过度还原而失活，故在原料气通入系统前要先加入水蒸气，相反停车时，必须先切断原料气，后切断水蒸气。

（4）实验条件

① 流量　控制CO、CO_2、H_2、N_2流量分别为2～4L/h，总流量为8～15L/h，中变出口分流量为2～4L/h。

② 饱和器温度控制在(72.8～80.0)℃±0.1℃。

③ 催化剂床层温度　反应器内中变催化床温度先后控制在360℃、390℃、420℃，低变催化床温度先后控制在220℃、240℃、260℃。

F　数据记录及处理

（1）实验数据记录表格

室温_____　　　　　　大气压_____

序号	反应温度/℃		流量/(L/h)						饱和器温度/℃	系统静压/Pa	CO_2分析值/%	
	中变	低变	CO	CO_2	H_2	N_2	总	分			中变	低变
1												
2												

（2）数据处理

① 转子流量计的校正　转子流量计是直接用20℃的水或20℃、0.1MPa的空气进行标定，因此各气体流体需校正。

$$\rho_i = \frac{pM_i}{RT}, \quad V_i = V_{i,\text{读}}\sqrt{\frac{\rho_f - \rho_i}{\rho_f - \rho_0} \times \frac{\rho_0}{\rho_i}} \qquad (8-16)$$

② 水气比的计算式为：

$$R_0 = \frac{p_{H_2O}}{p_a + p_g - p_{H_2O}} \qquad (8-17)$$

式中，水饱和蒸气压p_{H_2O}用安托因公式计算。

$$\lg p_{H_2O} = A - \frac{B}{C+t} \qquad (8-18)$$

式中，$A = 7.07406$；$B = 1657.16$；$C = 227.02(10～168℃)$。

G　实验报告项目

① 说明实验目的与要求。

② 描绘实验流程与设备。

③ 叙述实验原理与方法。

④ 记录实验过程与现象。

⑤ 列出原始实验数据。

⑥ 理清计算思路，列出主要公式，计算一点的数据得到结果。

⑦ 计算不同温度下的反应速率常数，从而计算出频率因子与活化能。

⑧ 根据实验结果，浅谈中-低变串联反应工艺条件。

⑨ 分析本实验结果，讨论本实验方法。

H 主要符号说明

A、B、C——安托因系数；

K_p——以分压表示的平衡常数；

k_{Ti}——反应速率常数，$mol/(g \cdot h \cdot Pa^{0.5})$；

M_i——气体摩尔质量，kg/mol；

N_{CO}、N_{CO_2}——CO、CO_2 的摩尔流量，mol/h；

p_i——各组分的分压；

p_a——大气压；

p_g——表压，kPa；

p_{H_2O}——水的饱和蒸气压力，kPa；

R_1——低变反应器的入口水蒸气与原料气比；

r_i——反应速率，$mol/(g \cdot h)$；

T——反应温度，K；

t——饱和温度，℃；

V_0——中变反应器入口气体湿基流量，L/h；

V_1——中变反应器中湿基气体的流量，L/h；

$V_分$——中变后引出分析气体的湿基流量，L/h；

$V_{分,d}$——中变后引出分析气体的干基流量，L/h；

V_2——低变反应器中湿基气体的流量，L/h；

$V_{0,i}$——反应器入口湿基标准态体积流量，L/h；

W——催化剂量，g；

y_{CO}^0——反应器入口 CO 湿基摩尔分数；

y_{1i}——i 组分中变出口湿基分率；

y_i^0——i 组分中变入口湿基分率；

$\alpha_{i出}$——中变或低变反应器出口一氧化碳的变换率；

α_1——中变反应器中一氧化碳的变换率；

ρ_f——转子密度，kg/m^3；

ρ_i——气体密度，kg/m^3；

ρ_0——标定流体的密度，kg/m^3。

参 考 文 献

[1] Bohlbro H. An Investigation on the Kinetics of the Conversion of Carbon Monoxide with Water Vapour over Iron Oxide Based Catalyst. New York：Gjellerup，1969.

[2] 朱炳辰主编. 化学反应工程. 北京：化学工业出版社，1998.

[3] Satterfield N. Mass Transfer in Heterrogeneous Catalysis，Boston：the MIT Press，1970.

[4] 时钧，汪家鼎，余国琮，等. 化学工程手册. 北京：化学工业出版社，1996.

8.2 实验二十三 乙苯脱氢制苯乙烯

A 实验目的

① 了解以乙苯为原料，氧化铁系为催化剂，在固定床单管反应器中制备苯乙烯的过程。

② 熟练操控计算机自动控制乙苯脱氢制苯乙烯装置，掌握稳定工艺操作条件的方法。

③ 掌握苯乙烯工艺条件优选的实验组织方法。

④ 采用软件作图法处理实验数据，并进行趋势合理性分析。

⑤ 培养团队协作精神，通过有效沟通与合作完成实验任务。

⑥ 能够辨识乙苯高温脱氢反应过程中潜在危险因素，掌握安全防护措施，具备事故应急处置能力。

B　实验原理

(1) 本实验的主副反应

主反应：

$$\text{C}_6\text{H}_5\text{-CH}_2\text{CH}_3 \longrightarrow \text{C}_6\text{H}_5\text{-CH}=\text{CH}_2 + \text{H}_2 \quad \Delta H^\ominus = 117.8\text{kJ/mol}$$

副反应：

$$\text{C}_6\text{H}_5\text{-CH}_2\text{CH}_3 \longrightarrow \text{C}_6\text{H}_6 + \text{C}_2\text{H}_4 \quad \Delta H^\ominus = 105\text{kJ/mol}$$

$$\text{C}_6\text{H}_5\text{-CH}_2\text{CH}_3 + \text{H}_2 \longrightarrow \text{C}_6\text{H}_6 + \text{C}_2\text{H}_6 \quad \Delta H^\ominus = -31.5\text{kJ/mol}$$

$$\text{C}_6\text{H}_5\text{-CH}_2\text{CH}_3 + \text{H}_2 \longrightarrow \text{C}_6\text{H}_5\text{-CH}_3 + \text{CH}_4 \quad \Delta H^\ominus = -54.4\text{kJ/mol}$$

在水蒸气存在的条件下，还可能发生下列反应：

$$\text{C}_6\text{H}_5\text{-CH}_2\text{CH}_3 + 2\text{H}_2\text{O} \longrightarrow \text{C}_6\text{H}_5\text{-CH}_3 + \text{CO}_2 + 3\text{H}_2$$

此外还有芳烃脱氢缩合及苯乙烯聚合生成焦油和焦炭等。这些连串副反应的发生不仅使反应的选择性下降，而且极易使催化剂表面结焦进而活性下降。

(2) 影响本反应的因素

① 温度的影响　乙苯脱氢反应为吸热反应，$\Delta H^\ominus > 0$，从平衡常数与温度的关系式 $\left(\dfrac{\partial \ln K_p}{\partial T}\right)_p = \dfrac{\Delta H^\ominus}{RT^2}$ 可知，提高温度可增大平衡常数，从而提高脱氢反应的平衡转化率。但是温度过高副反应增加，使苯乙烯选择性下降，能耗增大，设备材质要求增加，故应控制适宜的反应温度。本实验的反应温度为 $560 \sim 620℃$。

② 压力的影响　乙苯脱氢为体积增加的反应，从平衡常数与压力的关系式 $K_p = K_n$ $\left(\dfrac{p_{总}}{\sum n_i}\right)^{\Delta \gamma}$ 可知，当 $\Delta \gamma > 0$ 时，降低总压 $p_{总}$ 可使 K_n 增大，从而增加了反应的平衡转化率，故降低压力有利于平衡向脱氢方向移动。本实验加水蒸气的目的是降低乙苯的分压，以提高平衡转化率。较适宜的水蒸气用量为：水：乙苯 $=1.5:1$（体积比）$=8:1$（摩尔比）。

③ 空速的影响　乙苯脱氢反应系统中有平衡副反应和连串副反应，随着接触时间的增加，副反应也增加，苯乙烯的选择性可能下降，适宜的空速与催化剂的活性及反应温度有关，本实验乙苯的液空速以 0.6h^{-1} 为宜。

(3) 催化剂

本实验采用氧化铁系催化剂其组成为 $\text{Fe}_2\text{O}_3\text{-CuO-K}_2\text{O}_3\text{-CeO}_2$。

C　预习与思考

① 乙苯脱氢生成苯乙烯反应是吸热还是放热反应？如何判断？如果是吸热反应，则反应温度为多少？实验室是如何来实现的？工业上又是如何来实现的？

② 对本反应而言是体积增大还是减小？加压有利还是减压有利？工业上是如何来实现加减压操作的？本实验采用什么方法？为什么加入水蒸气可以降低烃分压？

③ 在本实验中你认为有哪几种液体产物生成？哪几种气体产物生成？如何分析？

④ 进行反应物料衡算需要一些什么数据？如何收集并进行处理？

D 实验装置及流程

见图 8-2。

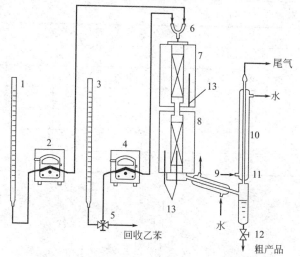

图 8-2 乙苯脱氢制苯乙烯工艺实验流程图

1，3—计量管；2，4—计量泵；5—排空阀；6—混合器；7—汽化器；8—反应器；9，10—冷凝器；11—分离器；12—取样阀；13—热电偶

E 实验步骤与方法

（1）反应条件控制

汽化温度 300℃，脱氢反应温度 560～620℃，水∶乙苯＝1.5∶1(体积比)，相当于乙苯加料 0.5mL/min，蒸馏水 0.75mL/min(50mL 催化剂)。

（2）操作步骤

① 了解并熟悉实验装置及流程，搞清物料走向及加料、出料方法。

② 接通电源，使汽化器、反应器分别逐步升温至预定的温度，同时打开冷却水。

③ 分别校正蒸馏水和乙苯的流量(0.75mL/min 和 0.5mL/min)。

④ 当汽化器温度达到 300℃后，反应器温度达 400℃左右开始加入已校正好流量的蒸馏水。当反应温度升至 500℃左右，加入已校正好流量的乙苯，继续升温至 560℃使之稳定半小时。

⑤ 反应开始每隔 15min 取一次数据，每个温度至少取两个数据，粗产品从分离器中放入量筒内。然后用减量法称出烃层液重量。

⑥ 取少量烃层液样品，用气相色谱分析其组成，并计算出各组分的百分含量。

⑦ 反应结束后，停止加乙苯。反应温度维持在 500℃左右，继续通水蒸气，进行催化剂的清焦再生，约半小时后停止通水，并降温。

⑧ 关闭总电源，关闭冷却水阀门。

（3）实验记录及计算

① 原始记录

时间	控制温度 /℃		原料加入量 /(mL/15min)							粗产品 /g		尾气
			水			乙苯				烃层液	水层	
	汽化器	反应器	始	终	差值	始	终	差值	加入质量 /g			

② 粗产品分析结果

反应温度 /℃	乙苯加入量 /g	烃层液质量 /g	粗产品分析结果							
			苯		甲苯		乙苯		苯乙烯	
			含量 /%	重 /g	含量 /%	重 /g	含量 /%	重 /g	含量 %	重 /g

③ 计算结果

乙苯的转化率：

$$\alpha = \frac{RF}{FF} \times 100\%$$

苯乙烯的选择性：

$$S = \frac{P/M_{苯乙烯}}{RF/M_{乙苯}} \times 100\%$$

苯乙烯的收率：

$$Y = \alpha S$$

F 结果与讨论

对以上的实验数据进行处理，分别将乙苯转化率、苯乙烯选择性及收率对反应温度作出图表，找出最适宜的反应温度区域，并对所得实验结果进行讨论（包括曲线图趋势的合理性、误差分析、成败原因等）。

G 符号说明

K_p，K_n——平衡常数；

n_i——i 组分的物质的量；

$p_总$—— 压力，Pa；

R——气体常数；

T——温度，K；

$\Delta\gamma$—— 反应前后物质的量变化；

α——原料的转化率，%；

S——目的产物的选择性，%；

Y——目的产物的收率，%；

RF——消耗的原料量，g；

FF——原料加入量，g；

P——目的产物的量，g。

参 考 文 献

[1] 吴指南主编. 基本有机化工工艺学. 北京：化学工业出版社，1990.

[2]Kirk-Othemer. Encyclopedia of chemical Technology Vol 4、Vol 21.3rd ed . New York: John Wiley and Sons Inc, 1979.

[3] 安东新午，等．石油化学工业手册．北京：化学工业出版社，1966.

8.3 实验二十四 催化反应精馏法制甲缩醛

反应精馏是一种集反应与分离为一体的特殊精馏技术，该技术将反应过程的工艺特点与分离设备的工程特性有机结合在一起，既能利用精馏的分离作用提高反应的平衡转化率，抑制串联副反应的发生，又能利用放热反应的热效应降低精馏的能耗，强化传质。因此，在化工生产中得到越来越广泛的应用。

A 实验目的

① 了解反应精馏工艺过程的特点，增强工艺与工程相结合的观念。
② 熟练操控反应精馏实验装置，掌握连续稳态操作的方法。
③ 掌握催化反应精馏工艺条件优选的实验设计及组织方法。
④ 科学分析实验数据，获得最优工艺条件，明确主要影响因素。
⑤ 培养团队协作精神，通过有效沟通与合作完成实验任务。
⑥ 能够辨识甲醇、甲醛催化反应精馏过程中的潜在危险因素，掌握安全防护措施，具备事故应急处置能力。

B 实验原理

本实验以甲醛与甲醇缩合生产甲缩醛的反应为对象进行反应精馏工艺的研究。合成甲缩醛的反应为：

$$2CH_3OH + CH_2O \Longrightarrow C_3H_6O + 2H_2O \tag{8-19}$$

该反应是在酸催化条件下进行的可逆放热反应，受平衡转化率的限制，若采用传统的先反应后分离的方法，即使以高浓度的甲醛水溶液（38%～40%）为原料，甲醛的转化率也只能达到 60% 左右，大量未反应的稀甲醛不仅给后续的分离造成困难，而且稀甲醛浓缩时产生的甲酸对设备的腐蚀严重。采用反应精馏的方法则可有效地克服平衡转化率这一热力学障碍，因为该反应物系中各组分相对挥发度的大小次序为：$\alpha_{甲缩醛} > \alpha_{甲醇} > \alpha_{甲醛} > \alpha_{水}$，可见，产物甲缩醛具有最大的相对挥发度，且沸点最低（42.3℃），故利用精馏的作用可将其不断地从系统中分离出去，促使平衡向生成产物的方向移动，大幅度提高甲醛的平衡转化率。

此外，采用反应精馏技术还具有如下优点。
① 在合理的工艺及设备条件下，可从塔顶直接获得合格的甲缩醛产品。
② 反应和分离在同一设备中进行，可节省设备费用和操作费用。
③ 反应热直接用于精馏过程，可降低能耗。
④ 由于精馏的提浓作用，对原料甲醛的浓度要求降低，浓度为 7%～38% 的甲醛水溶液均可直接使用。

本实验采用连续操作的反应精馏装置，考察原料甲醛的浓度、甲醛与甲醇的配比、催化剂浓度、回流比等因素对塔顶产物甲缩醛的纯度和收率的影响，从中优选出最佳的工艺条件。实验中，各因素水平变化的范围是：甲醛溶液浓度（质量分数）12%～38%，甲醛：甲醇（摩尔比）为（1:6）～（1:2），催化剂浓度1%～3%，回流比1～3。由于实验涉及多因子多水平的优选，故采用正交实验设计的方法组织实验，通过数据处理，方差分析，确定主要因素和优化条件。

C 预习与思考

① 采用反应精馏工艺制备甲缩醛，从哪些方面体现了工艺与工程相结合所带来的优势？

② 是不是所有的可逆反应都可以采用反应精馏工艺来提高平衡转化率？为什么？

③ 在反应精馏塔中，塔内各段的温度分布主要由哪些因素决定？

④ 反应精馏塔操作中，甲醛和甲醇加料位置的确定根据什么原则？为什么催化剂硫酸要与甲醛而不是甲醇一同加入？实验中，甲醛原料的进料体积流量如何确定？

⑤ 若以产品甲缩醛的收率为实验指标，实验中应采集和测定哪些数据？

⑥ 若不考虑甲醛浓度、原料配比、催化剂浓度、回流比这四个因素间的交互作用，请设计一张二水平的正交实验计划表。

D 实验装置及流程

实验装置如图 8-3 所示。反应精馏塔由玻璃制成。塔径为 25mm，塔高约 2400mm，共分为三段，由下至上分别为提馏段、反应段、精馏段，塔内填装弹簧状玻璃丝填料。塔釜为 2000mL 四口烧瓶，置于 1000W 电热碗中。塔顶采用电磁摆针式回流比控制装置。在塔釜、塔体和塔顶共设了五个测温点。

原料甲醛与催化剂混合后，经计量泵由反应段的顶部加入，甲醇由反应段底部加入。用气相色谱分析塔顶和塔釜产物的组成。

E 实验步骤

(1) 原料准备

① 在甲醛水溶液中加入 1% ~ 3% 的浓硫酸作为催化剂。

② CP 级或工业甲醇。

(2) 操作准备

① 检查精馏塔进出料系统各管线上的阀门开闭状态是否正常。

② 向塔釜加入 400mL，约 10% 的甲醇水溶液。

③ 调节计量泵，分别标定甲醛溶液和甲醇的进料流量。要求控制原料甲醛的进料流量在 3 ~ 4mL/min，然后根据选定的甲醛：甲醇(摩尔比)以及原料甲醇的密度和浓度，确定甲醇进料的体积流量(mL/min)。

(3) 实验操作

① 先开启塔顶冷却水，再开启塔釜加热器，并逐步将塔釜电压调至 200V 左右。待塔头有凝液后，全回流操作约 20min。

② 设定回流比 首先在时间继电器上，将出料时间设定在 3 ~ 4s，然后，根据要求的回流比，计算并设定回流时间。

③ 按选定原料进料量，开始进料。待全塔温度稳定后，观察塔顶温度。若塔顶温度大

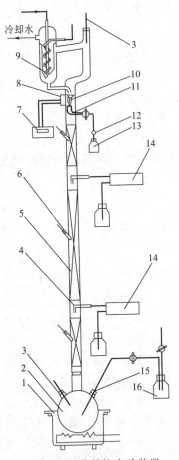

图 8-3 催化精馏实验装置

1—电热碗；2—塔釜；3—温度计；
4—进料口；5—填料；6—温度计；
7—时间继电器；8—电磁铁；9—冷凝器；
10—回流摆体；11—计量杯；12—数滴滴球；
13—产品槽；14—计量泵；
15—塔釜出料口；16—釜液储瓶

于 43℃，则逐步降低塔釜加热电压，直至塔顶温度降至 43℃ 左右，此时，系统达到物料平衡。（注意：每次调压幅度不宜过大，且调压后，需等待系统稳定后，再进行第二次调压）

④ 仔细观察塔内各点的温度变化，待温度稳定后，记录各点温度，测定塔顶的出料速率，并每隔 15min 取一次塔顶样品，分析甲缩醛的纯度，共取样 2～3 次，取其平均值作为实验结果。

⑤ 如果要在回流比一定的条件下，考察进料甲醛浓度、醛醇比、催化剂浓度的影响，则可直接改变实验条件，重复步骤 ②～④，获得不同条件下的实验结果。

⑥ 如果要考察回流比的影响，则必须保证调节前后，塔顶的出料速率恒定。操作方法是，保持其他条件不变，先根据步骤 ② 改变回流比，然后调节塔釜加热量，使塔定的出料速率与回流比调节前一致，待系统稳定后，按步骤 ④ 操作。

⑦ 实验完成后，切断进出料，停止加热，待塔顶不再有凝液回流时，关闭冷却水。

⑧ 如果按照正交表开展实验，工作量较大，可安排多组学生共同完成。

F 实验数据处理

① 列出实验原始记录表。

实验序号	甲醛原料		催化剂浓度（质量分数）/%	醛：醇（摩尔比）	甲醇进料 /(mL/min)	塔顶出料 /(g/min)
	浓度（质量分数）/%	进料速率 /(g/min)				

② 计算塔顶甲缩醛产品的收率，并列出实验结果一览表。

甲缩醛收率计算式：

$$\eta = \frac{Dx_d}{Fx_f} \times \frac{M_1}{M_0} \times 100\%$$

实验序号	操作变量	温度分布 /℃					甲缩醛纯度（质量分数）x_d/%	甲缩醛收率 η/%
		$T_{塔釜}$	$T_{提馏段}$	$T_{反应段}$	$T_{精馏段}$	$T_{塔顶}$		

③ 绘制反应精馏塔温度随塔高的分布图。

④ 绘制操作变量与甲缩醛产品收率和纯度的关系图。

⑤ 如果按照正交表开展实验，请以甲缩醛产品的收率为实验指标，列出正交实验结果表，运用方差分析确定最佳工艺条件。

G 实验结果讨论

① 反应精馏塔内的温度分布有什么特点？随原料甲醛浓度和催化剂浓度的变化，反应段温度如何变化？这个变化说明了什么？

② 根据塔顶产品纯度与回流比的关系，塔内温度分布的特点，讨论反应精馏与普通精馏有何异同。

③ 本实验在制定正交实验计划表时没有考虑各因素间的交互影响，你认为是否合理？若不合理，应该考虑哪些因子间的交互作用？

④ 要提高甲缩醛产品的收率可采取哪些措施？

H 主要符号说明

x_d——塔顶馏出液中甲缩醛的质量分数;

x_f——进料中甲醛的质量分数;

D——塔顶馏出液的质量流率,g/min;

F——进料甲醛水溶液的质量流率,g/min;

M_1、M_0——甲醛、甲缩醛的分子量;

η——甲缩醛的收率。

参 考 文 献

张瑞生,等. 化学世界,1992,33(9):385.

8.4 实验二十五 超细碳酸钙的制备

A 实验目的

超细技术是化工材料科学领域中的一个新的生长点。由于超细技术能显著地改善固体材料的物理和化学性能,因而使材料的应用领域大大拓展。本实验以超细碳酸钙的制备为对象,初步探讨超细化制备技术,以达到如下目的:

① 掌握超细碳酸钙制备的关键工艺 —— 碳化工艺的操作控制要点;

② 了解分散剂在控制晶体成核与生长速率,实现颗粒超细化方面的作用;

③ 掌握超细颗粒表征及评价方法;

④ 培养团队协作精神,通过有效沟通与合作完成实验任务。

B 实验原理

超细碳酸钙是指粒径在 $0.1\mu m$ 以下的精细产品,该产品根据制备工艺条件的不同,可呈不同晶体形态,如立方形、球形、针形等。由于其比表面积大($30 \sim 80m^2/g$),在各种制品中具有良好的分散性和补强作用,因而,作为填充剂被广泛用于塑料、橡胶、造纸、涂料、油墨、医药等行业。

超细碳酸钙的制备过程如图 8-4 所示。

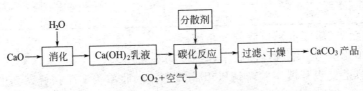

图 8-4 超细碳酸钙制备过程图

其中,碳化反应是过程的核心,这是一个反应与传递过程同时进行的气 - 液 - 固非均相快速反应,反应式为:

$$Ca(OH)_2 \Longleftrightarrow Ca^{2+} + 2OH^- \tag{8-20}$$

$$Ca^{2+} + 2OH^- + CO_2 \Longleftrightarrow CaCO_3 \downarrow + H_2O \tag{8-21}$$

由于碳化过程既涉及在气 - 液界面进行的 CO_2 吸收过程又涉及在液 - 固界面进行的 $Ca(OH)_2$ 溶解过程,这两个传质过程限制了快速沉淀反应(8-21)的进行,直接影响着溶液中碳酸钙的过饱和度，对晶体的成核过程、生长速率、粒度的大小有着决定性作用。然而，究竟哪一个传质过程将成为碳化反应的控制步骤，则取决于工艺操作条件的选择。

在 CO_2 气相分压一定的条件下，当 $Ca(OH)_2$ 浓度较低时，由于 $Ca(OH)_2$ 的溶解来不及补充 CO_2 消耗的 OH^-，溶解反应(8-20)成为过程的控制步骤，这时反应区移至固 - 液界面的液膜内，其物理模型如图 8-5(a) 所示。此时，在液膜内形成的 $CaCO_3$ 极易非均相成核包覆于未溶解的 $Ca(OH)_2$ 的表面，生成非均质 $CaCO_3$ 而妨碍 $Ca(OH)_2$ 的溶解，导致 OH^- 浓度的急剧降低，传质恶化，产品质量不佳。因此，在工艺条件的选择上，应设法避免 $Ca(OH)_2$ 溶解控制。

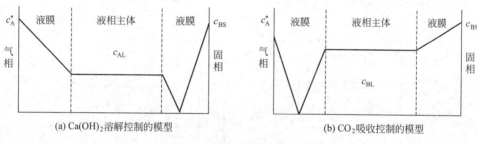

图 8-5　碳化过程的控制步骤

当 $Ca(OH)_2$ 浓度较高时，溶解反应(8-20)足够快，而 CO_2 则由于悬浮液黏度较大，吸收慢而成为过程的控制步骤，这时反应区集中在气 - 液界面的液膜内，其物理模型如图 8-5(b) 所示。此时，$Ca(OH)_2$ 的极限溶解速率 $\gg CO_2$ 的极限吸收速率，液相中 OH^- 浓度保持恒定。碳化速率可以通过 CO_2 的通入量、流速以及操作温度来调控，只要优选工艺条件，便可控制适宜的过饱和度，得到理想的产品。因此，在工艺操作的选择上，应设法促成 CO_2 吸收控制。

由于控制步骤不同，导致的结果大不一样。因此，在超细碳酸钙的制备过程中，为了控制适宜的过饱和度，应对工艺条件进行优选，$Ca(OH)_2$ 乳液的浓度不能太低(一般应大于7%)，操作温度、CO_2 浓度和气速不宜太高，以保证过程处于 CO_2 吸收控制。

除了优选碳化反应的条件外，制备超细碳酸钙的另一个必要条件是添加合适的分散剂。分散剂的作用主要是通过改变晶体的表面能来控制粒子的成核速率和生长速率，改变晶体的生长取向，使粒子超细化，形貌多样化。不同的分散剂，作用机理也不同，有的是通过与 Ca^{2+} 形成络合物或螯合物，引起 $CaCO_3$ 溶解度的变化，改变其过饱和度。有的是吸附于晶体表面，减缓晶体生长。还有的是直接进入晶体，成为构晶离子。因此，分散剂的选择，也是超细材料制备研究的重要内容。

碳化反应有两个重要特征可用于跟踪和检测反应进程。其一，是溶液 pH 值的变化，因为碳化反应是个酸碱中和反应。其二，是溶液电导率的变化，因为主反应物 $Ca(OH)_2$ 溶解产生的 OH^- 在悬浮液中具有最高的当量电导率。因此，实验中可采用电导仪和 pH 计来跟踪反应进程，并用电子显微镜来观测和考察反应产物的粒度和形貌。

C　预习与思考

① 预习本实验基础篇有关内容，了解超细材料的用途和主要制备方法。

② 根据 $Ca(OH)_2$ 和 $CaCO_3$ 的溶解度数据，思考在碳化反应的悬浮液中，对溶液的电导率和 pH 值贡献最大的物质是什么？

③ 在超细碳酸钙的制备中，影响碳化反应速率的因素主要有哪些？如何用实验方法鉴别是处于吸收控制或溶解控制？

④ 分散剂的主要作用是什么？

⑤ 如何根据电导率曲线来判断碳化过程属于吸收控制还是溶解控制？

D　实验装置及流程

碳化反应的实验装置及流程如图 8-6 所示。反应器是一个容量为 2L、内设挡板、外带恒温夹套的玻璃搅拌釜，搅拌器为电子恒速的不锈钢螺旋式搅拌桨。来自钢瓶的纯 CO_2 气体经计量后，与一定量的空气在缓冲罐内混合，CO_2 浓度控制在 25% ～ 30%。然后，鼓泡进入反应器与预先置于釜中的 $Ca(OH)_2$ 悬浮液进行碳化反应。反应进程通过 DDS-11A 型电导率仪和 PHS-3D 型 pH 计在线测定和监控。

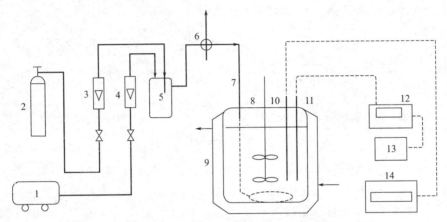

图 8-6　超细碳酸钙制备实验流程

1—空压机；2—CO_2 钢瓶；3—CO_2 流量计；4—空气流量计；5—配气缓冲罐；6—切换阀；7—气体分布器；
8—电子恒速搅拌器；9—碳化反应器；10—pH 电极；11—电导电极；12—电导仪；13—电导记录仪；14—pH 计

E　实验步骤及方法

(1) 实验内容

在碳化液中，分别添加 1% 的 $MgSO_4$ 或 0.5% 的 EDTA 作为分散剂，测定和记录溶液电导率和 pH 值随时间的变化，观测和比较产品 $CaCO_3$ 粒子的粒径和形貌的变化。

(2) 实验步骤

① 消化制浆　将熟石灰（CaO＞97%）适当粉碎（粒度＜5cm）和称量后，按 CaO∶H_2O =（1∶4）～（1∶5）的质量比，加入到 30℃ 的水中。搅拌反应 30min 后，静置熟化 10h。然后，将浆料用 120 目滤网滤除残渣，得到石灰乳精浆，经分析后，稀释至浓度为 CaO 80～120g/L。

② 碳化反应　将一定浓度的悬浮液置于碳化反应釜中，接通电源和恒温水浴，控制搅拌速率为 400r/min，待反应器内料液温度升至 30℃ 后，开启 CO_2 气体钢瓶和空压机，调节 CO_2 流量和空气流量的比值为（1∶3）～（1∶2），CO_2 与空气在缓冲罐内混合后，以 100～120mL/min 的总流量，鼓泡进入反应器。启动电导率仪和 pH 计开始检测和记录。反应 10min 后，添加适量的分散剂，继续反应，直到溶液的 pH 值降至 7～8 为止。

碳化完成后，将悬浮液取出，离心沉降脱除水分，然后，在烘箱中于 110～120℃ 下烘干。干燥后的碳酸钙经研磨、过筛，即为产品。

③ 碳酸钙产品的检测如下所示。

a. CaCO$_3$ 含量测定　用过量标准盐酸溶解试料，以甲基红-溴甲酚绿混合液为指示剂，用标准氢氧化钠反滴过量盐酸，据此求出 CaCO$_3$ 含量。

b. pH 值测定　取试料 10g 溶于 100mL 蒸馏水中，搅拌、静置 10min 后，用 pH 计测定。

c. 沉淀体积的测定　将试料 10g 置于有 30mL 水的具塞刻度量筒中，加水至 100mL 刻度后塞紧，以每分钟 120 次的频率摇振 3min，静置 3h。测定沉降物所占体积，求出沉淀体积(mL/g)。

d. 晶体形貌和粒径的测定　用电子显微镜测定形貌；用粒度分布仪测粒度分布。

F　实验数据处理

① 列出实验数据记录表，记录碳化反应的温度、时间、搅拌速率、CO$_2$ 浓度、气体流量、溶液的投料量、分散剂的名称、用量以及产品的重量等原始数据。

② 标绘碳化反应过程中溶液电导率和 pH 值随时间变化的趋势图。

③ 列出碳酸钙产品的检测结果。比较添加不同的分散剂后，观测到的产品粒径、粒径分布与晶体形貌。

G　结果与讨论

① 根据碳化反应中溶液电导率随时间变化的趋势图，讨论并说明溶液电导率在反应的不同阶段，发生变化的原因。如果碳化反应处于 Ca(OH)$_2$ 溶解控制，溶液电导率将如何变化？

② 本实验选用的两种分散剂，哪一种对 CaCO$_3$ 粒子的超细化作用更显著？请根据两种分散剂的性质，分析其作用机理。

③ 测定产品沉降体积的大小，可以比较产品的哪些特征？

H　符号说明

c_A^* —— 气液界面 CO$_2$ 的浓度，mol/L；

c_{AL} —— 液相主体 CO$_2$ 的浓度，mol/L；

c_{BL} —— 液相主体 Ca(OH)$_2$ 的浓度，mol/L；

c_{BS} —— 固液界面 Ca(OH)$_2$ 的浓度，mol/L。

参考文献

[1] 胡志彤. 碳酸盐工业. 化学工业部科学技术情报研究所，1986.

[2] 全国碳酸钙行业科学技术顾问组. 工业碳酸钙产品的粒度与分类. 无机盐工业，1989，1：1-4.

9 研究开发实验

9.1 实验二十六 苯-乙醇烷基化制乙苯催化剂的开发研究

据统计目前有 90% 以上的化工产品是借助催化剂生产出来的，没有催化剂就不可能建立近代的化学工业，因此催化剂的研究和开发，是现代化学工业的核心问题之一。

在工业催化剂的开发过程中，实验室的工作是基础。通过对催化剂制备条件的研究筛选出性能优异的催化剂，同时结合催化剂的表征探讨催化剂制备条件与催化剂性能之间的关系，为催化剂的工业应用提供依据。

本实验拟以苯-乙醇烷基化反应为探针，通过对催化剂的制备、催化剂性能的考评、比表面积与孔结构的测定，了解实验室催化剂的开发研究方法，达到综合训练的目的。

A 实验目的

① 了解和掌握分子筛催化剂开发的过程和研究方法；
② 学会查阅和分析相关文献资料，制订实验研究方案；
③ 掌握催化剂的制备、评价和表征，获取相应数据并进行分析；
④ 培养团队协作精神，通过有效沟通与合作完成实验任务；
⑤ 能够辨识苯-乙醇烷基化反应过程中潜在危险因素，掌握安全防护措施，具备事故应急处置能力。

B 实验原理

苯-乙醇烷基化制乙苯的反应中：

主反应：

$$\text{\Large\bigcirc} + C_2H_5OH \longrightarrow \text{\Large\bigcirc} - C_2H_5 + H_2O \tag{9-1}$$

主要副反应：

$$\text{\Large\bigcirc} - C_2H_5 + C_2H_5OH \longrightarrow C_2H_5 - \text{\Large\bigcirc} - C_2H_5 + H_2O \tag{9-2}$$

除此之外，还会发生乙醇脱水、异构化和歧化等反应，生成乙烯、甲苯、二甲苯以及二氧化碳等副产物。因此，制备高选择性、高活性的催化剂，对于提高乙苯收率具有重要意义。

苯-乙醇烷基化可采用改性的中孔 ZSM-5 分子筛作为催化剂，ZSM-5 沸石分子筛是一种具有规则孔道的晶态硅铝材料，由于其具有较大的比表面积、强酸性和形状选择性，在苯烷基化反应中表现出优良的催化活性和选择性，但不同组成和结构的 ZSM-5 催化剂，其催化性能会有较大差异，而且会造成反应条件和产物分布的不同。

ZSM-5 分子筛是结晶型的硅铝酸盐，通常采用水热合成法制备。其合成方法是将含硅化合物（水玻璃、硅溶胶等）、含铝化合物（水合氧化铝、铝盐等）、碱（氢氧化钠、氢氧化钾等）和水按适当比例混合，一定温度下在高压釜中加热一定时间，晶化得到 NaZSM-5 分子筛晶体。

为了适应分子筛催化剂的不同特性，需要将分子筛中的 Na^+ 交换成氢型或其他阳离子以制备与反应要求相适应的分子筛催化剂。

分子筛催化剂的离子交换一般使用阳离子的水溶液，在一定的温度和搅拌下通过一次或数次交换，以达到要求的交换度。其离子交换流程为：

$$NaZSM-5 \rightarrow 离子交换 \rightarrow 洗涤过滤 \rightarrow 干燥 \rightarrow 成型 \rightarrow 焙烧 \rightarrow 催化剂产品$$

分子筛的离子交换条件如温度、交换液浓度、交换次数、焙烧条件等都会对催化剂的性能产生影响。因此通过改变离子交换条件可以制备出各种不同的催化剂，同时也可以通过引入其他阳离子对分子筛进行改性获得各种不同性能的分子筛催化剂。

催化剂考评条件的不同，如温度、配料比、空速等会影响催化剂的性能，因此在考评及筛选催化剂时，应在相同的工艺条件下进行，通过催化剂的考评来筛选出性能优良的催化剂并确定分子筛的最佳制备条件。

催化剂的性能主要取决于其化学组成和物理结构，催化剂的比表面积与孔结构是描述多相固体催化剂的一个重要参数。测定催化剂比表面积和孔结构的常用方法是 BET 法和色谱法，其基本原理均基于气体在催化剂表面的吸附理论。催化剂的比表面积和孔径分布可以采用麦克公司 ASAP2020 型全自动物理化学吸附仪进行测定表征。

C 预习与思考

① 查阅有关文献，了解 ZSM-5 分子筛合成及改性方法以及乙苯的合成方法。

② 苯-乙醇烷基化反应是放热还是吸热反应？如何判断？

③ 实验室反应器有哪些类型？评价苯-乙醇烷基化反应的反应器属哪种类型？有什么优缺点？

④ 分析本实验中影响催化剂活性和选择性的因素主要有哪些？

⑤ 催化剂的宏观物理性能包括哪些方面？对催化剂性能有何影响？

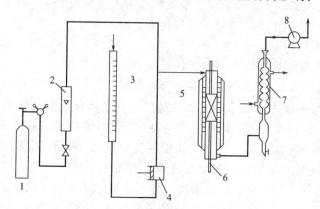

图 9-1　气固相催化反应装置

1—氮气钢瓶；2—转子流量计；3—计量管；4—微量泵；5—反应器；6—热电偶；7—冷凝器；8—流量计

D 实验装置及流程

① 催化剂制备　500mL 三口烧瓶，电热套，冷凝管，搅拌器及配套部件，真空泵，催化剂挤条成型机，烘箱，马弗炉。

② 催化剂考评　如图 9-1 为气固相催化反应装置，包括反应器及温度控制器、预热器及温度控制器、流量计、进料泵、冷凝器。

③ 催化剂表征　ASAP2020 型全自动物理化学吸附仪（麦克公司）。

④ 产物分析　气相色谱方法分析各组分的含量。

E　实验研究内容

（1）实验任务

根据苯与乙醇反应制备乙苯催化剂的性能要求，通过对 ZSM-5 分子筛催化剂的改性研究，制备出 2～3 种不同系列催化剂，通过对催化剂性能的考评筛选出具有优良性能的催化剂，并对该催化剂进行反应工艺条件的影响评价及结构表征。

（2）方案设计

① 结合文献资料，确定催化剂制备及表征方案。

② 结合文献资料，确定催化剂考评方案及原料、产物的分析方法。

③ 制定原始数据记录表及实验数据处理方法。

④ 列出化学品安全技术说明书，针对催化剂制备和烷基化反应，开展实验过程危险性分析，制定安全防护措施。

（3）操作步骤

① 催化剂制备　称取 50g 已合成的 NaZSM-5 分子筛装入三口烧瓶中，用量筒量取预先配制好的 1mol/L NH_4NO_3 溶液 500mL 倒入三口烧瓶中。然后将三口烧瓶放入电热碗中，装上回流冷凝器，搅拌器、温度计，并打开冷却水。启动搅拌器，加热升温，控制温度在 90℃ 下搅拌反应 2h，然后停止搅拌并降温，待交换液温度降至 40～50℃ 时，进行洗涤和过滤。洗涤完毕，取出滤饼放在蒸发皿内置于烘箱中，在 120℃ 下烘干，500℃ 焙烧 4h 后按上述条件进行第二次离子交换。将经第二次离子交换、过滤、洗涤、烘干后的分子筛研细，然后以 4：1（质量比）的比例加入黏合剂氧化铝，混合均匀后加入少量稀 HNO_3 进行捏和，捏和充分后将物料放入挤条机中进行挤条成型，成型后的催化剂经烘干、500℃ 焙烧后粉碎成 20～40 目大小的颗粒备用。

可以选用不同合成条件、不同离子交换条件或引入其他阳离子、改变焙烧温度等方式制备得到各种不同系列的改性 ZSM-5 分子筛催化剂。

② 催化剂活性考评如下。

a. 装置建立　按催化剂评价要求建立好反应装置，连接好 N_2 管及加料管，配制好苯-乙醇反应液，苯醇比为 4，并校正 N_2 流量及泵的流量。

b. 催化剂装填　量取 20mL 20～40 目 HZSM-5 分子筛催化剂，装填入反应器，装填时要注意使催化剂装填在恒温区，并保证装填均匀。反应器装好后需进行气密性检查。

c. 反应　开启加热电源升温，设定汽化温度为 200℃，初始反应温度为 220℃，并同时通入 N_2，待温度稳定后开始加入已配制好的苯-乙醇原料，反应开始后每隔 30min 取样，将收集的冷凝液用分液漏斗分离出烃层及水层，分别称重，烃层用气相色谱分析其组成。

可以通过改变反应温度、苯醇比、空速等条件，测定不同工艺条件对催化剂性能的影响，获得最佳的工艺条件。

d. 停车　实验结束后，先停止加料，继续通入 N_2 进行催化剂的吹扫，约半小时后停止加热，降温至 100℃ 以下关闭 N_2。

③ 催化剂比表面积及孔结构表征　催化剂比表面积及孔结构表征采用麦克公司 ASAP2020 型全自动物理化学吸附仪进行表征。

（4）数据处理

① 根据催化剂考评结果计算乙醇转化率、苯转化率、乙苯选择性、乙苯收率。

② 比较不同催化剂的比表面积、孔径分布。

F 结果与讨论

分析实验数据，作出反应条件对转化率、选择性、收率影响的曲线，比较不同催化剂的催化性能，筛选出性能最好的催化剂及工艺条件，并对实验结果进行分析讨论。

参 考 文 献

[1] 朱洪法，刘丽芝. 催化剂制备及应用技术. 北京：中国石化出版社，2011.
[2] 张立东，李钒，周博. 稀土改性 ZSM-5 分子筛催化乙苯合成的研究. 天津化工，2016，30（3）：30-31，33.
[3] 程志林，赵训志，邢淑建. 乙苯生产技术及催化剂研究进展. 工业催化，2007，15（7）：4-9.
[4] Yang Weimin, Wang Zhendong, Sun Hongmin. Advances in development and industrial applications of ethylbenzene processes. Chinese Journal of Catalysis，2016，37（1）：16～26.
[5] 高俊华，张立东，胡津仙. 不同 HZSM-5 催化剂上苯与乙醇的烷基化反应. 石油学报：石油加工，2009，25（1）：59-65.

9.2 实验二十七 一氧化碳净化催化剂的研制

一氧化碳（CO）是含碳物质不完全氧化的产物，主要来自于汽柴油内燃机车尾气和锅炉化石燃料燃烧废气的排放。CO 是大气中分布最广和数量最多的污染物之一，在标准状态下，CO 是一种无色、无味的气体，极易与血红蛋白结合，使其丧失携氧能力和作用，造成组织窒息，严重时死亡。中国标准执行的职业接触限值（GBZ/T 230—2010）规定，短时间接触容许浓度最高为 $30mg/m^3$，当空气中 CO 浓度超过 800×10^{-6}，就会引起成人昏迷。因此，即使是低浓度的 CO 也有相当大的危害性，必须将其净化。

CO 氧化反应系强放热过程，在热力学上非常有利，如式（9-3），但常温下，CO 的化学性质比较稳定，浓度越低越难转化，必须采用高效催化剂，才能在较低的温度下将 CO 氧化脱除。

$$CO + \frac{1}{2}O_2 \Longrightarrow CO_2 \quad \Delta G_0 = -257.2kJ/mol, \; \Delta H_0 = -283kJ/mol \tag{9-3}$$

CO 催化氧化反应机理十分复杂，不同的催化剂体系、不同的反应气氛和反应温度均会引起反应机理上的差异，这方面的研究仍是催化领域内的热点课题。2007 年，德国科学家格哈德·埃特尔（Gerhard Ertl）因揭示了 CO 在铂催化作用下的氧化反应机理，被授予了诺贝尔化学奖。本实验通过低浓度 CO 氧化反应催化剂研制，达到如下教学目的。

A 实验目的

① 了解常用的低浓度 CO 净化技术。
② 了解低浓度 CO 氧化净化过程常用催化剂的类型，自主设计催化剂，掌握制备方法。
③ 掌握催化剂性能测试及工艺考评方法，合理设计工艺条件，获得有效实验数据。
④ 培养团队协作精神，通过有效沟通与合作完成实验任务。
⑤ 能够辨识 CO 气体催化反应过程中潜在危险因素，掌握安全防护措施，具备事故应急处置能力。

B 实验原理

（1）催化剂组成的设计及制备

负载型催化剂是活性组分及助催化剂均匀分散、负载在专门选定的载体上的一种催化剂。按催化剂物化性能要求，可选择具有适宜的孔结构和表面积的载体，使活性组分的烧结和聚集大大降低，增强催化剂的机械性能和耐热、传热性能。有时，载体与活性组分之间的强相互作用能提供附加活性，负载型催化剂具有高选择性、高活性且稳定性好的特点。低浓度 CO 氧化催化剂主要有两大类：一类是负载型过渡金属氧化物催化剂，主要由 Cu、Mn、Co、Ni、Fe、Cr 等具有氧化还原特性的过渡金属的氧化物为活性组分，以 Al_2O_3、TiO_2、CeO_2、ZrO_2 等为载体构成。因其价格低廉、制备方法简单等优点，受到普遍关注，有不少催化剂已投入商业应用，但此类催化剂大多存在着活性较低、在潮湿环境中易失活等缺点。另一类是负载型贵金属催化剂，主要以 Au、Pt、Pd、Ag 等贵金属为活性组分，以 Al_2O_3、TiO_2、CeO_2 等为载体构成。Au/TiO_2、Pt/CeO_2 和 Pd/Al_2O_3 等催化剂均对低浓度 CO 氧化净化具有较好的催化效果，贵金属催化剂通常具有活性高、稳定性好的特点，但因其价格昂贵，发展与应用受到一定限制。

催化剂的活性不仅取决于催化剂的组成，还与催化剂的比表面积、孔结构，以及活性组分的颗粒大小等密切相关，因此，催化剂的活性与制备方法相关。浸渍法是工业应用最广泛的催化剂活性组分负载方法，将载体与金属盐溶液接触，使金属盐溶液浸渍吸附到载体的毛细孔中，通过干燥将水分蒸发使金属盐留在载体表面，再经过焙烧、活化得到活性组分高分散的负载型催化剂。浸渍法的优点有：①选用合适的载体，能提供催化剂所需的物理结构；②活性组分利用率高，用量少，成本低；③设备简单，操作相对灵活。浸渍法的缺点是浸渍及干燥过程中，活性组分在载体孔道内部容易分布不均匀。浸渍法常分为等体积浸渍法、过量浸渍法、多次浸渍法。

（2）工艺条件设计

催化剂的工艺考评通常包括催化剂的活性和选择性。催化剂的活性常用单程转化率来描述，即原料通过催化床一次，催化剂使原料转变的百分率；催化剂的选择性则用消耗的原料转变为目的产物的百分率表示。转化率和选择性常为相互制约的两种特性，多数的催化剂在高转化率条件下，选择性往往下降。本实验主要考评催化剂的活性，即 CO 氧化反应单程转化率，一般会受到反应物浓度、空速、反应温度及反应器构造等多个因素的影响，在筛选催化剂时，应在相同的工艺条件下比较催化剂活性。

C 预习与思考

① CO 的净化技术有哪些具体的应用？

② 催化剂有哪些分类？有哪些制备方法？

③ 浸渍法制备有哪些主要步骤？每个步骤的作用是什么？

④ 评价催化剂性能的工艺流程一般由哪几部分构成？在实验时各个部分应注意哪些问题？

D 实验装置与流程

（1）催化剂制备

催化剂制备设备包括容量瓶、电子天平、移液枪、坩埚、烘箱、马弗炉等。

（2）催化剂考评实验流程

催化剂活性评价在固定床反应器上进行，流程示意图如图 9-2 所示。

考评装置由三部分组成，即原料进气部分、固定床反应器部分以及色谱分析部分。反应原料气体从气体钢瓶经由质量流量控制器调节后进入混合器，之后进入固定床反应器中，在一定温度下流经反应管中的催化剂床层进行反应，反应管出口气体经取样，进入气相色谱仪检测。反应管可选用 U 形石英反应管，其内径约为 6mm，管壁厚度 1mm，管长约 200mm。反应管出气侧底部内置砂芯装置，外接热电偶套管伸入反应管内，套管底部与催化剂床层上

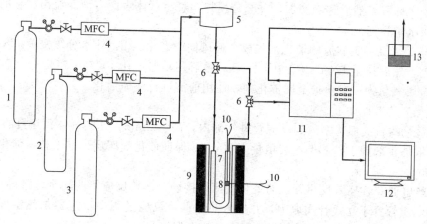

图 9-2 CO 催化氧化反应流程图

1—CO 钢瓶；2—O_2 钢瓶；3—N_2 钢瓶；4—流量控制器；5—气体混合器；6—三通阀；

7—U 形反应管；8—催化剂；9—加热炉；10—热电偶；

11—气相色谱仪；12—计算机；13—尾气吸收装置

表面接触。气相色谱仪用于在线分析反应尾气中 CO 和 CO_2 的摩尔含量。

E 实验研究内容

（1）实验任务

通过查阅文献，了解低浓度 CO 催化氧化研究与应用的发展历程，围绕该催化氧化过程，自主设计负载型催化剂，并考察实验工艺条件的变化对催化反应转化率的影响。在此基础上，分析比较不同载体和活性组分所制得的催化剂在特定工艺条件下的催化剂活性数据，对实验结果进行讨论。

（2）实验设计

① 催化剂设计   任选 CeO_2、Al_2O_3、TiO_2 三种载体中的一种，颗粒度控制为 $60 \sim 100$ 目，用等体积浸渍法负载活性组分。活性组分可选用过渡金属如 Co、Cu、Mn 的氧化物，负载量 $5\% \sim 25\%$（质量分数）；或者贵金属如 Pt、Pd、Au 等成分，负载量可取 $0.5\% \sim 5\%$（质量分数）。

② 工艺条件选择   自主设计并计算原料气配比，考评不同 CO 浓度、不同空速条件下催化剂的活性随温度的变化情况，并以 CO 转化率达 90% 时的温度作为催化剂活性高低的评价指标。CO 浓度可选区间为 $500 \times 10^{-6} \sim 5000 \times 10^{-6}$；空速可选区间为 $5000 \sim 30000 h^{-1}$。例如，可在 $15000 h^{-1}$ 的空速下做三组实验，对应的 CO 浓度分别为 500×10^{-6}、1000×10^{-6} 和 5000×10^{-6}。

（3）操作步骤

① 等体积浸渍法制备催化剂如下。

a. 饱和吸水量测定   预先干燥（120℃，4h）载体，称取 5g，置于 50mL 烧杯中，逐滴加水并用玻璃棒不断翻动，直至载体颗粒表面有液滴流出，即得到该载体的饱和吸水量。等体积浸渍时所用的总液量应与该饱和吸水量相当。

b. 催化剂负载   以 1.0%（质量分数）负载量的 Pt/Al_2O_3 为例，将封装 1g 的 $H_2PtCl_6 \cdot 6H_2O$ 溶于去离子水中，定容到 25mL 棕色容量瓶，经计算该溶液浓度为 15.06mg（Pt）/mL；称取 $5gAl_2O_3$ 粉末，则达到 1.0%（质量分数）负载量需要 Pt 的质量为 50mg，用移液枪从容量瓶中取对应体积的溶液于 25mL 小烧杯中，先加少于饱和吸水量的去离子水稀释，然后逐滴滴加，并充分搅拌，直至载体表面有液滴流出，总的加液量应当与饱和吸水量相当。

c. 老化、焙烧 负载后的催化剂先放在通风橱中老化 12h，让水分缓慢蒸出，使活性组分分布均匀，然后移至 120℃烘箱中干燥 4h，最后用马弗炉在 400℃下焙烧 4h，使前驱体氧化分解为金属氧化物；对于贵金属催化剂，使用前需进行还原活化。

② 催化剂的考评如下。

a. 取适量的石英棉，塞入到反应管进气侧内，高约 2mm，达到气体预热目的；

b. 称取催化剂置于砂芯上，装填量为 50mg，保证催化剂床层顶部平整，催化剂床层高度约为 6mm；

c. 将热电偶套管插入反应管，与催化剂床层接触，连接反应管两端至管路；

d. 将反应管置于立式管式炉中，并插入热电偶，反应过程中反应器加热温度由管式炉程序控温，实际温度由插入至催化剂床层中的热电偶测量；

e. 开启氮气钢瓶，置换系统约 10min，然后切换为原料气配比；

f. 反应器开始程序升温，反应升温速率为 1℃/min，由室温升至 350℃，每隔 20℃进行气相色谱取样分析；

g. 记录工艺条件和实验数据，并加以初步分析，以判断是否出现异常情况。

③ 色谱分析如下。

a. 色谱柱 碳分子筛填充柱，2m×3mm；载气 N_2，柱温 75℃，柱前压约 0.12MPa；

b. 检测器 氢火焰检测器，检测器温度 150℃，配备甲烷化炉，温度为 360℃。气样中的 CO 及反应产物 CO_2 在进入检测器之前先转化为 CH_4，可提高检测灵敏度，CO 最低可检测体积浓度为 0.5×10^{-6}。

(4) 数据处理

① CO 转化率 由于色谱仪配有甲烷转化炉，反应物 CO 及反应产物 CO_2 都将全部转化为 CH_4 进入检测器检测，反应物 CO 的色谱峰面积和 CO_2 的色谱峰面积的校正因子相同。

计算公式为：

$$X_{CO} = \frac{n_{CO_2}}{n_{CO} + n_{CO_2}} = \frac{A_{CO_2} f_{CO_2}}{A_{CO_2} f_{CO_2} + A_{CO} f_{CO}} = \frac{A_{CO_2}}{A_{CO_2} + A_{CO}} \tag{9-4}$$

式中 X_{CO}——CO 转化率；

n_{CO_2}——反应器出口 CO_2 摩尔含量；

n_{CO}——反应器出口 CO 摩尔含量；

A_{CO_2}——CO_2 色谱峰面积；

A_{CO}——CO 色谱峰面积；

f_{CO_2}、f_{CO}——CO_2、CO 色谱峰校正因子（CO 和 CO_2 校正因子相同）。

② $T_{90\%}$ 以转化率对反应温度作图，当 CO 转化率达到 90%时的温度记为 $T_{90\%}$，$T_{90\%}$ 越低，则催化剂活性越高。

③ 实验结果分析 分析不同工艺条件下的催化剂活性数据，对实验结果进行讨论，包括曲线趋势的合理性、误差分析、成败原因等；比较不同组成或不同类型催化剂的活性，讨论影响因素。

F 结果讨论

① 为什么可以用达到一定转化率所需的温度来表示催化剂活性？还有其他表示方法吗？

② 哪些因素会影响催化剂的活性？请加以分析。

③ 将本组的实验结果与其他组相比，是否有差异？试讨论原因。

参考文献

[1] 张纪领，尹燕华，张志梅．CO低温氧化霍加拉特催化剂的研究．工业催化，2007，15（6）：56-61．．

[2] Xu J，White T，Li P，et al. Biphasic Pd-Au alloy catalyst for low-temperature CO oxidation. J Am Chem Soc, 2010, 132：10398-10406.

[3] XuY，Ma J Q，Xu Y F，et al. CO oxidation over Pd catalysts supported on different supports：A consideration of oxygen storage capacity of catalyst. Advanced Materials Research，2012，347-353：3298-3301.

9.3 实验二十八 氧化钙基高温二氧化碳吸附剂性能研究

化石燃料火电厂是 CO_2 的主要排放源，约占 CO_2 总排放量的 1/3，因此捕集和分离电厂烟道气中的 CO_2 是减少温室气体排放和遏制温室效应的重要途径。从化石燃料废气中分离回收 CO_2 的技术主要有吸收分离法、吸附分离法和膜分离法等，其中吸收分离法与吸附分离法发展比较成熟且应用最广，但这两种方法的应用前提是需将废气冷却到 100℃ 以下，化石燃料燃烧后的废气温度通常在 600℃ 以上，若采用常规分离技术会造成能量的严重损失。因此，寻求有效且经济的高温 CO_2 吸附剂显得非常重要，这类吸附剂可以在高温条件下实现循环吸附/脱附，可以避免高温烟道气的降温处理，减少能量的损失。CaO 具有良好的 CO_2 吸附能力，在转化率达到 100% 即完全碳酸化的理想情况下吸附量可达到 78.6%（g CO_2/g CaO），又因其来源广、成本低、制造工艺简单，被看作是 CO_2 高温吸附剂的首选材料。

本实验通过 CaO 基高温 CO_2 吸附剂的改性研究，达到如下教学目的。

A 实验目的

① 了解高温 CO_2 吸附剂的制备技术及应用价值；

② 掌握 CaO 基高温吸附剂的制备及改性方法；

③ 掌握 CaO 基高温吸附剂的性能测定与表征方法；

④ 能够结合工程因素，从转化率/再生率、转化速率/再生速率、循环稳定性的角度综合评价吸附剂性能；

⑤ 培养团队协作精神，通过有效沟通与合作完成实验任务；

⑥ 能够辨识高温设备使用过程中的潜在危险因素，掌握安全防护措施。

B 实验基本原理

CaO 基高温吸附剂是基于酸性 CO_2 易在碱性或碱性活性吸附位点上被吸附生成碳酸盐，当吸附反应达到平衡时，吸附剂便失去了分离效果，故须对吸附剂进行再生，实现循环操作。CaO 基吸附剂和高温 CO_2 进行碳化和再生反应的循环流程如下：

碳化反应：$CaO + CO_2 \longrightarrow CaCO_3$ $\quad \Delta_r H_m = +178 kJ/mol$ (9-5)

再生反应：$CaCO_3 \longrightarrow CaO + CO_2$ $\quad \Delta_r H_m = -178 kJ/mol$ (9-6)

在循环操作系统中，CaO 的碳化转化率随循环次数的增加而逐渐降低，一方面，CaO 与 CO_2 反应时颗粒外层的 CaO 被碳酸化成为 $CaCO_3$，容易堵塞外层微孔，从而使 CO_2 难以扩散到颗粒内部与 CaO 发生进一步反应，导致 CaO 转化率降低；另一方面，当吸附剂再生时，800～900℃ 的高温煅烧会造成 CaO 颗粒之间烧结（烧结是指固体颗粒被加热到低于其熔点的足够高的温度时发生聚结），引起吸附剂表面积下降和孔隙急剧减少，被烧结的吸附剂难以分解为 CaO，表面状态也发生变化，导致吸附剂的转化率下降。因此，提高 CaO 循环稳定性是氧化钙能否工业应用的关键。

在 CaO 中掺杂添加剂被认为是一种简单有效的改性方法，研究表明，CaO 基吸附剂中添加 NaCl、乙酸、MgO、KMnO$_4$、CaTiO$_3$、Al$_2$O$_3$ 等都能提高吸附剂的循环稳定性和吸收能力，添加剂的作用机理可能有多种：①改善吸附剂的孔径分布和比表面积；②作为催化剂，提高吸附和再生反应速率，降低再生温度；③ 作为支撑骨架，分散晶粒，抑制烧结；④掺杂离子使产物层晶格发生缺陷，增强了固态离子的扩散。V$_2$O$_5$ 是工业上常用的 CO$_2$ 化学吸收催化剂，适当的添加量能改善 CaO 的碳化/再生性能，但用于 CO$_2$ 高温吸附时，必须考虑 V$_2$O$_5$ 低熔点特性对抗烧结性能的影响。Al$_2$O$_3$ 与碱共熔生成的铝盐具有化学性质稳定、耐热性强的特点，当 Al$_2$O$_3$ 与 CaO 在高温下反应，能生成耐热性强的支撑骨架 Ca$_{12}$Al$_{14}$O$_{33}$，可有效阻止 CaO 颗粒聚集，抑制烧结的发生；但 Al$_2$O$_3$ 对 CO$_2$ 无吸附作用，添加过多的 Al$_2$O$_3$ 将影响 CaO 在复合材料中的质量比，进而影响转化率。

C 预习与思考

① 常用二氧化碳分离回收法有哪些？这些分离回收法有何优缺点？
② 一种性能优良的高温 CO$_2$ 吸附剂应具备哪些特征？
③ 固体吸附剂的仪器表征手段有哪些？简述原理。

D 实验流程与设备

图 9-3 为 CaO 基吸附剂碳化和再生反应的循环流程，吸附剂在碳化炉里与混合气中的 CO$_2$ 进行碳化反应，完成 CO$_2$ 的吸附；生成的 CaCO$_3$ 进入再生炉，在 N$_2$（或者 N$_2$ 与低浓度 CO$_2$）的氛围下进行分解，实现吸附剂再生。图 9-4 是碳化/再生反应装置，利用热重分析仪（TGA）可完成吸附剂的高温碳化/再生过程。将吸附剂置于 TGA 样品托盘，在 N$_2$ 氛围下升温到 600℃，温度稳定后将 N$_2$ 切换为 CO$_2$ 原料气进行吸附，吸附饱和后，停止通入 CO$_2$ 原料气，将气体切换为 N$_2$ 氛围，升温至 750～850℃，进行脱附反应，脱附完成后再次降温至 600℃，通入 CO$_2$ 气体进行吸附反应，依次循环。TGA 可实时记录样品质量随温度或时间的变化，观察样品的质量变化可判断碳化反应/再生是否结束，TGA 可用于吸附剂循环稳定性研究，也可用于碳化反应/再生动力学研究。

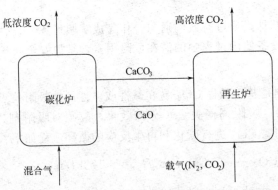

图 9-3　CaO 基吸附剂碳化和再生反应的循环流程

E 实验研究内容

（1）实验任务

碳化转化率与再生率是评价 CaO 基吸附剂的主要依据，而循环稳定性是衡量吸附剂能

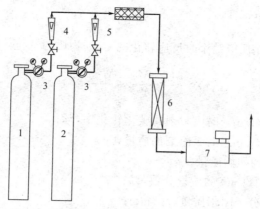

图 9-4　碳化/再生反应装置图

1—氮气钢瓶；2—二氧化碳钢瓶；3—减压阀；4—气体流量计；5—混合器；6—干燥器；7—热重分析仪

否工业应用的重要参数。本实验以 CO_2 和 N_2 为原料气模拟烟道气，其中 CO_2 体积分数为 30%；以 V_2O_5、高铝水泥（CA-50，Al_2O_3 质量分数为 51.25%）为改性剂，考察不同添加量对 CaO 基吸附剂碳化/再生性能的影响，并以碳化转化率/再生率、碳化转化/再生速率和循环稳定性为考察目标，综合评价，开发一种性能优良的复合改性 CaO 基吸附剂。

（2）实验设计

影响 CaO 基吸附剂碳化/再生性能的因素众多，主要包括吸附剂和反应条件两方面，如吸附剂组成、晶型、结构、尺寸等，以及反应温度、CO_2 分压等，因此，考察 V_2O_5、高铝水泥添加量对 CaO 吸附剂碳化/再生性能影响，应系统设计工艺条件。

① 查阅文献，了解 CaO 吸附剂碳化/再生反应特点，掌握操作要求；

② 考察不同添加量对 CaO 基吸附剂性能的影响，在添加范围内设计改性配方，V_2O_5 为 0~4%（质量分数），高铝水泥为 0~8%（质量分数）；

③ 根据实验室提供的设备和器材，按照流程搭建装备；

④ 掌握 N_2、CO_2 钢瓶、马弗炉、热重分析仪的安全操作规程，做好安全防护措施；

⑤ 以 CaO 基吸附剂的碳化/再生率、碳化/再生速率、再生温度以及第 15 次循环值为考察目标，设计 TGA 操作参数、设计原始数据记录表，数据处理方法。

（3）操作步骤

① CaO 基吸附剂制备如下。

a. CaO 制备　准确称取 10g 的 CaO 放入干净的烧杯中，缓慢加入去离子水至浆状，搅拌 30min 后，于 140℃下干燥 3h，将烘干后的样品研磨至粒度为 100~200 目，然后放入马弗炉中，在 700℃下煅烧 1h，最后将吸附剂置于干燥器中，冷却、保存、标号。

b. 改性 CaO 制备　按照不同配方，准确称取 10g 的 CaO、V_2O_5 和高铝水泥，按照上述方法，制备粒度为 100~200 目的改性 CaO 吸附剂。

② CaO 基吸附剂的碳化/再生性能以及循环稳定性分析　采用热重分析仪（TGA）进行分析，可得到样品质量变化与时间的变化关系，将 20mg 左右吸附剂装入 TGA 样品托盘，在 N_2 氛围下以 20℃/min 程序升温至 600℃，待稳定 10min 后通入 100mL/min 的 CO_2 和 N_2 混合气，其中 CO_2 为 30mL/min，吸附一段时间后吸附剂达到饱和，停止通入 CO_2 原料气，将气体切换为 50mL/min 的 N_2 氛围，以 20℃/min 程序升温至 750~850℃（根据不同的试样或要求，再生温度可调），进行脱附反应，脱附一段时间再生反应结束，再降温至 600℃，温度稳定后，再次通入 CO_2 气体进行吸附反应，依次循环，完成 15 个循环碳化/再

生过程。

（4）数据处理

① 碳化转化率　碳化反应结束时反应转化的 CaO 物质的量与其初始物质的量之比。

$$X(t) = \frac{M_t - M_0}{M_0 A} \times \frac{M_{CaO}}{M_{CO_2}} \times 100\% \qquad (9-7)$$

式中　$X(t)$——碳化 t（min）时吸附剂的碳化转化率，%；

　　　　M_t——碳化 t（min）时吸附剂的质量，g；

　　　　M_0——吸附剂的初始质量，g；

　　　　A——吸附剂中 CaO 的质量分数，%；

　　　M_{CaO}——CaO 的分子摩尔质量，g/mol；

　　　M_{CO_2}——CO$_2$ 的分子摩尔质量，g/mol。

② 再生率　再生一定时间后，分解的 CaCO$_3$ 物质的量与其初始物质的量之比。

$$Y(t) = \frac{w_t - w_0}{w_0 y_0} \times \frac{M_{CaCO_3}}{M_{CO_2}} \times 100\% \qquad (9-8)$$

式中　$Y(t)$——再生 t（min）后吸附剂的再生率，%；

　　　　w_t——再生 t（min）后饱和吸附剂的质量，g；

　　　　w_0——饱和吸附剂的初始质量，g；

　　　　y_0——饱和吸附剂中 CaCO$_3$ 的初始百分含量，%；

　　M_{CaCO_3}——CaCO$_3$ 的分子摩尔质量，g/mol。

③ 循环值　定义为第 n 次循环时每克吸附剂吸附 CO$_2$ 的质量与第 1 次循环时每克吸附剂吸附 CO$_2$ 的质量之比。

$$Cs\,(n) = \frac{M_{n,CO_2,abs}}{M_{max,CO_2,abs}} \ (g/g) \qquad (9-9)$$

式中　$Cs(n)$——第 n 次循环时的循环值，g/g；

$M_{max,CO_2,abs}$——第 1 次循环时吸附 CO$_2$ 的质量，g；

$M_{n,CO_2,abs}$——第 n 次循环时吸附 CO$_2$ 的质量，g。

F　结果讨论

① 根据实验结果，分析 V$_2$O$_5$ 和高铝水泥对 CaO 基吸附剂改性机理。

② 如何确定 CaO 基吸附剂适宜的再生温度？

③ 如利用热重仪测定 CaO 基吸附动力学，还需要测定哪些实验数据？

④ 如考虑 CaO 基吸附剂工业应用，流化床和固定床吸附设备，哪一种更适合？试简述理由。

参考文献

[1] 吴晗. 氧化钙基 CO$_2$ 吸附剂的改性研究 [D]. 上海：华东理工大学，2012.

[2] 张涛. CaO 基吸附剂的复合改性研究 [D]. 上海：华东理工大学，2012.

[3] 何涛. 高温下钙基吸附剂吸附 CO$_2$ 的研究. 化学工程，2007，35（12）.

[4] Yan Chang feng, Grace John R, Lim C Jim. Effects of rapid calcination on properties of calcium-based sorbents. Fuel Processing Technology, 2010.

[5] 李英杰，长遂，段伦博，等. 醋酸调质钙基吸收剂的循环碳酸化特性. 东南大学学报，2008.

9.4 实验二十九 集成膜分离实验开发

近数十年来，随着世界各国对能源和环境的重视，作为一种绿色节能的分离技术，膜分离技术的发展非常迅速，在液-固（液体中的超细微粒）分离、液-液分离、气-气分离、膜反应分离耦合、集成分离技术等方面的研究取得了突破性进展。膜分离过程应用于化学工业、石油化工、生物医药和环保等领域，对于提高产品质量、节能降耗和减轻污染等都具有极为重要的战略意义。在工业生产中，单一的膜分离技术往往无法满足实际生产需要，多种分离方式联合使用便应运而生。

近些年我国对染料的需求很大，生产量也很多。2002 年各种染料总产量达 60 万吨。但由于染料生产过程中的后加工技术不高，国内染料企业大多数生产低中档染料且产品附加值低，国际市场上通常同类染料产品的价格只有国外染料产品价格的 40%～70%。国内企业虽能生产 1200 多种染料，但染料产品结构不合理，分散染料比例过大，活性染料、酸性染料等其他几十种高档染料比例偏低。由于国内染料行业生产的染料产品含有大量盐分，纯度较低，导致市场上的高纯染料主要依赖进口。

本实验以含盐粗染料为原料，要求通过膜分离及相关联合分离方式，对粗染料进行高效纯化，并脱除染料中的盐分。通过实验研究，拟达到以下目的。

A 实验目的

① 掌握膜分离过程的基本原理及特征；

② 掌握化工过程的级联原理与实验流程设计的基本方法，完成粗染料提纯集成膜分离实验方案设计；

③ 能够选配实验设备、组织并实施实验计划，获得有效实验数据；

④ 结合工程因素，如经济、环保、能耗，综合评估粗染料提纯过程的膜分离效果；

⑤ 培养团队协作精神，通过有效沟通与合作完成实验任务。

B 实验基本原理

膜分离技术起源于 20 世纪初，初步成型于 20 世纪 60 年代。它利用一张具有选择透过性的薄膜，在外力作用下，推动目标物质通过，从而对工业用水进行分离、提纯。该技术具有高效分离、能耗低、无相变、设备简单易操作等优点，广泛应用于食品、药品、冶金、化工、电力等诸多行业，被称为"21 世纪的水处理技术"。

通常，分离膜按照结构可分为对称膜、不对称膜和复合膜等；按照膜的材质可分为有机膜和无机膜；按照膜分离过程的驱动力可分为压力驱动、浓度驱动、电场驱动等膜过程。对于常用于液-固、液-液分离的压力驱动膜从分离精度上划分，一般可分为四类：微滤（MF）、超滤（UF）、纳滤（NF）和反渗透（RO），它们的过滤精度按照以上顺序越来越高。下面就这四种常见的压力驱动膜分离过程以及逐步取代离子交换技术的连续电除盐技术进行较为详细的介绍。

（1）微滤

微滤又称微孔过滤，根据筛分原理以压力差作为推动力的膜分离过程。膜的孔径范围通常在 $0.1～20\mu m$，微滤膜允许大分子和溶解性固体（无机盐）等通过，能从气相或液相中截留大直径的菌体、悬浮固体及其他污染物。微滤膜一般由陶瓷、金属等无机材料，或乙酸纤维素、聚丙烯、聚碳酸酯、聚砜、聚酰胺等有机材料制造。微滤膜的运行压力一般为 $0.5～5bar$。

膜截留范围图谱

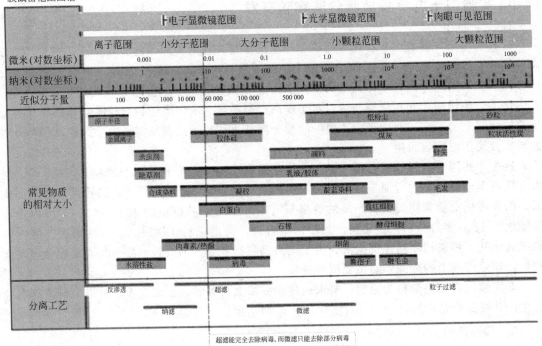

图 9-5　膜截留范围图谱

（2）超滤

超滤膜分离过程具有无相变、设备简单、效率高、占地面积小、操作方便、能耗少和适应性强等优点，一般来说，超滤膜截留分子量为 500~100000（孔径 0.0015~0.02μm），超滤膜允许小分子物质和溶解性固体（无机盐）等通过，能对大分子有机物（蛋白质、细菌）、胶体、悬浮固体等进行分离，广泛应用于料液的澄清、大分子有机物的分离纯化、除热源，是替代活性炭过滤器和多介质过滤器的优良产品。因而它广泛应用于电子、饮料、食品、医药和环保等各个领域。超滤膜运行压力一般为 1~7bar。图 9-5 为膜截留范围图谱。

（3）纳滤

纳滤（NF）是介于超滤与反渗透之间的一种膜分离技术，其截留分子量在 100~1000，孔径在 1nm 左右，故称为纳滤。纳滤膜的截留特征是以其对标准 NaCl、$MgSO_4$、$CaCl_2$ 溶液的截留率来表征，其截留溶解盐类的能力为 20%~98%，对可溶性单价离子的去除率低于高价离子，如对氯化钠及氯化钙的去除率为 20%~80%，而对硫酸镁和硫酸钠的去除率为 90%~98%。对小分子有机物等与水、无机元素进行分离，实现脱盐与浓缩同时进行。纳滤一般用于去除地表水中的有机物和色素、地下水中的硬度，且部分去除溶解盐、食品和医药生产中有用物质的提取、浓缩。纳滤膜的运行压力一般为 3.5~30bar。

（4）反渗透

反渗透（RO）是一种最精细的膜分离产品，其能有效截留所有溶解盐分及分子量大于 100 的有机物，同时允许水分子通过。反渗透膜的截留对象是除水以外的所有离子、小分子，如可溶性的金属盐、有机物、细菌、胶体粒子、发热物质等。以膜两侧静压为推动力实现对水的净化提纯，获得高质量纯水。广泛应用于生产纯净水、软化水、无离子水、产品浓缩、废水处理等生产环节。乙酸纤维类反渗透膜脱盐率一般大于 95%，聚酰胺复合反渗透膜脱盐率一般大于 98%，反渗透膜用于苦咸水淡化的运行压力在 12bar 左右，用于海水淡化运行压力在 70bar 左右。

（5）电渗析与连续电除盐技术

电渗析分离技术（ED）是一种利用电能的膜分离技术，在直流电场的作用下，以电位差为推动力，利用阴、阳离子交换膜对水中阴、阳离子的选择透过性，使某种离子通过膜转移到另一侧，从而实现溶液的浓缩、淡化、精制和提纯。

将电渗析技术与离子交换技术有机结合而成的连续电除盐（EDI）技术是在电场的作用下进行水的电解，通过离子交换膜的离子选择通过功能，结合阴阳树脂的加速离子迁移能力，去除进水中大部分的离子，以使产水达到电导率低于 $0.2\mu S/cm$，符合锅炉补给水的要求。既克服了电渗析不能深度脱盐的缺点，又弥补了离子交换不能连续工作、需消耗酸碱再生的不足。

（6）染料生产工艺

染料如活性染料、酸性染料、直接染料的传统生产工艺包括化学合成和后处理两大部分组成。在传统的染料生产过程中通常添加盐使染料从水溶液中沉淀出来（即盐析），得到的悬浮液再通过压力过滤器截留染料，而盐和一些小分子残留产物则随滤液流出。截留的染料在浅盘中收集，并在炉中烘干，最后经过研磨生产成适于销售的粉末。

由于传统生产工艺中加入大量精盐进行盐析，经过滤所得产品含有大盐分（有时达 30%～40%），并且染料中还有部分未反应的小分子杂质，导致染料溶解度较低，在染色、印花时容易出现色点、色斑、堵塞网眼。污染设备、降低摩擦牢度等问题。这样不但会排出大量高色度、高 COD 的含盐废水，严重污染了环境，同时由于染料中还混有相当量的异构体，影响了产品质量的提高，阻碍了染料新配方和新品种的开发。因此高效纯化染料并脱除染料中的盐分是困扰染料行业产品质量的一大难题，也是人们重点关注的研究方向。

C 预习与思考

① 常见的压力驱动和电驱动膜过程有哪些？
② 常见膜分离过程的分离原理、适用领域及一般操作条件。
③ 传统生产工艺得到的粗染料一般含有哪些杂质？

D 实验流程与设备

实验装置主要包括微滤（或超滤）装置一套、纳滤装置一套、反渗透装置一套。

膜分离集成提纯染料工艺流程图可参照图 9-6。

图 9-6 膜分离集成提纯染料工艺流程示意图

E 实验研究内容

（1）实验任务

本实验以含盐粗染料为原料，要求通过膜分离及相关联合分离方式，对粗染料进行高效纯化，并脱除染料中的盐分。具体要求如下：

① 了解并掌握几种常见的压力驱动膜过程，可以根据实际待分离物系对分离精度的要求选择并集成相应的膜分离过程，实现对多组分物系的分离；

② 了解染料的生产工艺并分析粗制染料中的主要杂质，根据杂质的特性采用合适的集成膜分离实验流程提纯染料；

③ 设计实验记录表，采集实验数据，进行数据处理，评价集成膜分离技术对染料的提纯效果。

（2）方案设计

① 实验室备选实验设备、仪器及材料　微滤膜组件、超滤膜组件、纳滤膜组件、反渗透膜组件、增压泵、电源、流量计、压力表、紫外分光光度计、颗粒仪、电导率仪、比色管、管路、接头等（原则上实验室提供的仪器及材料多于实际需要，有利于学生发挥主观能动性）。

② 根据粗染料中含有的杂质特点及各种膜分离的分离性能设计集成膜分离实验流程，采用 AutoCAD 或相关软件画出流程图。

③ 设计实验内容，设计实验步骤。

④ 设计实验数据记录表，明确实验数据处理方法。建立实验内容评价指标体系，用于表征集成膜分离对粗染料的提纯效果。

（3）操作步骤

① 称取一定量的粗染料，用纯净水溶解，配制成原料液。测定原料的颗粒物杂质含量和无机盐杂质含量。

② 选用合适的膜分离设备，对粗染料进行预处理，并通过颗粒仪等表征原料液中颗粒物杂质的去除效果。

③ 选用合适的膜分离设备，对预处理后的料液进行处理，脱除其中的无机盐杂质，并表征无机盐的出去效果。

（4）数据处理

$$通量：J = \frac{V}{tA} \tag{9-10}$$

式中，J 为通量，$L/(m^2 \cdot h)$；V 为时间 t（h）内透过膜的料液体积，L；A 为膜面积，m^2。

$$截留率：R = (1 - \frac{c_P}{c_F}) \times 100\% \tag{9-11}$$

式中，R 为截留率，%；c_F 和 c_P 分别为原料液的浓度和渗透液的浓度，单位可以为质量浓度、体积浓度或摩尔浓度，但两者单位要一致。

F　结果与讨论

① 不同的膜分离过程对粗染料中不同杂质的去除效果有何不同？预处理可以选择何种膜过程，要脱除无机盐可以选择何种膜过程？为什么？

② 本实验对粗染料中杂质的去除效果与实验操作条件之间的关系？

③ 如何优化实验流程或操作条件来平衡染料纯度与收率之间的关系？

④ 实验过程中是否会产生废弃物，应如何处理？

参考文献

[1] 黄健，舒增年，张四海，等. 高通量聚醚砜纳滤膜的制备及对染料浓缩脱盐. 化工学报，2014，(10)：3968-3975.

[2] 武春瑞，杨法杰，颜春，等. 耐高温聚酰胺复合纳滤膜的染料脱盐性能研究. 功能材料，2007，38 (11)：1901-1903，1907.

[3] 李国祥,艾萍,周玲玲,等. 醋酸纤维素膜的制备及对染料的分离研究. 化学研究,2008,19(1):26-28.

[4] 武春瑞,张守海,杨大令,等. 耐高温聚芳醚酰胺超滤膜的研制与应用. 功能材料,2007,38(3):400-403.

[5] 张浩勤,秦国胜,张秋楠,等. 染料脱盐纳滤膜分离性能表征. 郑州大学学报:工学版,2015,36(3):73-76.

[6] 柴红,周志军,陈欢林,等. 纳滤膜脱盐浓缩染料的研究. 高校化学工程学报,2000,14(5):461-464.

[7] 乔欢欢. 染料脱盐用纳滤膜的制备与表征[D]. 郑州:郑州大学,2009.

9.5 实验三十 乳化-溶剂挥发法制备聚合物纳米微球

聚合物纳米粒是指至少有一相尺度达到纳米级（10^{-9} m）的聚合物材料,通过选择聚合方式和聚合单体,研究者可从分子水平上设计合成聚合物纳米粒,使之具有稳定的形态结构,具有小尺寸效应、表面效应和量子隧道效应,也可以具有温度、pH、电场和磁场响应性等特定功能,因此,聚合物纳米粒在医学、生物学、光学、电子学、机械学、功能材料科学等领域有着重要的研究价值。

聚合物载药纳米微球是指药物溶解或分散于高分子材料中形成微小的球状实体,药物在聚合物纳米微球内能通过扩散或聚合物自身的降解达到缓释或可控释放的目的。大量研究表明,当微球粒径在 10~1000nm 时,纳米药物的理化性质、物理响应性质、生物学特性将发生明显改变,因而在人体内的吸收、分布、代谢和排泄发生改变,可增强疗效,降低不良反应。研制具有控释功能的聚合物载药纳米微球,是当前聚合物纳米粒研究的热门领域,也是最具应用前景的领域。本实验拟采用乳化-溶剂挥发法制备聚乳酸-羟基乙酸共聚物 [poly(lactic-co-glycolic acid),PLGA]纳米空心微球,要求实验者在适宜的工艺条件下,制备出粒径小、粒度均匀、表面圆整光滑、不团聚、不粘连的纳米级微球。通过实验研究,拟达到以下目的。

A 实验目的

① 了解聚合物纳米材料的制备技术及应用价值;

② 掌握乳化-溶剂挥发法制备聚合物纳米微球的技术原理和实验方法;

③ 运用科学实验设计方法,组织并开展实验,掌握工艺条件优选方法;

④ 掌握聚合物纳米粒的表征与评价方法;

⑤ 培养团队协作精神,通过有效沟通与合作完成实验任务。

B 实验原理

（1）微球的制备方法

根据材料不同,制备纳米粒的方法分为两大类:一类是由单体聚合制备聚合物纳米粒,常用的方法有乳液聚合法、模板聚合法、分散聚合法、分子自组法;另一类是聚合物分散后形成纳米粒,常用的方法有乳化-溶剂挥发法、喷雾干燥法、超临界流体法以及近年来新兴发展的微流控技术。

乳化-溶剂挥发法装置简单、操作容易、工艺稳定,是制备聚合物载药纳米微球最常用的方法（如图 9-7 所示）,根据负载的药物不同,分为 O/W 型乳化法和 W/O/W 型乳化法。对于脂溶性药物,先将模型药物和聚合物溶解于有机溶剂中,然后滴加到含有表面活性剂的水相中,在均质机的高速剪切下形成油相/水相（O/W）型乳液,再除去乳液分散相中的挥发性有机溶剂使纳米粒固化,最后通过冷冻干燥从水性混悬液中收集产品。有机溶剂、聚合物及药物组成分散相、表面活性剂和水组成连续相。对于水溶性药物,需要采用复乳法制备纳米粒,即先将药物溶解于水性分散相,以有机溶剂作为连续相制备水相/油相（W/O）型乳液,然后将该乳液添加到含有表面活性剂的水相中,得到水相/油相/水相（W/O/W）型乳液。

（2）微球的质量影响因素

纳米微球的粒度与表面形貌取决于液滴的形成和固化过程。

① 液滴形成　乳液是通过剪切两种互不相容的液体而导致一相分散到另一相形成的，在乳化过程中，剪切力有助于乳液产生更多的表面从而形成液滴，提高剪切能可以获得更小的液滴。表面活性剂可以降低连续相的表面张力，有利于获得更小的液滴，常用表面活性剂有白蛋白、聚乙烯醇、聚丙烯酸、聚氧乙烯-聚氧丙烯共聚物等。图 9-8 是乳化-溶剂挥发法制备某聚合物纳米粒实验中搅拌速率和表面活性剂浓度对纳米粒粒径影响的示意图；乳液的表面能（E_S）与液滴直径 d 的关系如下式所示：

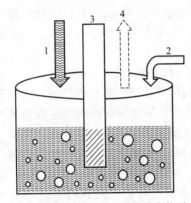

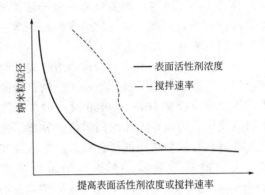

图 9-7　乳化-溶剂挥发法制备纳米粒示意图
1—连续相（表机活性剂、水）；
2—分散相（聚合物、药物、有机溶剂）；
3—高速搅拌均质机；4—溶剂挥发

图 9-8　某聚合物纳米粒制备实验中搅拌速率及表面活性剂浓度对粒径影响示意图

$$E_S = N\sigma\pi d^2 \tag{9-12}$$

式中，N 代表液滴数量；σ 代表两相间的界面张力。

在实际制乳过程中，剪切能一部分用来提供表面能，其余产生湍流并最终以热的形式耗散掉，因此剪切能过高不利于热敏感药物的制备，同时，均质机高速旋转会产生空穴作用，表面活性剂浓度高容易形成大量泡沫，不利于纳米粒的制备。

② 液滴固化　分散相中的有机溶剂离开液滴表面，不断扩散、溶解至连续相中乃至挥发到环境空气中，该过程就是液滴的固化过程。乳液中液滴形成后就要使其硬化从而避免液滴之间的凝聚，液滴的凝聚与其黏性相关，也与溶剂挥发方式相关。有研究表明，在起始阶段，当两个液滴之间距离小于 1nm 时就会凝聚长大，一旦除去大多数溶剂时，粒子变硬，与其他粒子相碰撞后易于反弹分离。液滴的黏性来源于聚合物、药物及溶剂，随着溶剂从液滴中除去，对于黏性低的聚合物纳米粒，其粒径降低，当溶剂完全去除时达到一个恒定的粒径；对于黏性高的聚合物纳米粒，粒径开始减小然后逐渐长大再趋于恒定，因为在溶剂挥发过程中，高黏性的聚合物液滴发生更多的聚集。欲得到更小粒径的纳米粒，一方面，应选择在水性介质中具有高扩散性和高溶解性的易挥发有机溶剂，选择适宜的聚合物及其浓度；另一方面，应选择一种迅速可控的溶剂挥发方法，对于水溶性药物，由于其亲水性较强，更易移向外水相，可以通过减压溶剂挥发（RSE），或者常压条件下（ASE），在水相中加入潜溶剂的方式来加快有机溶剂的挥发。

（3）微球的分析与表征

聚合物载药纳米微球的粒径大小、分散性决定了药物在人体内的吸收、分布情况；微球的结构、微孔形态决定了药物的缓释性。因此，针对聚合物载药纳米微球的分析应集中在粒径、形貌、结构。

① 电子显微镜可用于研究聚合物纳米粒子的粒径、形态等。扫描电镜（SEM）是用聚焦电子束在试样表面逐点扫描成像，最基本的功能是对各种固体样品表面进行高分辨形貌观察，SEM 可以将微小物体放大几十万倍甚至上百万倍。透射电镜（TEM）是用高能电子束照射样品，透过样品的电子由于样品厚度、元素、缺陷、晶体结构等的不同，会产生不同的花样或图像衬度，由此可以推测样品的相关信息。原子力显微镜（AFM）则通过检测控制探针与试样表面间的相互作用力，形成试样的表面形态图像。Nanomeasure 等图形软件可用于测量电镜图像中粒子尺寸，采集一定样本数便可获得粒度分布情况。

② Zeta 电位是粒子表面电荷的量度，它能够影响纳米粒的稳定性、纳米粒在细胞内的转运。Zeta 电位的绝对值（正或负）越高，体系越稳定，即溶解或分散可以抵抗聚集，反之，Zeta 电位（正或负）越低，越倾向于凝结或凝聚。因此，Zeta 电位仪可用来研究纳米粒子的分散稳定性。

③ 红外光谱仪常用于聚合物的定性、定量分析。聚合物中不同键具有不同的振动频率，通过检测红外光谱的特征吸收频率可初步判断这些键是否存在，更重要的是根据基团的特征谱带，通过分析谱图鉴定聚合物中可能存在的官能团，以此定性分析。

C 预习与思考

① 乳化-溶剂挥发法制备聚合物纳米微球时，影响微球质量的因素有哪些？

② 粒径在 10～1000nm 的纳米粒表征方法有哪些，如何进行粒度分析？

③ 粒径在 10～1000nm 的纳米混悬液是否会沉降？结合粒子沉降 Stokes 定律和热力学布朗运动原理进行分析。

④ 列举几种常用的科学实验设计方法。

D 实验装置与流程

① 乳化-溶剂挥发法制备聚合物纳米微球，实验装置主要包括：用于制乳的高速均质机；用于常压溶剂挥发的恒温磁力搅拌器或用于减压溶剂挥发的旋转蒸发仪；用于重复水洗和离心的超声波清洗器、高速离心机；用于纳米粒干燥的冷冻干燥机。

② 乳化-溶剂挥发法的工艺流程如图 9-9 所示。

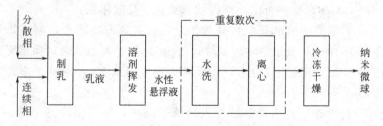

图 9-9　O/W 乳化法工艺过程示意图

E 实验研究内容

（1）实验任务

乳酸/羟基乙酸共聚物[poly(lactic-co-glycolic acid)，PLGA]具有良好的生物相容性，在人体内正常代谢最终降解为 H_2O 和 CO_2 排出体外、无毒，PLGA 是经美国食品药品监督管理局（FDA）认证的、可用于人体研究的一种重要生物材料。本实验以 PLGA 为聚合物、二氯甲烷为有机溶剂、聚乙烯醇（polyvinyl alcohol，PVA）为表面活性剂，采用 O/W 型乳化溶剂挥发法，在一定实验条件下制备粒径小、粒度均匀、表面圆整光滑、不团聚不粘连的聚合物纳米空心微球，通过样品粒度与形貌分析，确定最优工艺条件。

（2）实验设计

乳液是一种亚稳态胶体体系，液滴不稳定，保持时间有限，工艺条件的微小改变就能制备出不同的液滴。因此，制备符合要求的聚合物纳米粒，需要系统考察各影响因素并进行结果分析。

① 结合文献知识，列出影响微球粒径的工艺条件，确定操作范围；

② 结合文献知识，初步判断主要因素和一般因素，确定工艺条件水平；

③ 采用正交实验设计方法，选择等水平或混合水平正交表，制定实验计划；

④ 按照乳化工艺流程，搭建实验装置；

⑤ 制定原始数据记录表；

⑥ 结合文献知识，确定微球粒度与形貌的分析方法、评价方法；

⑦ 列出化学品安全技术说明（material safety data sheet，MSDS），在教师指导下开展《实验项目危害性分析》，做好安全防护措施。

（3）实验操作

① PLGA-二氯甲烷溶液配制 称取一定量的 PLGA、二氯甲烷混合于烧杯中，将烧杯置于超声清洗器中，在冷水或冰水浴中超声 30 次，每次 5min，使 PLGA 充分溶解；若 PLGA-二氯甲烷溶液短期存放，应持续搅拌并保持密封，避免聚合物重新凝结。

② PVA-水溶液配制 称取一定量的 PVA、水混合于烧杯中，加热至 80℃使其充分溶解；冷却后应持续搅拌，存放。

③ 乳化 取一定量的 PVA-水溶液置于烧杯中，用医用注射器取 1mL PLGA-二氯甲烷溶液，在均质机的高速搅拌下，将溶液逐滴加入 PVA-水溶液中，结束后再持续搅拌 2min；

④ 常压挥发、颗粒固化 将上述乳液立即转入 3 倍体积的 PVA-水溶液（质量分数 0.5%）中，在 600r/min 的电磁转速下，持续搅拌 24h，乳液中的二氯甲烷挥发完全，PLGA 纳米颗粒析出，获得纳米颗粒水分散体系。

⑤ 减压挥发、颗粒固化 将上述乳液立即转入 3 倍体积的 PVA-水溶液（质量分数为 0.5%）中，置于旋转蒸发仪上，常温、低转速、一定真空度下，持续搅拌至乳液中的二氯甲烷挥发完全，PLGA 纳米颗粒析出，获得纳米颗粒水分散体系。

⑥ 离心清洗 将制得的纳米颗粒水分散体系进行高速冷冻离心，离心效果与转速、时间有关，参考条件为 10000r/min、时间 5min、温度 15℃，离心结束后保留下层颗粒，用蒸馏水反复洗涤三次，也可用超声仪分散，将颗粒表面残留的 PVA 清洗干净，离心得到的纳米粒立刻放入冰箱，至少冷冻 4h。

⑦ 冷冻干燥 将冷冻后的纳米颗粒放入冷冻干燥机，抽真空冷冻干燥，12h 后水分完全去除，收集样品、标号、保存、待分析。

（4）数据处理

① 粒度分析 用扫描电镜（SEM）测样，观察纳米微球的形貌；并采用 Nanomeasure 软件进行粒度分析，即在图片中选取一个颗粒相对集中、分布均匀的区域，逐一测量区域中所有颗粒的直径，根据统计信息获得粒度分布情况，要求统计样本数不少于 100 个。

② Zeta 电位分析 用 Zeta 电位仪分析样品，考察纳米微球的分散稳定性。

③ 红外光谱仪分析 可定性检测纳米微球中是否有 PVA 残留。

④ 以粒度为指标，采用极差分析法优选工艺条件，综合考虑样品的分散稳定性。

F 结果讨论

① 简述乳化-溶剂挥发法的优缺点，结合喷雾干燥法、超临界流体法以及微流控技术进行比较分析。

② 结合红外光谱分析结果，样品中是否有乳化剂 PVA 残留？试分析，若经过多次水洗，能否将达到 PVA 无残留？为什么？

③ 若纳米粒子需要分级收集，应如何操作？如何设计分级条件？

④ 将本组的粒度分析结果与其他小组进行比较，结果是否有差异？分析原因。

参 考 文 献

[1] Christine Vauthier, Kawthar Bouchemal. Methods for the preparation and manufacture of polymeric nanoparticles. Pharmaceutical Research，2009，26（5）：1025-1058.

[2] Zambaux M F，Bonneaux F，Gref R，et al. Influence of experimental parameters on the characteristics of poly（lactic acid）nanoparticles prepared by a double emulsionmethod. J Control Release，1998，50：31-40.

[3] 格普塔 R B，康佩拉 U B. 纳米粒给药系统. 北京：科学出版社，2011.

[4] 孙恩杰，熊燕飞，谢浩. 纳米生物学. 北京：化学工业出版社，2010.

[5] 高凌燕，屠锡德，周建平. 纳米粒给药系统制备的研究进展. 药学与临床研究，2007，15（1）：179-183.

[6] 韩斐，胡懿郃，汪龙. 聚乳酸-羟基乙酸载药微球制备工艺研究进展. 中国医学物理学杂志，2016，33（1）：92-97.

[7] 褚良银，汪伟，巨晓洁，等. 微流控法构建微尺度相界面及制备新型功能材料研究进展. 化工进展，2014，33（9）：2229-2234.